École du Génie Civil

Enseignement Oral et par Correspondance

COURS

DE

CHARPENTES MÉTALLIQUES

Professeur : M. VALLET

Ingénieur de l'École Centrale des Arts et Manufactures

ÉDITION DE L'ÉCOLE DU GÉNIE CIVIL

152, Avenue de Wagram — PARIS (17e)

Tél. : **Wagram 27-97**

COURS

DE

CHARPENTES MÉTALLIQUES

N° 502

École du Génie Civil

Enseignement Oral et par Correspondance

COURS

DE

CHARPENTES MÉTALLIQUES

Professeur : M. VALLET

Ingénieur de l'École Centrale des Arts et Manufactures

ÉDITION DE L'ÉCOLE DU GÉNIE CIVIL

152, AVENUE DE WAGRAM — PARIS (17e)

Tél. : **Wagram 27-97**

ÉCOLE DU GÉNIE CIVIL

COURS DE CHARPENTES MÉTALLIQUES

GÉNÉRALITÉS
SUR LA CONSTRUCTION DES CHARPENTES RIVÉES

Il existe deux sortes de constructions métalliques :

1° *Les machines de constructions mécaniques*, pour lesquelles on utilise un grand nombre de métaux, et dont l'exécution demande une grande précision ;

2° *Les constructions métalliques proprement dites*, pour lesquelles les métaux bon marché sont seuls employés, et dont l'exécution demande beaucoup moins de précision, ce qui permet de réduire le prix de la main-d'œuvre.

Exemples : éléments métalliques des planchers, des bâtiments, charpentes des combles, ponts, coques des bateaux, appareils de levage, caissons de fondation, gazomètres, etc.

Pour fixer les idées sur le degré de la précision dans l'exécution, nous indiquerons qu'on ne cote jamais les dimensions des pièces au-dessous du dixième de millimètre. Encore cette approximation n'est-elle atteinte que pour certains assemblages particulièrement soignés. La tolérance sur les dimensions (largeur ou longueur) est couramment de l'ordre du millimètre.

Matériaux

Les qualités requises pour les matériaux employés dans les constructions métalliques sont :

La résistance,

La durée,

La rigidité,

Le bas prix.

Les métaux qui permettent de satisfaire à ces conditions sont :

La fonte, à l'état de pièces moulées ;

Le fer, laminé ou forgé;

L'acier, laminé, moulé ou forgé.

D'autres métaux, à faible résistance, sont aussi employés, mais à titre accessoire. Tels sont:

Le plomb, pour répartir et uniformiser des pressions entre deux surfaces dont l'une au moins est rugueuse;

Le bronze, pour adoucir les frottements;

Le zinc, déposé en couche mince, pour protéger le fer ou l'acier contre la rouille (fers ou aciers galvanisés).

FONTE

La fonte a été employée à la confection des ponts, en Angleterre, vers la fin du XVIIIe siècle.

A l'heure actuelle, elle n'est utilisée, sous forme de pièces moulées, que pour des parties spéciales des constructions, pour lesquelles son emploi permet de réaliser une économie appréciable.

La fonte ne résiste pas aussi bien à la traction qu'à la compression.

Elle est en outre très fragile.

Par contre, elle est peu attaquable à la rouille.

La meilleure est la fonte grise de deuxième fusion.

FER

L'emploi du fer laminé dans les constructions métalliques date de l'origine des chemins de fer. Il était déjà employé auparavant dans les chaudières.

Le développement des chemins de fer obligea à construire des ouvrages d'art de proportions telles que l'emploi de la maçonnerie devenait très onéreux ou même insuffisant.

En France, le premier pont construit en fer laminé est le pont d'Asnières, sur la Seine.

Le fer résiste à peu près également à la traction et à la compression; il n'est pas fragile et plus malléable que l'acier.

Mais il manque d'homogénéité et se rouille facilement.

Les qualités commerciales du fer vont du nº 1 au nº 7.

La qualité nº 1, qui était la plus commune n'est plus employée.

La qualité employée pour les constructions métalliques est le fer nº 2. Encore l'emploi du fer devient-il de plus en plus rare.

Cet emploi reste limité à certaines pièces qu'on est obligé de forger, le fer se forgeant plus facilement que l'acier.

On fabrique aussi quelquefois certains boulons en fer, et également des petits rivets qu'on pose à froid.

Acier

On peut dire que l'acier, sous ses trois formes: laminé, moulé et forgé, est maintenant à peu près uniquement employé en constructions métalliques.

Sa grande supériorité sur le fer est un degré d'homogénéité que le fer ne possède pas.

Il se rouille aussi facilement que le fer.

Sa résistance est supérieure à celle du fer. Son prix est sensiblement le même. L'acier moulé tend de plus en plus à remplacer la fonte, dans tous les cas où celle-ci était employée auparavant: plaques d'appui, coussinets, crapaudines, pivots, axes d'articulation, etc.

Il n'a pas la fragilité de la fonte et résiste aussi bien à la traction qu'à la compression. On peut, par conséquent, l'employer avantageusement pour les pièces fléchies.

Il coûte plus cher que la fonte.

Les arcs du pont Alexandre III ont été construits entièrement en acier moulé.

Produits commerciaux de fer et d'acier laminé

Parmi les fers et aciers laminés à section rectangulaire, on distingue:

1o Les plats marchands: se fabriquant de 5 en 5 m/m, de 50 m/m à 165 m/m;

2o Les larges plats: se fabriquant de 10 en 10 m/m, de 170 m/m à 600 m/m ou 700 m/m de largeur, suivant les forges.

Ces échantillons se laminent uniquement dans le sens de la longueur, en barres dont la longueur maxima est d'environ 12 mètres.

Il s'ensuit que la structure du métal est orientée parallèlement au sens du laminage, c'est-à-dire suivant la longueur des barres;

3o Les tôles, qui sont des plaques d'acier laminées entre des cylindres sans cannelures, et dans les deux sens pendant les premières et les dernières passes de laminage.

Il résulte de ce mode de fabrication qu'une tôle n'a pas une largeur définie comme les plats ou les larges plats.

Les tôles sont fabriquées à la largeur maxima permise par les cylindres, et cisaillées ensuite en bandes de la largeur demandée. Toutefois, les forges ne livrent pas de bandes plus étroites que 400 m/m.

Entre 400 et 600 ou 700 m/m de largeur, on peut donc faire une pièce en large plat ou en tôle.

L'orientation de la structure du métal d'une tôle est beaucoup moins marquée que pour un large plat.

Aussi, la résistance à la rupture, qui est la même pour la tôle et le large plat dans le sens de la longueur, est plus grande pour la tôle dans le sens de la largeur.

Exemple:

Fer, tôle et large plat: résistance à la rupture en long, 35 kgs;

Tôle: résistance à la rupture en travers, 30 à 31 kgs;

Large plat: résistance à la rupture en travers, 18 kgs.

La longueur maxima des tôles que les forges peuvent couramment fabriquer varie avec l'épaisseur. Elle est de 5 à 6 mètres pour les épaisseurs les plus courantes de 6 à 12 m/m.

Les épaisseurs des plats, larges plats et tôles couramment employées en constructions métalliques varient de 6 à 20 m/m. Les épaisseurs de 15 à 20 m/m sont déjà rares.

On emploie des épaisseurs supérieures seulement pour les tôles.

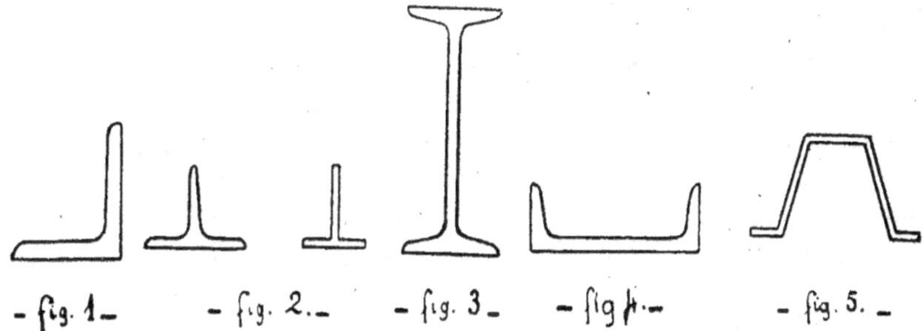

Exemples:

Tôles de chaudières,

Coques de bateaux,

Parois des cuves de gazomètres.

Cet emploi est, par conséquent, limité à des genres de constructions bien particuliers, correspondant à des spécialisations industrielles.

Les fers et aciers laminés autres que ceux à section rectangulaire sont en nombre assez considérable. Ce sont les profilés.

Les principaux profilés sont:

Les cornières à branches égales et inégales (fig. 1),

Les simples tés à angles arrondis et à angles vifs (fig. 2),

Les doubles tés (fig. 3),

Les U (fig. 4),

Les zorès (fig. 5),

Les carrés,

Les ronds,

Les demi-ronds.

De tous ces profilés, celui dont l'emploi est le plus général est la cornière, à angle droit et à branches égales.

La largeur d'ailes varie de 20 à 200 m/m. Les échantillons les plus courants sont les cornières de 30×30, 40×40, 50×50, 60×60, 70×70, 80×80, 90×90, 100×100, 110×110, 120×120, 130×130, 140×140, 150×150.

Elles sont fabriquées en longueurs maxima d'environ 10 à 12 mètres, pouvant être dépassées pour les forts échantillons, qui se gauchissent moins au sortir des cylindres du laminoir, et en un certain nombre d'épaisseurs variant de millimètre en millimètre.

Exemples:

La cornière de 70×70 se fabrique en 7, 8, 9, 10 m/m;

La cornière de 90×90 se fabrique en 8, 9, 10, 11, 12, 13 m/m.

L'épaisseur normale pour une cornière est le $1/10^e$ de la largeur d'aile.

Il existe un certain nombre d'échantillons de cornières à ailes inégales.

Exemples : 70×50, 80×60, 90×70, 100×70, 100×80.

Leur emploi, toutefois, tend à se restreindre de plus en plus ; les forges françaises tendent à abandonner cette fabrication.

Il est d'ailleurs rare que l'emploi d'une cornière inégale soit indispensable dans une poulie ou un assemblage. Il est cependant commode dans bien des cas.

On se sert également de cornières biaises, dites ouvertes ou fermées, suivant que l'angle de leurs ailes est aigu ou obtus.

Leur emploi tend encore plus à disparaître que celui des cornières inégales, sauf pour certaines natures de constructions, telles que les coques de bateaux, pour lesquelles il existe toute une série de cornières biaises.

Dans les constructions courantes: charpentes, ponts, caissons, quand l'emploi d'une cornière biaise s'impose, on la fabrique à l'atelier du constructeur en partant d'une cornière droite, par forgeage à chaud.

Ce travail demande à être très soigné pour ne pas écrouir le métal, créer des amorces de fissures qui diminuent la résistance.

Comme on opère le plus souvent sur des barres longues, l'opération du chauffage est, somme toute, délicate, et l'on n'est jamais bien sûr du résultat. Il vaut mieux l'éviter par la recherche d'une autre disposition de la construction.

Les tôles, larges plats et plats, les cornières sont presque exclusivement employés dans les charpentes rivées.

La raison est que ces matériaux se prêtent facilement au planage et au dressage à froid, opérations qui sont nécessaires pour redresser et aplanir les barres qui sortent des cylindres plus ou moins voilées et gauchies.

Les T, I et les — à faible largeur d'aile offrent le même avantage.

Les autres profilés, en raison de leur grande raideur, se prêtent plus difficilement à un dressage à froid et sont, pour ce motif, réservés le plus souvent aux constructions ou parties de constructions avec assemblages boulonnés, ou dont la rivure demande une exécution moins soignée.

Exemples: I à ailes ordinaires pour planchers zorès, pour planchers de pont, etc...

Les profilés se fabriquent en longueurs variables suivant les échantillons, mais dont les plus courantes vont de 6 à 10 mètres.

Toutes les forges ont des albums indiquant les profils, épaisseurs, dimensions transversales et longueurs de tous les produits qu'elles fabriquent.

Il est indispensable de les consulter quand on établit le projet d'une construction, pour être certain de n'employer que des profils de fabrication courante, à longueurs de fabrication. Sans quoi, on s'expose à des remaniements avant exécution, pour se conformer aux dimensions des matériaux sidérurgiques.

Organes de liaison

Les organes de liaison employés dans les constructions métalliques sont, par ordre d'importance décroissante:

Les rivets,

Les boulons,

Les axes.

Rivets

Les rivets constituent le mode d'assemblage le plus généralement employé, parce qu'il est simple et économique.

Si l'on excepte certaines constructions spéciales, telles que les coques de bateaux, les rivets sont tous à tête ronde, et exceptionnellement à tête fraisée.

Les diamètres employés sont: 6 m/m, 8 m/m, 10 m/m, 12 m/m, 14 m/m, 16 m/m, 18 m/m, 20 m/m, 22 m/m, 23 m/m, 24 m/m, 25 m/m.

L'emploi des diamètres supérieurs à 22 m/m est exceptionnel. Peu de constructeurs possèdent l'outillage correspondant.

Les rivets de 6, 8, 10 m/m se posent à froid, les autres à chaud.

Les rivets se font soit en fer, soit en acier. Comme l'emploi du fer tend à disparaître, les rivets en fer sont par suite rarement employés à l'heure actuelle.

L'acier des rivets est d'ailleurs de l'acier extra doux dont les qualités de résistance diffèrent peu de celles du fer pour rivets. Mais l'allongement est nettement différent. Voici les caractéristiques les plus communes:

Fer: résistance à la rupture par traction, 36 kgs par m/m²; allongement de rupture, 16 0/0.

Acier: résistance à la rupture par traction, 38 kgs par m/m²; allongement de rupture, 28 0/0.

Soit d le diamètre du corps d'un rivet.

Les dimensions de la tête sont ordinairement (fig. 6):

Diamètre: $D = 1,66d$;

Hauteur: $H = 0,66d$;

Ces dimensions correspondent, pour l'arc de cercle qui forme le profil de la tête, à un rayon de 0,85 d.

La longueur de la tige se détermine en totalisant les épaisseurs des tôles à assembler et en ajoutant une longueur égale au diamètre d pour former la seconde tête.

Lorsqu'on veut obtenir une rivure étanche, par exemple dans un réservoir, une cuve de gazomètre, les parois d'un caisson de fondation, on emploie des rivets dont la tête est plus large, jusqu'à 2,6d, et on ajoute, à l'épaisseur totale à serrer, une longueur égale à une fois et demie le diamètre d. Ceci permet le matage du pourtour des têtes pour assurer l'étanchéité.

Lorsque les rivets assemblent des pièces soumises uniquement à des efforts transversaux, la tête est raccordée à angle vif avec le corps du rivet.

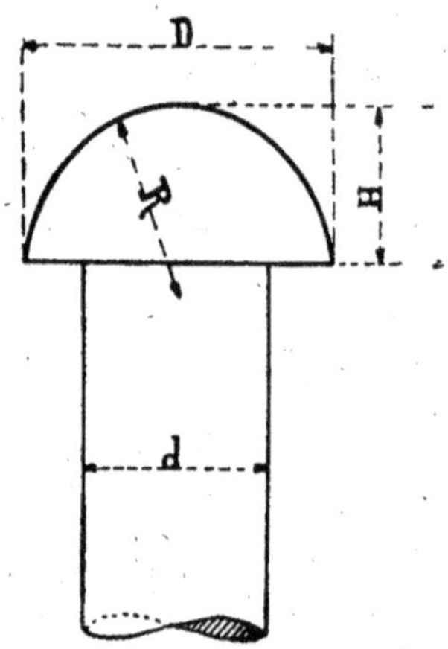

Si l'assemblage est soumis à un effort de traction qui tend à arracher les têtes, celles-ci sont raccordées par un arrondi ou par une partie conique.

Cette précaution n'est d'ailleurs pas très fréquemment observée.

Les rivets fraisés s'emploient lorsque la saillie des têtes ne doit pas exister sur la face extérieure des pièces.

La dimension de la tête fraisée varie avec le diamètre du rivet.

Son diamètre extérieur est le même que celui de la tête ronde, sa hauteur est d'environ 0,4 d.

_ fig. 6. _

Ces rivets ont une résistance moindre que les rivets à tête ronde, on ne les emploie qu'en cas de nécessité.

Les rivets étant posés à chaud, le refroidissement détermine, dans la tige, un effort de tension supérieur à la limite d'élasticité du métal.

C'est d'ailleurs cet effort qui assure entre les tôles assemblées un serrage énergique.

Mais les rivets, étant en tension, sont dans un état instable d'équilibre élastique. C'est ce qui explique que les rivets sont sujets à se relâcher, à se rompre, soit à la jonction du corps et d'une des têtes, soit plus rarement en plein corps.

C'est pourquoi également les rivets sont peu aptes à travailler à la traction. Les règlements administratifs différencient, par la valeur du coefficient de travail admissible, les rivets qui travaillent au cisaillement de ceux qui travaillent à l'arrachement des têtes.

D'une façon générale, on peut compter que trois rivets, travaillant de cette dernière façon, équivalent à un rivet travaillant au cisaillement.

Les inconvénients des assemblages rivés proviennent donc de deux causes principales:

1o L'affaiblissement important des pièces à assembler par suite des nombreux trous dont on est obligé de les percer;

2o L'écrouissage du métal des rivets qui les rend susceptibles de se relâcher ou de se rompre à un moment quelconque, sans qu'aucun signe extérieur puisse le faire prévoir.

Aussi, lorsqu'un ouvrage commence à se détériorer, c'est toujours par la rivure que les premières traces de fatigue se manifestent.

Pour remédier au premier inconvénient, il serait désirable qu'on trouvât un acier plus résistant, quoique aussi ductile que l'acier extra doux des rivets actuels. L'emploi d'un tel acier permettrait de relever le taux du travail admissible pour les rivets et, par suite, de réduire leur nombre ou leur diamètre en diminuant en même temps l'affaiblissement des pièces à assembler.

Il est donc d'une importance primordiale, dans les charpentes rivées, que les assemblages soient soigneusement étudiés et exécutés.

A cet effet, on s'assure, avant l'emploi, de la qualité du métal des rivets, et on a recours dans la plus large mesure possible à la rivure mécanique. Le rivet posé mécaniquement est en effet plus résistant que celui posé à la main, dont l'infériorité est d'autant plus grande que l'épaisseur à serrer et le diamètre du rivet sont plus forts.

Il faut étudier les assemblages de manière à éviter que les rivets travaillent par la tête, c'est-à-dire à l'extension. Bien souvent même, et quand cela ne conduit pas à augmenter d'une façon exagérée les dimensions d'un assemblage, on néglige la résistance des rivets qui ne travaillent que de cette manière, et on table uniquement sur ceux qui travaillent au cisaillement.

En principe, l'épaisseur totale des tôles qu'on peut assembler avec des rivets d'un diamètre donné d ne devrait pas être supérieure à 4,5 ou 5 d. Cette dernière épaisseur est même déjà forte et ne doit se trouver qu'exceptionnellement.

De ce que, dans certains ouvrages, on trouve des épaisseurs plus fortes, il ne faut pas en conclure que c'est un exemple à suivre.

Les raisons qui justifient cette règle seront exposées dans la partie du chapitre premier relative à la rivure.

BOULONS

On emploie les boulons à la place des rivets:

1o Pour assembler deux pièces dont l'une au moins est en fonte;

2o Pour assembler deux pièces quand le nombre des liaisons est faible et ne mérite pas la dépense d'une installation de rivetage.

Exemple: les solives d'un plancher;

3° Quand la pose des rivets est impossible, ce qui se produit quelquefois pour certaines sections de poutres en forme de caisson fermé;

4° Pour des constructions démontables.

Pour les constructions durables, il est absolument nécessaire d'employer des boulons ajustés. Le corps a généralement une forme très légèrement conique. La tête et l'écrou sont à six pans. La tête peut cependant être carrée.

Les diamètres des boulons sont les mêmes que ceux des rivets, mais ils ne sont pas limités à 25 m/m.

La longueur du filetage se détermine facilement d'après l'épaisseur totale des tôles assemblées. La longueur totale de la tige se calcule par la condition que

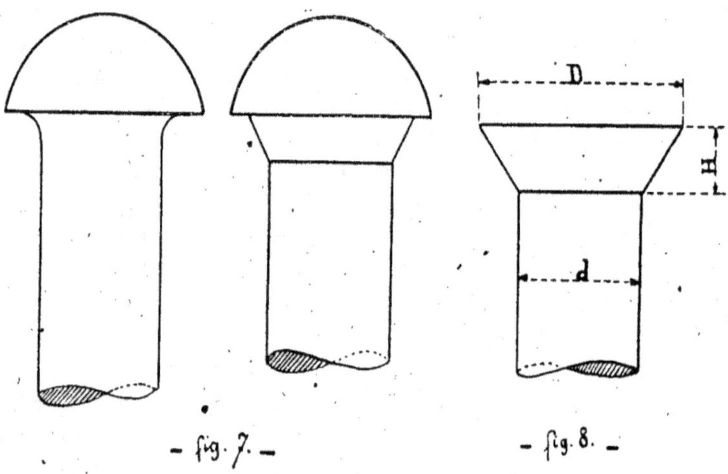

cette tige dépasse l'écrou de 3 à 4 m/m, en s'arrangeant de telle sorte que les longueurs de tige soient multiples de 5 m/m.

Exemple: une commande de boulons sera libellée de la manière suivante:

Boulons en acier de 22 m/m, têtes et écrous six pans: longueur de tige, 55 m/m; longueur filetée, 35 m/m; nombre, 500.

Ces boulons conviendraient pour assembler un paquet de tôles de 25 m/m d'épaisseur totale.

Il y a lieu en outre de spécifier les qualités de l'acier.

Ce qui a été dit de l'emploi du fer et de l'acier pour les rivets s'applique exactement aux boulons.

Les boulons résistent bien à la traction.

Ils résisteraient également bien au cisaillement s'il n'y avait pas de jeu entre le corps des boulons et les pièces qu'ils traversent.

Mais, pour permettre l'introduction, les trous pour boulons sont percés à 1 m/m de plus que le diamètre des boulons. Il en résulte qu'on ne peut compter sur la résistance propre des boulons au cisaillement, mais seulement sur la résistance due au frottement des pièces l'une sur l'autre, résultant du serrage.

L'effort longitudinal d'extension qu'on peut faire subir à un boulon de construction (il n'est évidemment pas question ici des boulons mécaniques) ne dépasse guère 3 kilos par millimètre carré de la section de la tige.

L'effort de frottement des pièces l'une sur l'autre, par suite du serrage, atteint la moitié de ce chiffre et peut donc être calculé à raison de 1 kg 5 par millimètre carré de section.

L'inconvénient des boulons est de se desserrer sous l'influence des vibrations et des chocs. Ils sont, pour cette raison, à proscrire dans les assemblages des ponts de chemins de fer, dans les chemins de roulement des ponts roulants d'atelier.

On emploie quelquefois, dans certaines parties de constructions, des boulons spéciaux, tels que prisonniers, boulons et tiges d'ancrage.

Le choix de ces boulons se détermine dans chaque cas particulier.

AXES D'ARTICULATION

Les axes d'articulation sont des boulons de fort diamètre, à exécution particulièrement soignée, employés pour assembler des pièces pouvant prendre de petits déplacements angulaires relatifs.

La tête de l'axe est soit hexagonale, soit ronde ; l'extrémité filetée est munie d'une goupille pour empêcher le desserrage de l'écrou (fig. 9).

Le jeu entre le corps de l'axe et les parois des pièces doit être aussi réduit que possible. Il ne doit pas dépasser un demi-millimètre dans les constructions soignées.

Le diamètre d'un axe d'articulation se détermine par la double condition que la pression sur les surfaces de contact ne soit pas excessive, et que le moment de flexion produit par les efforts que supportent les pièces assemblées ne donne pas lieu a un travail exagéré du métal de l'axe.

_ fig. 9. _

Termes usuels employés en constructions métalliques

Quelle que soit la nature d'une construction métallique, il est un grand nombre de pièces qui portent toujours le même nom, parce que ce nom leur vient soit du rôle qu'elles remplissent dans la construction, soit de leur disposition, toujours la même, par rapport à certaines autres pièces, soit enfin de la nature des efforts qu'elles supportent.

Il est donc indispensable de connaître le nom de ces pièces, ou plus exactement leur définition.

Nous donnons ci-après les principales :

Poutre. — Une poutre est une pièce résistante ayant son axe longitudinal rectiligne ou curviligne, et disposé de telle façon que les charges qu'elles supportent la font travailler à la flexion.

Poutrelle. — Une poutrelle est une poutre moins importante. Dans une construction comportant plusieurs poutres d'importance différentes, les moins importantes seront les poutrelles, les plus importantes recevront le nom de poutres ou même de poutres principales.

Longerons. — Un longeron est également une pièce résistante travaillant à la flexion. On réserve le nom de longeron à des petites poutres supportant directement les charges et parallèles aux poutres principales de la construction.

Exemple : dans un pont de chemin de fer, les files de rails sont placées à l'aplomb des longerons, lesquels prennent appui sur des poutrelles transversales, qui elles-mêmes reportent les charges sur les poutres principales disposées parallèlement aux longerons.

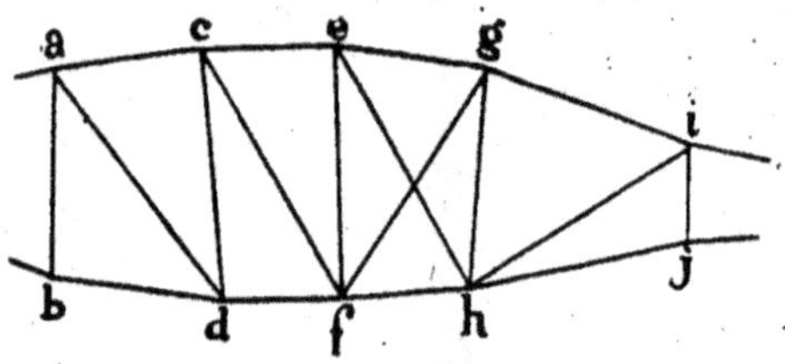

Entretoises. — Ce sont des pièces destinées à maintenir invariable l'écartement de deux éléments d'une construction.

— fig. 10. —

Des entretoises peuvent jouer en même temps un autre rôle. Dans ce cas, on leur ajoute fréquemment un qualificatif qui les définit plus complètement.

Si, par exemple, elles portent des charges importantes, elles seront appelées « entretoises porteuses ».

Treillis. — Si l'on considère un système triangulé quelconque, on désigne sous le nom de treillis l'ensemble des barres comprises à l'intérieur du polygone formant le contour extérieur du système.

Ce sont les barres *ad, cf, eh, gf, ih* de la fig. 10.

Montants. — Ce sont des barres de treillis verticales.

Diagonales ou contrefiches. — Ce sont des barres de treillis obliques.

Tirant. — Barre de treillis qui ne subit que des efforts de tension.

Bras ou bracon. — Barre de treillis qui ne subit que des efforts de compression.

Console. — La console est une pièce à forme triangulaire, attachée sur une autre pièce par le côté vertical du triangle (fig. 11).

La console, lorsqu'elle n'a qu'une faible saillie, porte également le nom de « corbeau », par analogie avec les pierres placées de la même façon dans les constructions en maçonnerie.

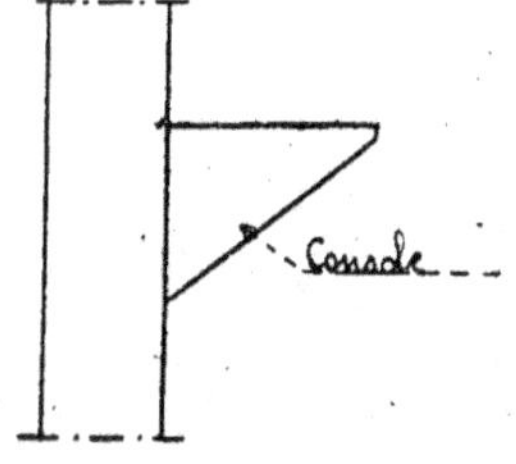

— fig. 11. —

Nervure. — La nervure est un élément assemblé sur une partie de la construction pour lui donner de la raideur.

Rivure. — On appelle rivure l'ensemble des rivets qui remplissent la même fonction.

Rivetage. — Le rivetage est l'opération de la pose des rivets.

CHAPITRE PREMIER

PRINCIPES GÉNÉRAUX DE CONSTRUCTION
DES CHARPENTES RIVÉES

Perçage des tôles

Nota. — Dans ce qui suit, nous nous servirons du mot « tôle » pour désigner les éléments d'une construction, étant entendu que ce mot désigne aussi bien une tôle proprement dite, qu'un large plat, un plat marchand ou l'une des branches d'un profilé.

La première opération d'usinage proprement dit que subissent les tôles à l'atelier est le perçage des trous pour la pose des rivets ou boulons d'assemblage.

Pour permettre l'introduction facile du rivet, les trous doivent avoir un diamètre un peu supérieur à celui du rivet.

Le jeu le plus généralement admis est de 1 m/m, quel que soit le diamètre. On perce, par exemple, des trous de 17 m/m pour les rivets de 16 m/m, de 23 m/m pour les rivets de 22 m/m.

L'opération du perçage se fait par poinçonnage. La machine qui effectue l'opération s'appelle une poinçonneuse.

_ fig. 12. _

Les rondelles de métal découpées par poinçonnage ou débouchure ont la forme indiquée en coupe à la figure 12.

La partie supérieure a été incurvée par l'effort du poinçon, la partie inférieure est bombée.

La petite dépression qu'on voit au milieu est la trace du téton du poinçon, qui sert à centrer celui-ci sur l'axe du trou.

On voit, par l'examen des débouchures, que les trous obtenus par poinçonnage ne sont pas cylindriques, mais évasés d'un côté.

En outre, le poinçonnage est une opération brutale qui opère par arrachement du métal et, par suite, écrouit celui-ci et peut donner lieu à des amorces de fente sur le pourtour du trou.

Aussi, dans les constructions soignées, on débouche les trous à un diamètre inférieur au diamètre définitif et on procède ensuite à l'alésage des trous au moyen d'un alésoir.

L'alésage doit se pratiquer sur toutes les épaisseurs d'un même assemblage réunies entre elles. On assure ainsi la concordance exacte des trous et on corrige les petites erreurs de traçage ou de poinçonnage.

L'alésage est imposé par les cahiers des charges de toutes les grandes administrations et des chemins de fer.

Rivure des tôles

L'espacement des rivets ne doit pas être trop grand pour éviter les baillements entre deux rivets consécutifs.

Il faut également éviter de trop serrer les rivets, pour ne pas affaiblir les pièces, surtout si les trous sont poinçonnés.

L'écartement normal des rivets de diamètre D, mesuré d'axe en axe de ceux-ci, varie de 4 à 6D.

Pour de la rivure étanche, on peut descendre jusqu'à 3D.

La distance maxima δ des trous au bord d'une tôle peut se calculer par la formule

$$\delta = 2D - 4\,m/m,$$

D étant le diamètre du rivet en millimètres.

Cette distance ne doit pas être trop grande, pour éviter le baillement du bord de la tôle. Ce baillement a d'autant plus tendance à se produire que la tôle est plus mince.

On peut calculer la distance maxima par la formule suivante, qui est fonction du diamètre D des rivets et de l'épaisseur moyenne e des tôles à assembler:

$$\Delta = D + 4e,$$

Δ, D, e sont exprimés en millimètres.

La section transversale totale d'une tôle ou d'un profilé, avant perçage des trous de rivets, s'appelle sa *section brute*.

La section obtenue en déduisant les trous de rivets rencontrés dans une coupe perpendiculaire à l'axe de la pièce s'appelle la *section nette*.

C'est la section nette qu'il convient toujours d'introduire dans les calculs d'aires et de moments d'inertie.

Exceptionnellement, pour une étude d'avant-projet, on base les calculs sur la section brute des pièces, quitte à multiplier les coefficients de travail obtenus par un facteur convenable qui tienne compte des trous de rivets.

A cet effet, on peut compter que les vides dus aux trous de rivets représentent de 10 à 10 0/0 de la section brute.

Il y a naturellement intérêt, pour une bonne utilisation du métal, à augmenter le rapport de la section nette à la section brute.

On y parvient en plaçant les trous de rivets en quinconce.

Quand on a plusieurs files de rivets placées parallèlement et assemblant un paquet de tôles, on n'est pas tenu de respecter, pour toutes les files, la règle d'écartement des rivets donnée précédemment pour les files de rivets de *bordure*. Si les rivets des files intermédiaires ne servent qu'à assurer le contact des tôles, on peut les desserrer considérablement. Il en est de même si le travail des rivets est faible.

Dans l'assemblage de plusieurs tôles entre elles par des rivets, il est désirable de ne pas avoir des épaisseurs très différentes.

En effet, les ouvrages métalliques, quelque soin qu'on en prenne, sont évidemment destinés à périr par la rouille, à défaut d'autre cause. Il faut donc, dans un assemblage, juxtaposer des éléments présentant la même résistance aux agents d'oxydation.

Toutefois, ces épaisseurs peuvent varier entre certaines limites.

On peut admettre les deux cinquièmes et les deux tiers de D comme limites extrêmes.

Au-dessous du minimum, la surface de la zone eD, pressée contre le rivet, n'est pas en rapport avec la section de celui-ci, de sorte que la tôle se trouve soumise à un travail de compression exagérée, si le rivet travaille lui-même à un taux élevé au cisaillement (fig. 13).

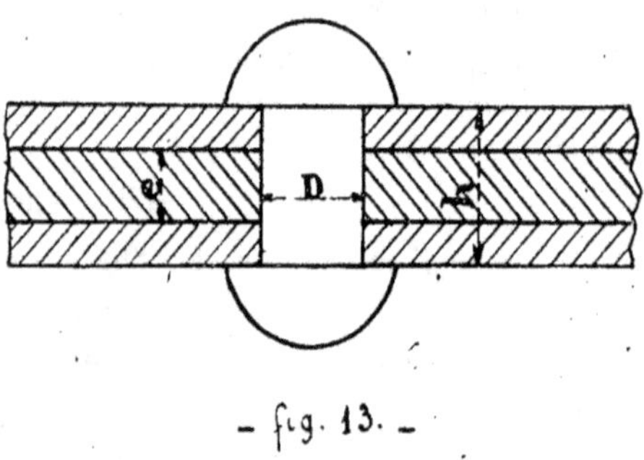

— fig. 13. —

Au-dessus du maximum, le poinçonnage se fait mal, parce que le poinçon est trop grêle pour l'effort nécessité par le perçage d'une tôle épaisse.

La hauteur totale h du paquet de tôles, comprise entre les deux têtes du rivet, ne doit jamais dépasser 5D pour des rivets posés à la machine. Pour les rivets posés à la main, il est prudent de limiter la hauteur h à 4D.

Actuellement d'ailleurs, les rivets posés au chantier le sont le plus souvent au marteau pneumatique. Le rivetage à la main ne se pratique que pour quelques rivets isolés qui sont inaccessibles au marteau à air comprimé.

Lorsqu'on fait usage de riveuses mécaniques, la pose du rivet est terminée à haute température; si le rivet est trop long, la tension déterminée par le refroidissement peut être telle que la tête se détache du corps.

Si le rivet est posé à la main, le refoulement du métal se fait mal, le rivet ne remplit pas complètement son logement et le serrage des tôles est insuffisant.

La rivure des cornières s'exécute en plaçant les rivets sur une ligne droite tracée au milieu de la largeur libre des ailes. Cette ligne s'appelle la ligne de trusquinage en trusquin.

La distance t du trusquin au point A, ou talon de la cornière, est donc définie par la formule

$$t = \frac{a+e}{2};$$

a et t sont exprimés en millimètres (fig. 14).

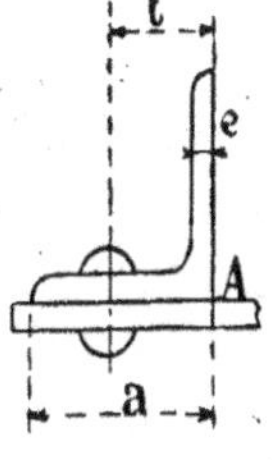

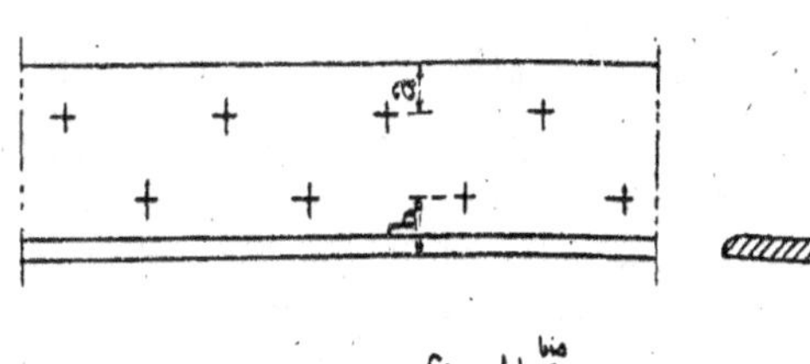

_ fig. 14. _   _ fig. 14 bis _

Les cornières à ailes inégales ont naturellement un trusquin différent pour chaque aile.

Pour les cornières à larges ailes, on emploie la double rivure, avec rivets posés en quinconce. Le diamètre des rivets est plus faible que si l'on n'employait qu'une seule ligne de rivure (fig. 14 *bis*).

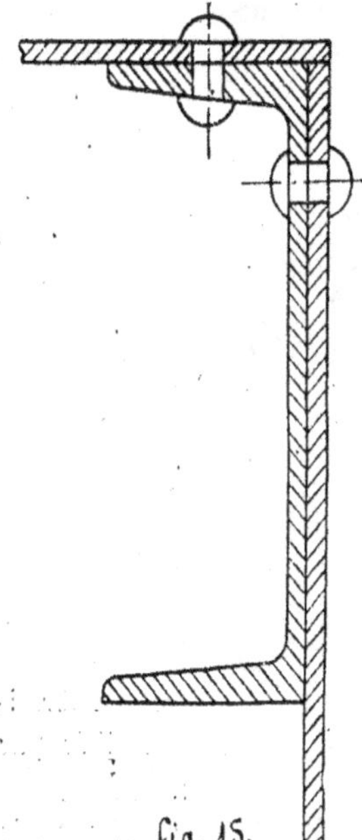

_ fig. 15. _

Exemple :

Cornières de 120×120 ;

Rivure simple : rivets de 22 m/m ou 23 m/m ;

Rivure double : rivets de 20, $a = 35$ m/m, $b = 50$ m/m ;

Cornières de 150×150 ;

Rivure simple : rivets de 25 m/m ;

Rivure double : rivets de 22 m/m, $a = 40$ à 50 m/m, $b = 60$ m/m.

Les cotes a et b, données ci-dessus, se rapportent à des trous poinçonnés.

Les rivets dans les âmes des profilés en [ou en I se placent sans difficulté en observant les mêmes règles que pour les tôles. Il faut toutefois que les rivets qui sont placés près des ailes soient à une distance telle de celles-ci que la tête n'empiète pas sur le congé qui relie l'âme aux ailes (fig. 15).

Les rivets placés dans les ailes sont plus difficiles à poser, parce que les deux faces des ailes ne sont pas parallèles.

Ces rivets sont plutôt à éviter.

Si on les remplace par des boulons, il faut interposer une rondelle biaise pour assurer un bon appui à la tête ou à l'écrou.

Les règles données pour la distribution et le perçage des trous pour rivets s'appliquent également aux trous pour boulons.

Les tableaux ci-après donnent les renseignements suivants:

1o *Rivets*. — Les dimensions des têtes pour les différents diamètres et les écartements à suivre pour leur distribution dans les assemblages;

2o *Profilés*. — Une nomenclature des échantillons de cornières égales et inégales de simples et doubles tés, fers à U les plus couramment employés;

3o *Tôles*. — Les longueurs courantes et extrêmes de fabrication des tôles pour toutes largeurs. (Extrait de l'album du Creusot.)

Nous avons également ajouté les caractéristiques de quelques fers zorès, quoique ces profilés soient d'un usage de plus en plus restreint.

ETUDE DES ASSEMBLAGES

Assemblage à recouvrement

Cet assemblage réunit deux ou plusieurs tôles superposées.

Suivant la position de ces tôles les unes par rapport aux autres, on distingue:
L'assemblage à croisement simple,
L'assemblage à gousset,
L'assemblage en bout simple,
L'assembláge à gradins ou en escalier,
L'assemblage à gradins croisés.

ASSEMBLAGE A CROISEMENT SIMPLE

C'est le cas de deux plats se croisant et en contact par une de leurs faces (fig. 16).

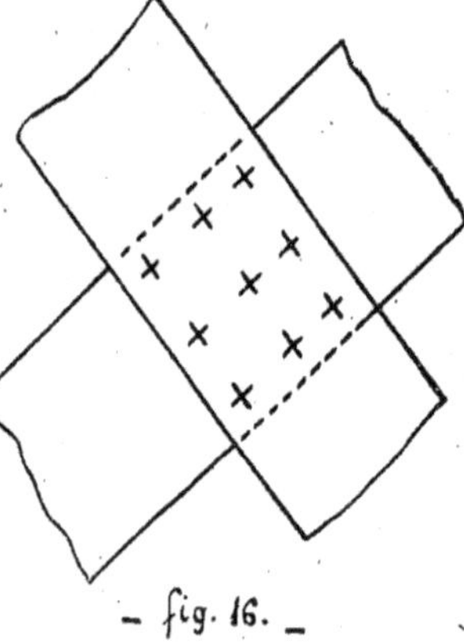

_ fig. 16. _

Les rivets d'assemblage sont distribués sur la surface commune suivant les règles énoncées précédemment.

Notons en passant qu'en dessin les rivets se représentent par deux petits axes perpendiculaires passant par le centre de la tête du rivet, et dont l'un est orienté parallèlement au bord de la pièce.

Si un rivet assemble deux cornières entre elles, il est alors placé au point de rencontre des deux trusquins; dans ce cas, les axes du rivet sont orientés suivant ces deux trusquins.

Les rivets fraisés se distinguent des rivets à tête ronde par une double croix *. On indique si le rivet est fraisé d'un seul côté et lequel, ou des deux côtés.

Calcul de l'assemblage. — Il y a quatre cas à considérer:

1° La réaction mutuelle des deux pièces est une compression ou une tension, normale au plan de contact.

Si c'est une compression, le travail des rivets est nul, leur rôle consiste simplement à fixer invariablement la position relative des deux pièces.

Si c'est une tension, soit F sa valeur, ω la section d'un rivet, n le nombre des rivets de l'assemblage, le travail à l'arrachement des rivets est le même pour tous les rivets et a pour expression

$$R = \frac{F}{n\omega};$$

2° La réaction mutuelle des deux pièces est un effort de glissement situé dans le plan de la face de contact.

Si les deux pièces assemblées ne sont pas trop épaisses, en égard du diamètre des rivets, et si les rivets ne sont pas trop serrés, suivant la direction de l'effort (conditions toujours réalisées pour les épaisseurs pratiques et pour les écartements de rivets précédemment indiqués), on admet que tous les rivets de l'assemblage sont soumis au même travail de cisaillement, qu'on calcule par la formule

$$r = \frac{F}{n\omega};$$

3° La réaction mutuelle des deux pièces est un moment de flexion M, normal à la face de contact.

On ne sait pas calculer d'une façon rigoureuse le travail à l'arrachement des rivets pour ce genre d'efforts

Mais on peut déterminer une limite supérieure et une limite inférieure du travail.

Soit *abcd* la face de contact et *mn* la position de l'axe neutre (fig. 17).

La position de cet axe se détermine par la condition que la somme des compressions sur la partie *mncd* soit égale à la somme des tensions des rivets de la partie *mnba*:

$$Lv \times \frac{v}{2} = p \sum_{1}^{s} \omega h.$$

On fait une hypothèse sur la valeur de v jusqu'à ce que cette égalité soit réalisée.

Le moment d'inertie de la section utile s'évalue ensuite par la formule

$$I = L \frac{v^3}{3} + psi + p\,\omega \sum_1^s h^2;$$

ps représente le nombre des rivets tendus, i le moment d'inertie d'un rivet par rapport à son centre.

Le terme psi peut se négliger, étant très faible par rapport aux deux autres.

Les efforts élastiques maximum sont:

Une compression sur l'arête cd et une tension pour les rivets de la rangée n° 1.

La compression est toujours très faible, il est inutile de s'en préoccuper.

L'effort élastique d'extension, dans les premiers rivets, a pour expression

$$R = \frac{M}{\dfrac{I}{h_1}}.$$

Cette détermination donne des résultats voisins de la réalité, quoique un peu supérieurs, lorsque M est faible, c'est-à-dire lorsqu'on trouve pour R une valeur éloignée de la limite admissible.

Lorsque le moment de flexion croît, il est certain que la partie comprimée diminue et, par suite, que le nombre des rivets tendus augmente.

Si l'on soumet un pareil assemblage à des efforts de flexion croissants, on constate que les têtes de rivets sautent d'un seul coup.

On obtiendra donc une limite inférieure du travail d'extension des rivets en faisant, dans l'expression de I,

$$v = 0.$$

Le moment d'inertie sera simplement calculé par la formule

$$I = p\,\omega \sum_1^s h^2;$$

S désigne dans ce cas le nombre total des rangées de rivets;

4° La réaction mutuelle des deux pièces est un couple de torsion dans le plan de la face de contact.

Les rivets travaillent au cisaillement, mais pas d'une manière uniforme.

Pour calculer le travail maximum de cisaillement, on détermine le centre de gravité G des sections transversales des rivets de l'assemblage, ce qui est en général immédiat; la distribution des rivets étant le plus souvent régulière; on calcule le moment d'inertie polaire des sections de rivets, et on mesure la distance du rivet le plus éloigné de G.

Le travail maximum est alors donné par la formule

$$r = \frac{M_t}{\dfrac{I_p}{\rho}},$$

M_t étant le moment du couple de torsion.

En pratique, il est rare qu'un assemblage à croisement simple soit soumis à des efforts de torsion suivant la direction des pièces.

Les rivets de ce genre d'assemblage travaillent donc le plus souvent au cisaillement simple.

Assemblage a croisement avec gousset

Quand la face commune aux deux pièces ne présente pas une surface suffisante pour y placer le nombre de rivets nécessaires, et s'il est possible, d'écarter les deux pièces l'une de l'autre, on intercale entre elles une plaque de tôle débordant le périmètre de la surface commune *abcd* (fig. 18).

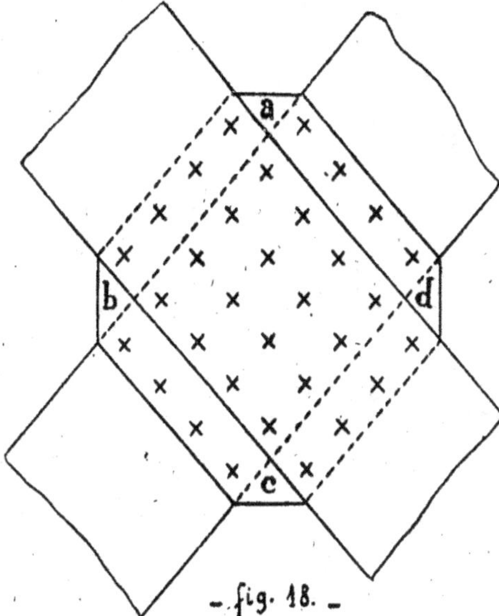

- fig. 18. -

Cette plaque se nomme gousset. On s'arrange, en pratique, pour que la largeur du gousset, dans un sens, soit un nombre exact de centimètres, de façon à pouvoir prendre ce gousset dans un plat ou un large plat.

Si les dimensions excèdent les dimensions maxima des larges plats, ce détail à moins d'intérêt.

Cet assemblage se calcule de la même façon que l'assemblage à croisement simple.

Les dimensions du gousset sont fonctions du nombre de rivets qu'on est conduit à y placer.

La figure 18 représente l'assemblage de deux plats par l'intermédiaire d'un gousset ; la figure 19, l'assemblage de deux cornières.

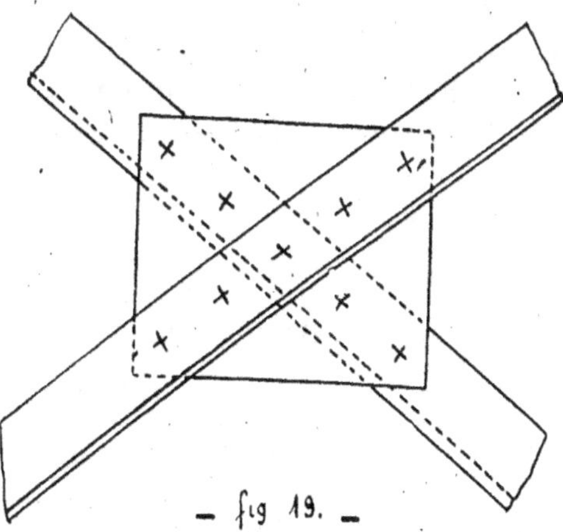

- fig 19. -

Assemblage en bout simple

Cet assemblage s'emploie pour assembler deux tôles ou deux plats dans le prolongement l'un de l'autre.

Le calcul de la rivure s'effectue comme précédemment, d'après la grandeur et la nature de l'effort à transmettre.

Dans le cas le plus général, l'effort est une traction ou une compression dirigée suivant l'axe de chacune des pièces.

L'assemblage réalisé de cette façon présente l'inconvénient de créer un effort secondaire de flexion dû au non prolongement des efforts agissant dans chacune des pièces.

La distance des forces F est $\dfrac{e + e'}{2}$; le moment de flexion est donc:

$$F \frac{e + e'}{2}.$$

Ce moment donne dans les tôles un travail qui, dans bien des cas, serait loin d'être négligeable.

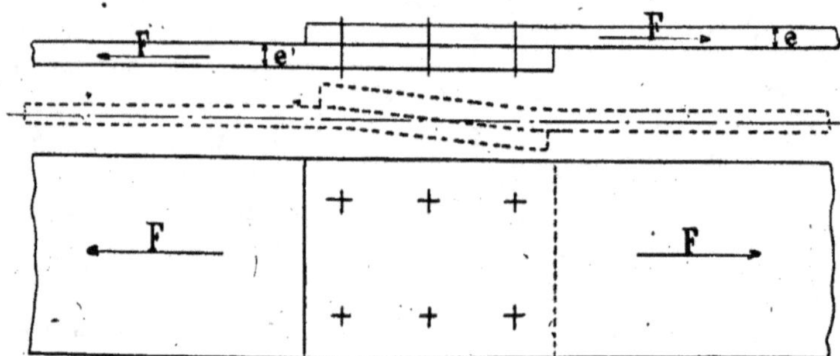

- Fig. 20. -

Exemple: soient deux plats de 100 m/m de largeur et 10 m/m d'épaisseur, soumis à un effort de traction de 10.000 kgs.

Le travail unitaire dû à cette traction a pour valeur:

$$\frac{10.000^k}{10 \times 100} = 10 \text{ kgs par millimètre carré.}$$

Le moment de flexion dû au désaxement des efforts sera de:

$$10.000 \text{ kgs} \times 0^m01 = 100 \text{ kgm.}$$

La section de chacun des plats donne:

$$\frac{I}{v} = 6{,}66,$$

d'où, pour le travail secondaire dû à la flexion, la valeur suivante:

$$\frac{100^{kgm}}{6{,}66} = 15 \text{ kgs par millimètre carré.}$$

On voit, par cet exemple, que ce travail secondaire donne en réalité la fatigue la plus grande et a même pour résultat de dépasser la limite d'élasticité.

Dans la pratique, pour cet assemblage, on constate toujours, s'il est soumis à des efforts notables, une déformation figurée en pointillé sur la figure 20, et qui a précisément pour effet de ramener la concordance de la direction des efforts.

Pour éviter cet inconvénient, on peut tailler en biseau les tôles ou plats dans le sens de l'épaisseur (fig. 21). Ce mode d'assemblage est employé surtout pour

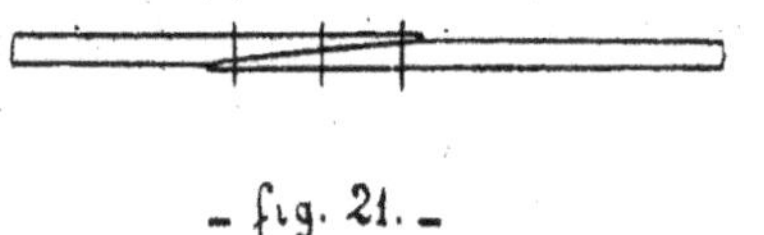

_ fig. 21. _

les tôles de chaudières de réservoirs, de gazomètres. Il ne l'est jamais pour les charpentes rivées proprement dites.

Dans l'assemblage en bout à recouvrement, lorsque l'effort est une traction ou une compression, on admet que le travail de cisaillement est le même pour tous les rivets de l'assemblage.

Il est certain qu'il n'en est pas ainsi. En effet, on conçoit que, si on augmente indéfiniment la longueur du recouvrement, il arrive un moment où les rivets qu'on ajoute ne servent plus à rien et ne subissent aucun effort. Ce seront ceux situés dans la zone médiane, la plus éloignée des extrémités de l'assemblage.

On peut même démontrer que, dans l'hypothèse ou les sections transversales des pièces, primitivement planes, restent planes, les rivets de la pre-

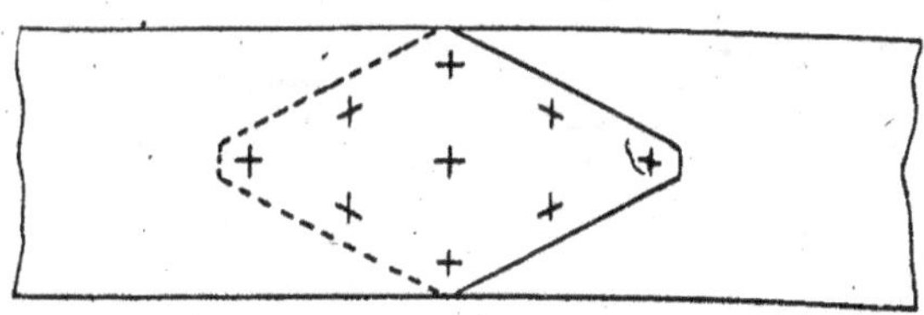

_ fig. 22. _

mière rangée, à chaque extrémité de l'assemblage, supportent seuls tout l'effort.

Du fait qu'il en va autrement dans la réalité, on doit conclure que l'hypothèse faite n'est pas réalisée. En outre, la flexion secondaire des plats, et même des rivets, doit influencer la répartition de l'effort.

Quoi qu'il en soit, il faut éviter de réaliser cet assemblage sur une trop grande longueur, ce qui revient à dire qu'il ne faut pas que les épaisseurs des pièces assemblées soient excessives. Il y a lieu de remarquer, en effet, que chacune des pièces de l'assemblage peut être formée de plusieurs épaisseurs superposées. C'est la somme de ces épaisseurs qui doit être comprise dans des limites rationnelles, en rapport avec le diamètre des rivets employés. Il est difficile de formuler une règle précise à ce sujet, on peut tout au plus indiquer qu'il est bon de ne pas avoir plus de 7 à 8 rangées de rivets.

On peut égaliser le travail entre les rivets en taillant en pointe les extrémités des recouvrements, comme il est indiqué figure 22.

La section de la pièce, dans chaque rangée de rivets, est proportionnée au nombre de rivets de la rangée.

Mais on a ainsi augmenté la longueur de l'assemblage, ce qui est presque toujours un inconvénient. Aussi cette variante n'est-elle plus guère appliquée aujourd'hui.

On fait à peu près uniquement le recouvrement carré, quelquefois à angles abattus (fig. 23).

Aucun des deux derniers dispositifs ne supprime d'ailleurs les efforts secondaires dus au désaxement des efforts.

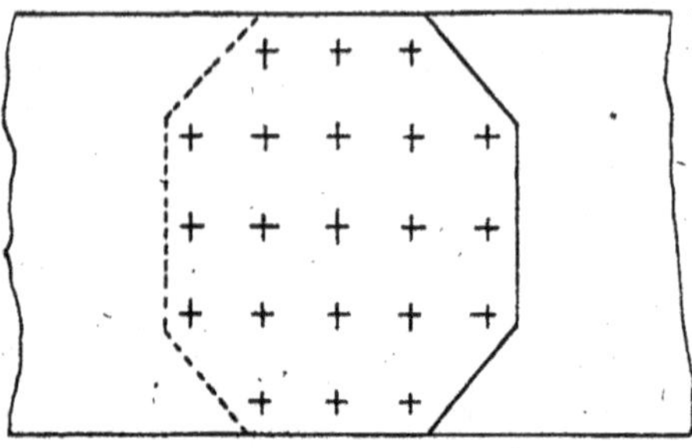

_ fig. 23. _

ASSEMBLAGE A GRADINS OU EN ESCALIER

Lorsque l'épaisseur des pièces à assembler est trop forte, on la remplace par plusieurs épaisseurs superposées et on réalise l'assemblage d'aboutement comme l'indique la figure 24. Cet assemblage est à peu près équivalent à la taille en biseau dont il a été question ci-dessus.

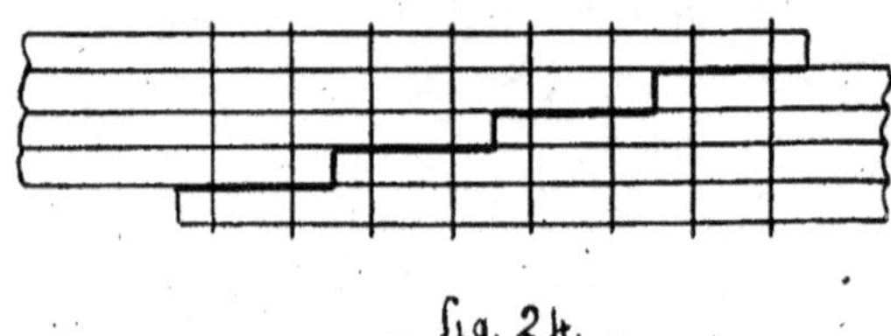

_ fig. 24. _

Le désaxement des efforts est réduit à l'épaisseur d'une tôle, au lieu d'être égal à l'épaisseur totale des tôles superposées de chacune des pièces.

On place, entre deux abouts de tôles consécutifs, le nombre de rivets nécessaires pour assembler ces deux tôles.

ASSEMBLAGE A GRADINS CROISÉS

Cet assemblage est représenté en élévation sur la figure 25. C'est une modification du précédent : les gradins, au lieu d'être échelonnés régulièrement comme les marches d'un escalier, sont croisés ou chevauchés. Il faut

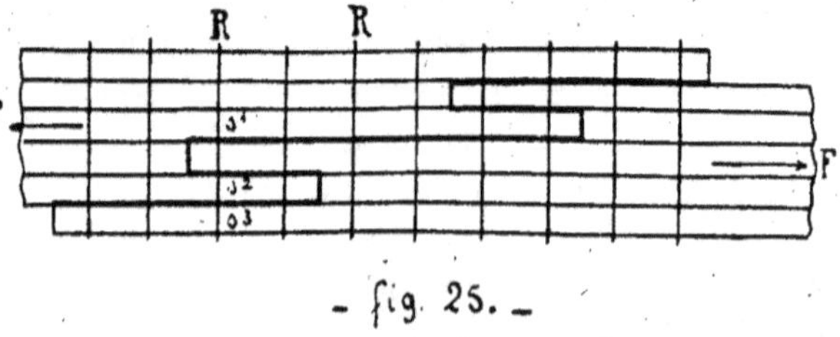

_ fig. 25. _

éviter de placer deux contacts de tôles dans un même plan, car une section faite par une coupure doit toujours rencontrer le nombre de tôles dont se compose chaque pièce. ,

Ce dispositif fait travailler plusieurs sections d'un même rivet au cisaillement..

Si l'on considère un rivet tel que R, on voit que les sections des faces de contact des deux pièces, s^1, s^2, s^3, sont des sections de cisaillement. On dit que le rivet R travaille à triple section de cisaillement.

Un rivet, tel que R, travaille à simple section, parce qu'il ne traverse qu'une face de contact. Au total, on constate que cet assemblage fait travailler, *en moyenne*, les rivets à double section. Par conséquent, la longueur de l'assemblage, comparée à celle de l'assemblage à gradins en escalier, est réduite de moitié. Cet avantage est souvent très important.

Le désaxement de l'effort est encore réduit à l'épaisseur d'une tôle.

Assemblage à couvre-joints

Ce mode d'assemblage s'emploie lorsque les pièces à assembler sont exactement dans le prolongement l'une de l'autre.

On les réunit alors par un élément rivé par chacune d'elles et qui prend le nom de couvre-joint.

On distingue :

L'assemblage à croisement,

L'assemblage en bout simple,

L'assemblage à gradins en escalier,

L'assemblage à gradins croisés.

ASSEMBLAGE A CROISEMENT

Soit un plat A à assembler sur un plat B (fig. 26).

Les épaisseurs de ces deux plats sont quelconques, mais leurs faces d'un même côté sont dans le même plan. Le couvre-joint C sera placé du côté où les faces se correspondent. Sa forme et ses

— fig. 26. —

dimensions en plan seront déterminées d'après le nombre de rivets nécessaires pour réaliser l'assemblage.

La section du couvre-joint dépendra de la grandeur de l'effort et de la limite du travail admissible pour le métal de ce couvre-joint.

Le calcul de la rivure s'effectue comme pour un assemblage à recouvrement.

On remarquera que les angles du couvre-joint en a et b ne se trouvent pas sur les arêtes des plats A et B.

Cette disposition évite un ajustage inutile, les petits décrochements qui en résultent étant inappréciables à l'œil et n'influant en rien sur la solidité de l'assemblage.

Cet assemblage est encore dissymétrique. Si la réaction mutuelle des deux plats est une traction ou une compression, il y a désaxement de l'effort et, par suite, effort secondaire de flexion.

Si les deux plats sont eux-mêmes rivés sur d'autres pièces présentant une rigidité notablement plus grande que celle des plats dans le sens de leur épaisseur, cette dissymétrie peut n'offrir aucun inconvénient, c'est-à-dire que

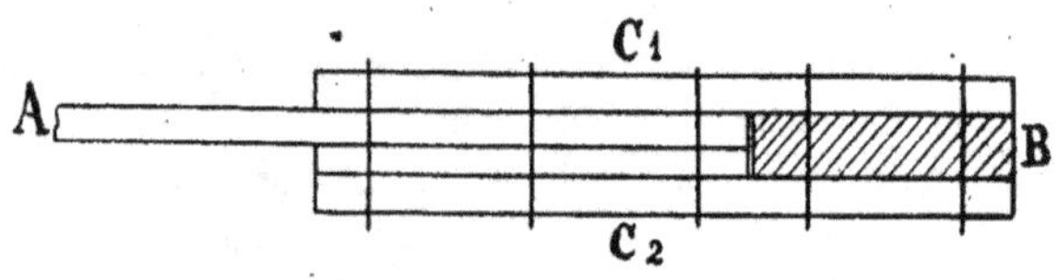

— fig. 27. —

le travail supplémentaire dû à l'effort secondaire de flexion ne sera qu'une faible partie du travail total.

Si les plats sont isolés, il vaut mieux doubler le couvre-joint, comme il est figuré en élévation (figure 27), en interposant, entre le plat A et le couvre-joint C_2, une plaque d'acier destinée uniquement à combler le vide entre ces deux pièces.

Cette disposition réduit le désaxement des efforts à la demi-différence des épaisseurs des plats.

En outre, elle permet de réduire la section des couvre-joints et de diminuer le nombre de rivets, puisque ceux-ci travaillent à double section de cisaillement.

Pour des plats isolés, les couvre-joints tels que C_1, C_2, C, portent en général le nom de *fourchettes*.

ASSEMBLAGE EN BOUT SIMPLE

Cet assemblage n'est autre que le précédent dans lequel les deux plats A et B ont leurs axes dans le prolongement l'un de l'autre.

Les plats peuvent d'ailleurs être remplacés par des tôles de grande largeur.

Ce mode d'assemblage est très employé pour les tôles épaisses des cuves de réservoir, de gazomètre. On emploie toujours, dans ces constructions, le double couvre-joint.

Comme les tôles à assembler ont le plus fréquemment même épaisseur, il n'y a aucun effort secondaire.

La remarque faite pour l'assemblage en bout simple à recouvrement, au sujet de la répartition de l'effort de cisaillement entre les rivets, subsiste ici.

Avec les couvre-joints à forme rectangulaire, comportant des rangées du même nombre de rivets, les rivets ne travaillent pas tous également.

En donnant au couvre-joint la forme en losange indiquée figure 22, on uniformise la fatigue des rivets, mais on allonge le couvre-joint.

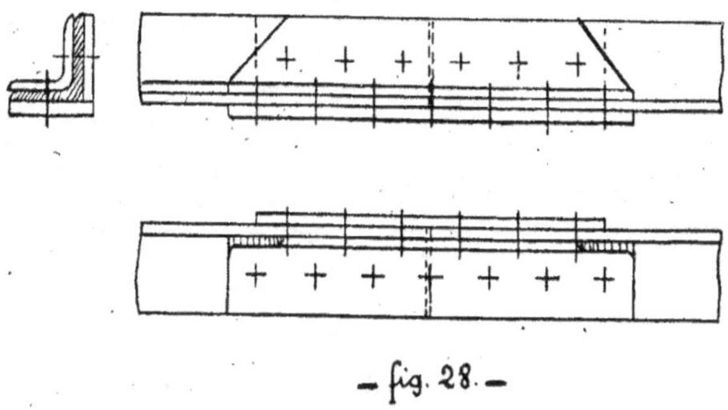

— fig. 28 —

Actuellement, en France, on fait à peu près uniquement les couvre-joints rectangulaires, on n'abat même plus les coins. Il y a ainsi simplification d'exécution, suppression des déchets et réduction de la longueur de l'assemblage.

On n'a jamais remarqué que les rivets des couvre-joints établis aient présenté des traces particulières de fatigue. Aussi cette disposition est-elle en fait justifiée par la pratique, quoique irrationnelle au point de vue théorique.

L'assemblage en bout de deux cornières s'effectue à l'aide d'une cornière couvre-joint placée à l'intérieur. Si les deux cornières sont isolées, on améliore l'assemblage et on réduit sa longueur en rivant un plat couvre-joint au dos de chacune des ailes (fig. 28).

Le calcul de la rivure se fait comme précédemment pour deux plats bout à bout.

Les forges laminent des cornières couvre-joints, c'est-à-dire dont le profil est déterminé pour s'appliquer exactement sur un échantillon de cornière donné. Ces profils sont assez peu utilisés. On fabrique les couvre-joints en abattant le talon d'une cornière de façon à le remplacer par un arrondi.

On prend pour couvre-joint des cornières dont la largeur d'aile est inférieure à celle des cornières à assembler.

Exemple:

Les cornières de 70×70 auront pour couvre-joints des cornières de 60×60;

Les cornières de 80×80 auront pour couvre-joints des cornières de 70×70, et ainsi de suite.

L'assemblage de deux cornières bout à bout peut se réaliser uniquement avec des plats. Il n'y a qu'à remplacer la cornière couvre-joint par deux plats disposés comme les deux plats extérieurs.

Dans ce cas, on est obligé de meuler les arêtes des plats qui viennent s'appliquer dans le congé de la cornière. On ne gagne rien au point de vue de l'usinage, et l'assemblage est moins satisfaisant qu'avec la cornière couvre-joint.

Assemblage a gradins en escalier

Cet assemblage s'applique à deux paquets de tôles superposées placés dans le prolongement l'un de l'autre. En pratique, les épaisseurs se correspondent tou-

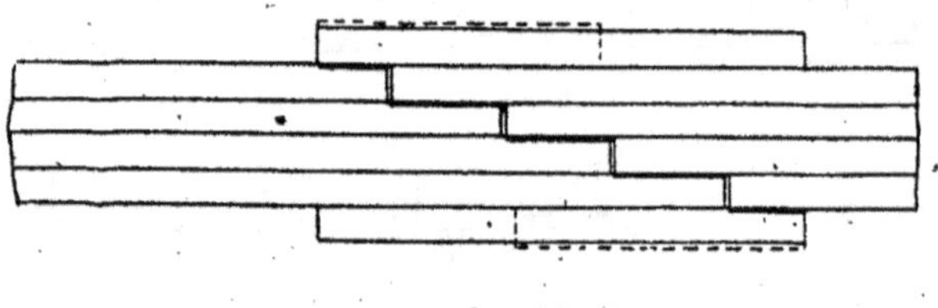

jours, c'est-à-dire que deux tôles de même rang, dans chacun des deux paquets, ont même épaisseur.

Si les deux paquets à assembler sont isolés, on les réunit par deux couvre-joints (fig. 29). La disposition des joints est la même que celle étudiée précédemment pour l'assemblage à recouvrement.

L'effort qui s'exerce, dans des pièces constituées de cette façon, est toujours une traction ou une compression.

Le calcul de la rivure de cet assemblage est simple: le nombre des rivets entre deux joints successifs doit correspondre à l'épaisseur de la plus forte des deux tôles coupées; le nombre des rivets assemblant les couvre-joints au delà du joint supérieur ou inférieur doit correspondre à l'épaisseur du couvre-joint.

Les couvre-joints doivent avoir au minimum l'épaisseur de la plus forte tôle.

Il n'est pas indispensable qu'ils aient même longueur, ils peuvent être limités comme l'indiquent les traits pointillés de la figure 29.

Il suffit qu'un plan normal aux paquets de tôle, passant par un joint quelconque, rencontre toujours un des deux couvre-joints.

Habituellement, on donne aux deux couvre-joints la longueur totale de l'assemblage.

Les deux paquets de tôle peuvent être rivés sur d'autres pièces. Ce cas est étudié en détail au chapitre II, à propos des joints de poutres.

L'assemblage précédent conduit évidemment, d'après sa disposition même, à la longueur maximum et, par suite, au poids maximum des couvre-joints. Par contre, l'aboutement des deux paquets de tôles l'un contre l'autre est particulièrement facile.

Quand le nombre des tôles est grand, ce peut être un avantage sérieux qui l'emporte sur la considération de longueur et d'économie.

Assemblage a gradins croisés

Cet assemblage s'applique encore à deux paquets de tôles superposées placés dans le prolongement l'un de l'autre.

Nous étudierons seulement le cas où les paquets de tôles sont isolés; le cas où ils sont eux-mêmes rivés sur d'autres pièces est étudié, au chapitre II, à propos des joints de poutres.

— fig 30 —

La disposition des joints est la même que celle décrite précédemment pour l'assemblage à recouvrement.

Pour un nombre de tôles donné n, composant chaque paquet, il y a $\dfrac{n}{2}$ façons de disposer les joints.

En effet, le joint d'une tôle peut occuper n places différentes, le joint d'une des $(n-1)$ tôles restantes peut occuper $n-1$ places, et ainsi de suite. Le nombre des combinaisons possibles est donc égal à

$$n \times (n-1) \times n-2) \times \ldots \ldots \ldots \times 1 = n.$$

Mais, à chaque disposition, correspond la symétrique par rapport au plan médian des paquets. Le nombre des combinaisons différentes est donc bien égal à $\dfrac{n}{2}$.

Parmi celles-ci figure naturellement la disposition en escalier.

Le choix de la disposition à adopter doit s'inspirer de deux considérations distinctes:

1º Le joint doit avoir la longueur minima, puisque c'est là l'avantage de l'assemblage à gradins croisés;

2º L'emmanchement des deux paquets de tôles ne doit cependant pas être trop difficile.

La figure 31 représente deux dispositions de joints d'un paquet de cinq tôles. L'emmanchement des deux tronçons est plus facile avec la seconde disposition qu'avec la première. Celle-ci ne doit être adoptée que si elle permet de réduire notablement la longueur de l'assemblage, en admettant que cette considération de longueur soit primordiale.

Il serait intéressant de connaître la disposition des gradins que donne l'assemblage de longueur minimum.

On n'a pas encore pu réussir à la déterminer théoriquement.

Mais, en pratique, on a, la plupart du temps, affaire à des tôles d'épaisseurs très voisines et même souvent égales; de plus, leur nombre est rarement supérieur à cinq, de sorte qu'on reconnaît assez rapidement, avec un

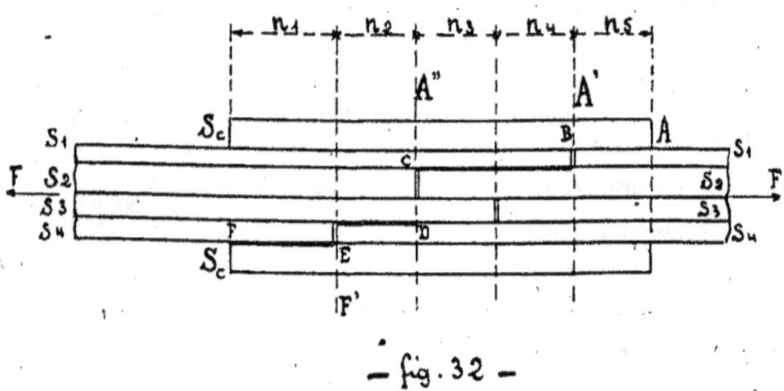

peu d'habitude, la disposition à adopter pour raccourcir le joint au maximum.

Le calcul de la rivure et des couvre-joints s'effectue suivant les règles habituelles. Toutefois, nous allons indiquer la marche à suivre en prenant l'exemple d'un assemblage de deux paquets de quatre tôles (fig. 32).

Soient:

S_1, S_2, S_3, S_4, les sections nettes des tôles à assembler;

S_c la section nette des couvre-joints, que nous supposons de même longueur, comme c'est le cas le plus fréquemment.

n_1, n_5 le nombre des rivets d'assemblages au delà des joints extrêmes;

n_2, n_3, n_4 le nombre des rivets d'assemblage entre deux joints successifs;

F l'effort (traction ou compression) agissant dans l'assemblage;

R la limite admise pour le travail du métal des tôles;

r la limite de travail au cisaillement des rivets;

ω la section d'un rivet (tous les rivets de l'assemblage sont évidemment supposées de même diamètre).

Pour fixer les idées, supposons que S_2 soit la plus forte tôle:

En outre, posons pour simplifier les formules qui vont suivre:

$$\sigma = \frac{F}{R}; \qquad s = \omega\,\frac{r}{R}.$$

σ représente la section nette d'un paquet de tôles capable de résister à l'effort F avec une fatigue unitaire du métal égal à R.

s représente la section d'un rivet, de diamètre plus faible que les rivets employés et qui aurait pour limite admissible de travail au cisaillement R.

Si on examine toutes les façons dont un assemblage peut se rompre, on doit écrire que, pour chaque mode de rupture, la résistance des éléments rencontrés est capable d'équilibrer l'effort F, sans que les limites R et *r* soient dépassées:

1er mode de rupture: par le plan du joint de la plus forte tôle S_2.

Conditions de résistance:

$$R \times 2(S_c + S_1 + S_3 + S_4) \geqq F.$$

Cette condition détermine la limite inférieure de S_c:

$$(1) \qquad S_c \geqq \frac{\sigma - (S_1 + S_3 + S_4)}{2}.$$

2e mode de rupture: par un plan de joint extrême et les rivets qui assemblent les couvre-joints, au delà de ce joint:

Conditions de résistance:

$$(S_1 + S_2 + S_3)\,R + 2n_1 sR \geqq F;$$
$$(S_2 + S_3 + S_4)\,R + 2n_5 sR \geqq F.$$

Ces conditions déterminent le minimum de n_1 et n_5:

$$(2) \qquad n_1 \geqq \frac{\sigma - (S_1 + S_2 + S_3)}{2s};$$

$$(3) \qquad n_5 \geqq \frac{\sigma - (S_2 + S_3 + S_4)}{2s}.$$

3e mode de rupture: par deux joints *successifs* et les rivets compris entre ces deux joints.

Conditions de résistance:

$$[(S_c \quad \text{ou} \quad n_1 s +)\,n_2 s + S_1 \mid S_3 + S_c]\,R \geqq F;$$
$$(S_c + S_4 + n_3 s + S_1 + S_c)\,R \geqq F;$$
$$[S_c + S_4 + n_4 s + S_2 + (S_c \quad \text{ou} \quad n_4 s)]\,R \geqq F.$$

Ces trois conditions déterminent les valeurs minima de n_2, n_3, n_4:

$$(4) \qquad n_2 \geqq \frac{\sigma - [\,(S_c \quad \text{ou} \quad n_1 s) + S_1 + S_3 + S_c\,]}{s};$$

$$(5) \qquad n_3 \geqq \frac{\sigma - (S_1 + S_4 + 2 S_c\,)}{s};$$

$$(6) \qquad n_4 \geqq \frac{\sigma - [\,S_2 + S_4 + S_c + (S_c \quad \text{ou} \quad n_5 s)\,]}{s}.$$

On introduit, dans la formule 4, la plus petite des quantités S_c et $n_1 s$; de même, dans la formule (6).

Les inégalités (1), (2), (3), (4), (5), (6) donnent, par conséquent, les valeurs minima des six inconnues: S_c, n_1, n_2, n_3, n_4, n_5.

On prendra pour S_c la valeur la plus proche, par excès, qui correspond à une épaisseur de tôle convenable, c'est-à-dire un nombre exact de millimètres, et pas inférieure à la plus faible des tôles du paquet.

n_1, n_2, n_3, n_4, n_5 seront les nombres entiers les plus voisins, par excès, des valeurs trouvées; mais on sera presque toujours conduit à augmenter le nombre de rivets pour tenir compte de la disposition de la rivure en plan.

Par exemple, si on a des rangées de trois rivets, on aura des nombres multiples de 3.

Ayant arrêté les valeurs de n_1, n_2, n_3, n_4, n_5, d'après la disposition de la rivure, il faut vérifier qu'on a placé assez de rivets et mis des couvre-joints assez forts pour résister à l'effort F, puisque les inégalités trouvées ne fournissent que des minima.

Pour cela, nous allons examiner un quatrième mode de rupture.

4e mode de rupture: par la ligne de résistance minima de l'assemblage.

C'est la ligne A B C D E F de la figure 32. Toutefois, si on a

$$n_1 s > S_c,$$

cette ligne doit couper le couvre-joint inférieur suivant E F, et si on a

$$n_5 s > S_c,$$

la ligne doit couper le couvre-joint supérieur suivant BA'.

On peut définir la ligne de résistance minima de la façon suivante:

Elle passe par un des joints touchant les couvre-joints, par le plus grand nombre de joints possibles, mais en ne coupant qu'une fois les rivets compris entre deux joints successifs, et coupe les tôles les moins épaisses.

Il en résulte que cette ligne a une forme en escalier et ne peut avoir un trajet sinueux. Elle coupe en résumé le nombre minimum d'éléments et les éléments les moins résistants.

Dans le cas de la figure 32, son tracé est donc bien un de ceux indiqués.

Supposons qu'on ait reconnu que le trajet de cette ligne de résistance minima soit A B C D E F, on aura la condition de résistance suivante :

$$(n_1 + n_2 + n_3 + n_4 + n_5)\, s + S_3 \geqq \sigma,$$

d'où
$$n_1 + n_2 + n_3 + n_4 + n_5 \geqq \frac{\sigma - S_3}{s}.$$

Si cette condition n'est pas réalisée, on augmentera le nombre des rivets.

Mais il y aura lieu, une fois cette augmentation faite, de vérifier si la ligne de résistance minima est restée la même.

Par exemple, si on a augmenté n_5, il est possible que l'inégalité initiale :

$$n_5 s < S_c,$$

ait changé de sens, et par suite que le trajet BA doive être remplacé par le trajet BA'.

Dans l'assemblage en escalier, la ligne de résistance minima passe évidemment par tous les joints.

Si les couvre-joints n'avaient pas même longueur, le calcul de la rivure s'effectuerait d'une façon analogue.

Remarquons qu'au point de vue théorique, rien ne s'oppose à ce qu'on place deux joints de tôles dans un même plan. L'épaisseur des couvre-joints se trouve augmenté, ainsi que le nombre des rivets à placer entre les joints extrêmes et l'extrémité des couvre-joints.

En pratique, on évite cette disposition.

Assemblage par cornières

La cornière sert à assembler deux pièces à angle droit.

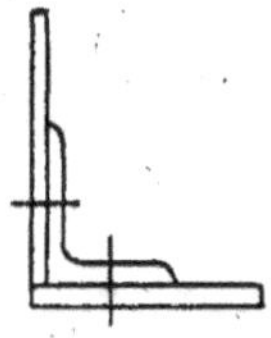

Pour assembler deux tôles à angle droit, on emploiera la disposition représentée figure 33 avec une seule cornière, ou figure 33 *bis*, avec deux cornières, suivant que la rencontre des deux tôles comporte un ou deux angles rentrants.

Les rivets dans les deux ailes sont chevauchés, c'est-à-dire qu'un rivet sur une aile se trouve en regard du milieu de l'intervalle de deux rivets sur l'autre aile. On évite ainsi d'affaiblir d'une façon exagérée la section des éléments de l'assemblage. En outre, si on mettait deux rivets en regard, la tête du premier posé gênerait pour la pose du second.

— fig 33 —

Quand les cornières d'assemblage ont des ailes larges, on emploie assez fréquemment la double rivure en réduisant le diamètre normal des rivets qui correspondraient à la cornière employée.

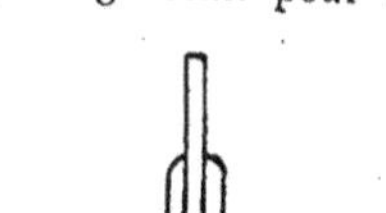

Un pareil assemblage peut être soumis à des efforts de flexion, de traction ou de compression, plus rarement à des efforts de torsion.

— fig 33 bis —

Le calcul de la rivure s'effectue comme il a été indiqué précédemment pour l'assemblage à croisement simple.

Deux tôles biaises, l'une par rapport à l'autre, peuvent s'assembler encore par cornières. Les cornières d'assemblage sont biaises: ouvertes dans l'angle obtus, fermées dans l'angle aigu (fig. 34).

Ce dispositif ne s'emploie qu'en cas de nécessité absolue, car il exige un usinage précis, et par conséquent coûteux. Si les cornières d'assemblage ne sont pas exactement forgées à l'angle voulu, l'assemblage est défectueux.

En outre, les rivets a et b sont difficiles à mettre dès que le biais atteint une valeur appréciable; si ce biais augmente, il devient impossible de poser ces rivets.

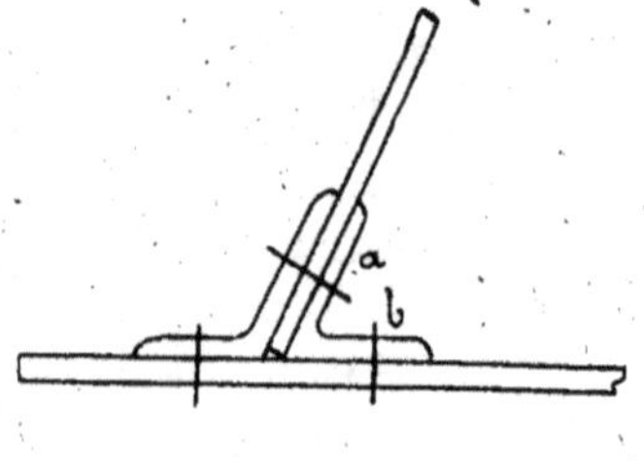

— fig. 34 —

Dans ce cas, on remplace les cornières par des plats coudés par forgeage à chaud et qui n'épousent pas complètement les angles, mais présentent, au fond de ceux-ci, un large arrondi ou un aplatissement qui sert d'épaulement aux tôles assemblées. On éloigne alors les rivets du fond de l'angle dans le but d'en faciliter la pose (fig. 35).

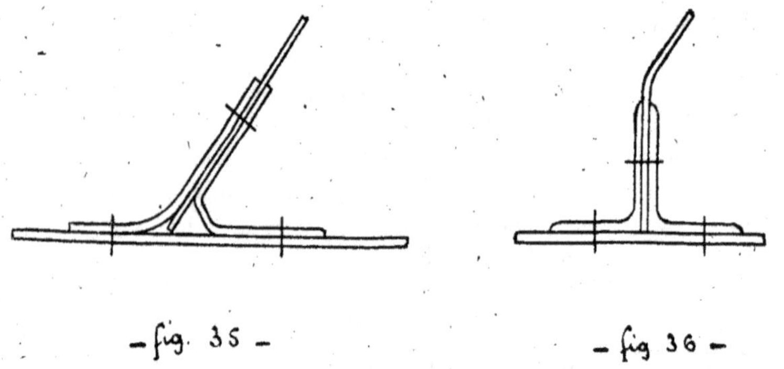

— fig. 35 —   — fig. 36 —

Ce genre d'assemblage ne doit s'employer que pour des pièces soumises à de faibles efforts.

Si ces efforts sont tels que le travail des rivets soit voisin du taux limite admis, il vaut mieux couder l'une des tôles de façon à revenir au cas de l'assemblage normal (fig. 36).

Assemblage par cornières et goussets

L'assemblage par cornières ne permet pas toujours de placer le nombre de rivets nécessaire. On emploie alors l'assemblage par gousset.

Le gousset est une tôle découpée d'une façon quelconque, qui sert à réaliser la liaison de deux éléments, que ces éléments soient parallèles ou perpendiculaires. Nous avons déjà vu que, pour l'assemblage à croisement simple, on emploie quelquefois un gousset.

Les figures 37, 38 et 39 représentent l'assemblage de deux plats à l'aide de goussets. Les goussets sont réunis aux tôles par l'intermédiaire de cornières.

On a donc, par l'artifice du gousset, augmenté considérablement l'étendue de l'assemblage et, par suite, le nombre de rivets qu'on peut y placer.

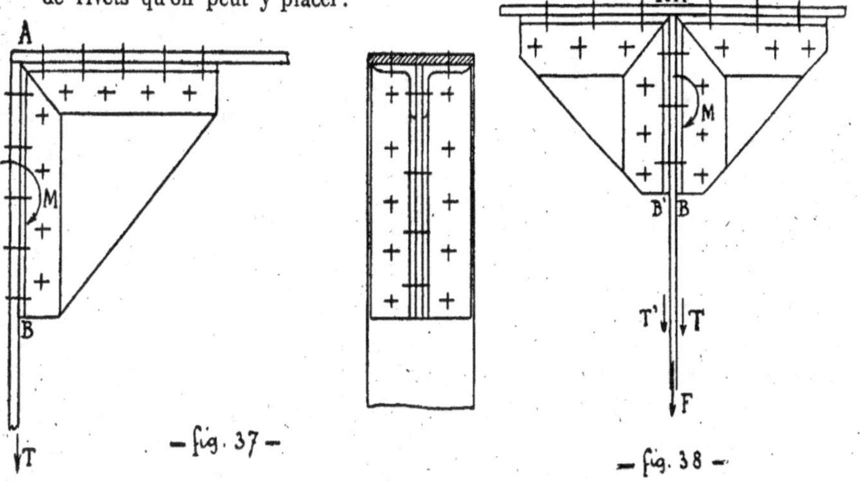

— fig. 37 —

— fig. 38 —

Les figures 37, 38 et 39 indiquent les différentes façons dont on peut découper les goussets.

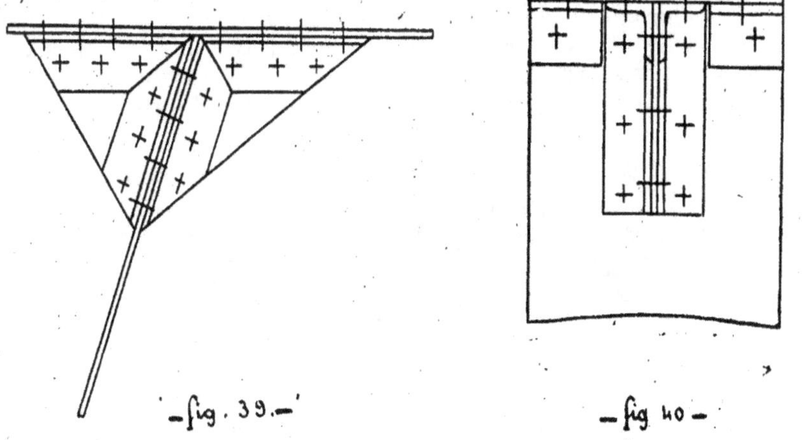

— fig. 39 —

— fig 40 —

Si les deux plats débordaient d'une façon appréciable, de part et d'autre, des cornières d'assemblage, il y aurait lieu de les réunir par des petits éléments de cornières (fig. 40).

Cet assemblage se calcule comme il a été indiqué précédemment pour l'assemblage à croisement simple.

Supposons, par exemple, que l'assemblage de la figure 37 soit soumis à un effort tranchant T et à un moment de flexion M, agissant dans le sens de la flèche.

Les rivets de la face AB travailleront au cisaillement d'une part, et à l'extension d'autre part.

On vérifiera la résistance au cisaillement par la formule

$$\frac{T}{n\omega} \leqq R,$$

et la résistance à l'extension en déterminant l'axe neutre et en calculant le moment d'inertie, par rapport à cet axe, des sections de rivets tendus I, puis on vérifiera que

$$\frac{M}{\dfrac{I}{h_1}} \leqq R',$$

R^1 limite du travail des rivets à l'extension.

Si la face AB ne comporte qu'un petit nombre de rivets, on supposera que l'axe neutre passe par les rivets du bas.

Considérons encore l'assemblage de la figure 38 et supposons-le soumis aux mêmes efforts: T et M, pour la face AB.

La vérification des rivets se fera comme précédemment, mais il y a lieu de remarquer que le plan AB coupe non seulement les rivets, mais encore le plat supérieur.

En pratique, on néglige ordinairement la section de ce plat pour la résistance au cisaillement, mais on la fait intervenir dans la résistance à la flexion, tout au moins si le plat supérieur se trouve dans la zone tendue. Dans ce cas, le moment d'inertie I, par rapport à l'axe neutre, se compose du moment d'inertie des sections de rivets tendus et de la section du plat supérieur.

On peut alors bien souvent négliger la résistance des rivets tendus et supposer que le plat supporte seul tout l'effort.

Il y a lieu de remarquer que les efforts peuvent être différents pour la face A^1B^1. Il faut, dans ce cas, faire le calcul du travail au cisaillement et à l'extension pour l'effort tranchant et pour le moment de flexion maximum.

Fourrures

Quand plusieurs pièces à assembler comprennent entre elles un vide à faces parallèles, on ne peut placer les rivets qu'à la condition de remplir ce vide par une plaque de tôle, ou plusieurs plaques superposées, si l'épaisseur du vide est importante. Ces plaques portent le nom de *fourrures*. Elles ne jouent, dans les constructions, qu'un rôle de remplissage et n'ajoutent rien à la résistance des assemblages.

Par contre elles les alourdissent, et sont par conséquent à éviter.

L'assemblage, représenté précédemment figure 27, comporte une fourrure.

Quand l'assemblage est un croisement et comporte un seul rivet, on se contente de placer une simple rondelle (ou plusieurs rondelles superposées). Ce cas se présente souvent dans les charpentes légères pour les assemblages de croisement des barres de triangulation, où le rivet d'assemblage ne sert qu'à assurer l'invariabilité de la position relative des barres (fig. 41).

Pour éviter les fourrures, il faut chercher à modifier la position relative des pièces à assembler, de façon à les amener en contact entre elles et avec les éléments qui servent à assurer leur liaison.

Ce n'est pas toujours possible.

Un second moyen consiste à forger certaines pièces pour leur faire suivre les ressauts qui résultent des différences d'épaisseur. On obtient alors les assemblages à pièces embouties. La figure 42 représente l'assemblage déjà représenté figure 27, dans lequel on a forgé le couvre-joint inférieur, pour éviter la fourrure.

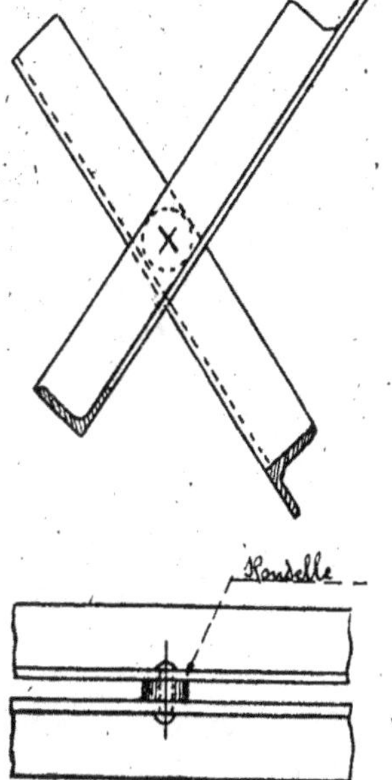

— fig. 41 —

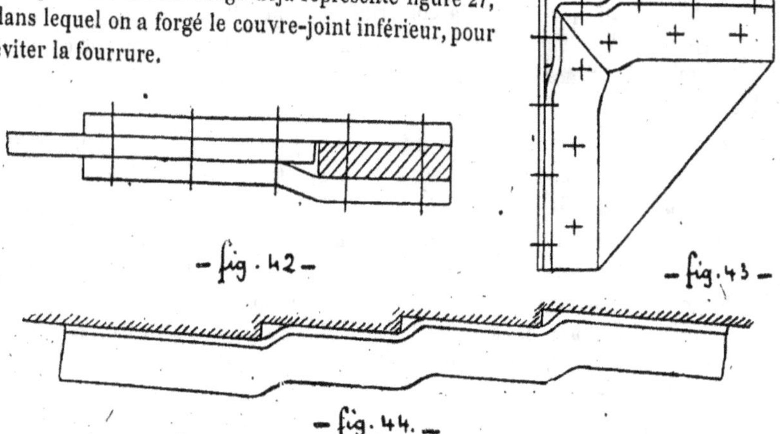
— fig. 42 —

— fig. 43 —

— fig. 44. —

On peut également réaliser des assemblages par cornières embouties (fig. 43) Si l'assemblage présente plusieurs ressauts successifs, on peut faire suivre aux éléments de liaison, plats ou cornières, le profil de ces ressauts (fig. 44),

L'emploi des assemblages à pièces embouties, très fréquent autrefois, est de plus en plus délaissé. On préfère mettre des fourrures, s'il n'existe pas d'autre moyen de les éviter.

Ceci tient à ce que l'exécution des emboutissages est toujours une opération assez délicate pour être menée à bien. Elle exige que le métal soit travaillé dans des limites de température assez étroites, et convenablement recuit, si on ne veut pas qu'il soit écroui ou rendu cassant.

En outre, comme l'emploi de ces assemblages est, somme toute, assez restreint, l'outillage nécessaire ne sert pas d'une façon continue, et il en résulte que le prix de revient s'en trouve augmenté.

Observations sur la rivure

On doit toujours, dans l'étude des assemblages, s'attacher à observer les règles pratiques sur le diamètre, la longueur et l'espacement des rivets, le chevauchement des files longitudinales, le décalage des joints de tôles, etc..., qui ont été énoncées précédemment.

On détermine le nombre des rivets nécessaires à la rivure d'un assemblage, les dimensions des couvre-joints, et on s'assure s'il n'y a pas lieu d'augmenter le nombre théorique de rivets nécessaire à la résistance pour couvrir convenablement toute la surface de l'assemblage, c'est-à-dire solidariser également, en tous les points, les éléments de l'assemblage.

Mais il est en outre une précaution essentielle qu'il ne faut pas omettre d'observer: c'est de vérifier si tous les rivets peuvent être posés. A cet effet, on examine dans quel ordre la construction doit être montée, quels sont les rivets posés à l'atelier et quels sont ceux qui seront posés sur place; si telle pièce, mise en place la première, ne gêne pas pour le rivetage de telle autre, etc...

Bien que ceci semble évident et très simple, il n'en est pas moins vrai que des fautes de ce genre sont encore bien souvent commises. C'est seulement au chantier qu'on s'aperçoit que certains rivets sont impossibles à mettre, ou tout au moins à poser convenablement. Il en résulte que ces rivets sont posés tant bien que mal, au détriment de leur résistance, ou remplacés par des boulons, encore au détriment de la résistance des assemblages.

Enfin, on s'efforce de disposer les assemblages de manière que le remplacement des rivets soit facile. Cette condition est distincte de la précédente, car des rivets faciles à poser en cours de montage, alors que toutes les pièces ne sont pas mises en place, peuvent être irremplaçables une fois la construction terminée, autrement que par dérivetage des éléments qui font obstacle à leur remplacement.

CHAPITRE II

CONSTRUCTION DES POUTRES A AME PLEINE

Une poutre à âme pleine est une pièce prismatique ayant son axe longitudinal, rectiligne ou curviligne, dans un plan qui coupe chaque section transversale suivant la direction d'un axe principal d'inertie.

Ce plan principal, qui est en général un plan de symétrie de la poutre, contient également tous les points d'appui.

En outre, toute section transversale est une surface unique, c'est-à-dire que la poutre ne comporte aucun évidement.

Classification des poutres à âme pleine d'après la forme de la section transversale

La forme la plus simple que puisse avoir la section transversale d'une poutre à âme pleine est la forme rectangulaire. Dans ce cas, la poutre se compose d'une simple tôle dont la plus grande dimension transversale est parallèle aux charges qu'elle supporte (fig. 45). Une pareille section est critiquable à deux points de vue :

1° Le métal est mal employé, car il est uniformément distribué sur toute la hauteur, au lieu d'être diminué près de la fibre neutre et augmenté vers les extrémités.

Soient e et h les dimensions de la section S sa surface, I son moment d'inertie par rapport à l'axe de flexion passant par le centre de gravité G :

$$I = \frac{eh^3}{12}.$$

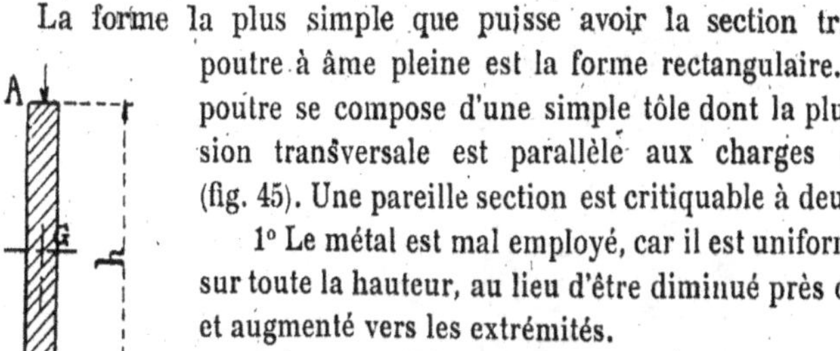

Pour un moment de flexion, le travail des fibres les plus fatiguées en A et A' est donné par l'expression

$$R = \frac{M}{\dfrac{I}{v}} = \frac{M}{\dfrac{eh^2}{6}}.$$

Nous appellerons coefficient d'utilisation pour une section de poutre donnée le rapport

$$\lambda = \frac{\dfrac{I}{v}}{S}.$$

Ce coefficient caractérise la résistance à la flexion par unité de surface de la section, ou, ce qui revient au même, par unité de poids au mètre courant de poutre.

Pour l'exemple considéré : $\lambda = \dfrac{\dfrac{eh^3}{6}}{eh} = \dfrac{h}{6}$;

2° La poutre manque de raideur dans le sens transversal. Elle est tout à fait impropre à résister aux efforts secondaires de flexion latérale ou de torsion qui se produisent inévitablement et qui résultent du fait que les charges ne sont pas toujours exactement contenues dans le plan de flexion, comme on l'admet théoriquement.

Une pareille section n'est jamais employée en pratique.

Les considérations qui précèdent conduisent tout naturellement à envisager une section qui comporte des nervures aux extrémités.

La plus commune est la section en *double té*.

La section peut être constituée par un profilé (fig. 46), par une tôle ou âme sur laquelle sont rivées des cornières (fig. 47), ou comporter en outre des tôles rivées à plat sur les cornières. Ces tôles s'appellent des semelles plate-bandes, ou tables (fig. 48).

Comparons le coefficient d'utilisation d'une pareille section avec celui de la simple tôle envisagée précédemment.

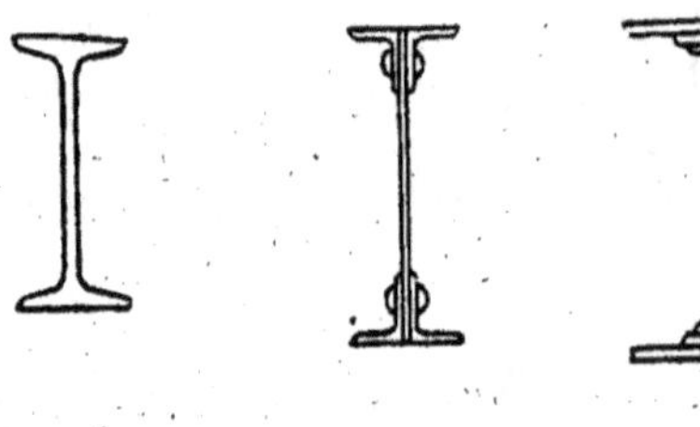

— fig. 46 —   — fig. 47 —   — fig. 48 —   — fig. 49 —

Que la section soit simple ou composée, on peut toujours l'assimiler d'une façon suffisamment exacte, au point de vue de la résistance à la flexion, au profil représenté figure 49.

L'aire de ce profil a pour expression :

$$S = eh + 2ae_1.$$

Posons $a = \dfrac{h}{K}$ $e_1 = ne.$

Dans la pratique, K est, dans la grande majorité des cas, supérieur à I et n également.

L'expression de S devient:

$$S = he\left(\frac{2n}{K} + 1\right).$$

Cherchons l'expression du moment d'inertie en supposant l'aire de chacune des ailes concentrée aux points A′ et A′ (h est toujours suffisamment grand par rapport à e_1 pour que cette approximation soit permise).

Dans ces conditions, on a

$$I = \frac{eh^3}{12} + 2ae_1\left(\frac{h}{2}\right)^2 = h^3e\left(\frac{1}{12} + \frac{n}{2K}\right).$$

Le coefficient d'utilisation a pour expression:

$$\lambda = \frac{h^3e\left|\dfrac{1}{12} + \dfrac{n}{2K}\right|}{\left|\dfrac{h}{2} + ne\right|S}.$$

Au dénominateur, ne est la plupart du temps faible par rapport à $\frac{h}{2}$ et peut être négligé. L'expression de h devient finalement, en remplaçant S par sa valeur, et en simplifiant :

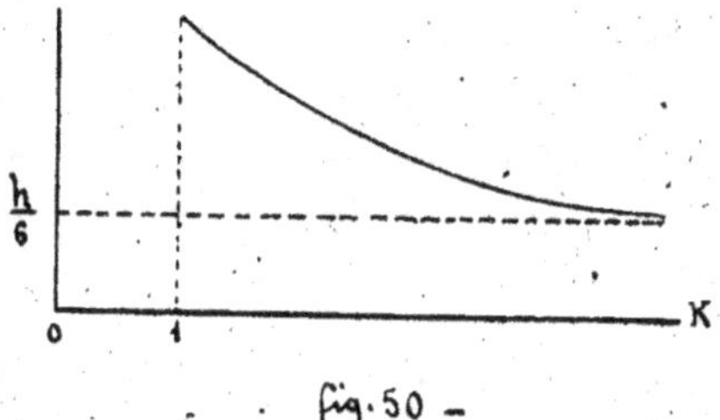

$$\lambda = \frac{\dfrac{1}{6} + \dfrac{n}{K}}{1 + \dfrac{2n}{K}}.h.$$

On peut, à l'aide de cette formule, étudier les variations de λ en fonction de n et de K :

fig. 50 −

1° n est constant, K varie de 1 à l'infini (fig. 50).

La courbe représentative de λ est un arc d'hyperbole.

La valeur limite de λ pour K infini est $\frac{h}{6}$, résultat déjà obtenu lorsque nous avons examiné le cas d'une simple tôle (pour K infini, $a = 0$);

2° K est constant, n varie de 1 à l'infini (fig. 51).

La courbe représentative est encore un arc d'hyperbole. La valeur limite de λ est $\frac{h}{2}$.

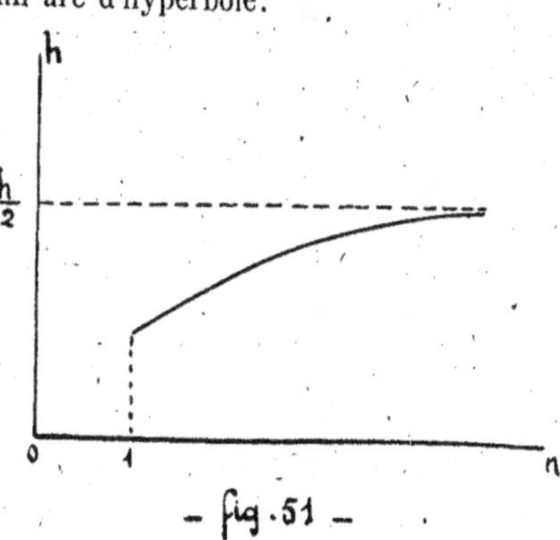

− fig. 51 −

En pratique, n variera ordinairement entre 1 et 10.

Cette étude montre bien que le métal est d'autant mieux utilisé que l'âme est plus mince et les ailes plus larges et plus épaisses.

Il existe cependant, pour l'épaisseur de l'âme, une valeur au-dessous de laquelle il ne faut pas descendre. On ne doit pas faire usage de tôles de moins de 5 à 6 m/m d'épaisseur, même si la détermination de cette épaisseur, par le calcul du travail à l'effort tranchant, conduisait à une valeur inférieure.

Le choix de l'épaisseur e_1 sera déterminé par la condition que l'épaisseur à serrer par les rivets ne soit pas excessive, conformément à la règle pratique indiquée précédemment à ce sujet.

Lorsqu'on s'arrêtera à une section profilée, il suffira de choisir, parmi les échantillons que fabriquent les forges, celle qui convient le mieux. La figure 52 donne les dimensions d'un double té laminé, de 250 m/m de hauteur.

Lorsqu'on sera conduit à employer une section composée, il y aura lieu de faire un choix entre la section composée d'une âme et de quatre cornières (fig. 47), et la section qui comporte des semelles (fig. 48).

La plupart du temps, la hauteur d'une poutre étant déterminée par des considérations accessoires, la seule question de la résistance permettra de décider.

Si la hauteur n'est pas limitée, on se guidera sur la nécessité de donner à la poutre une certaine raideur dans le sens transversal.

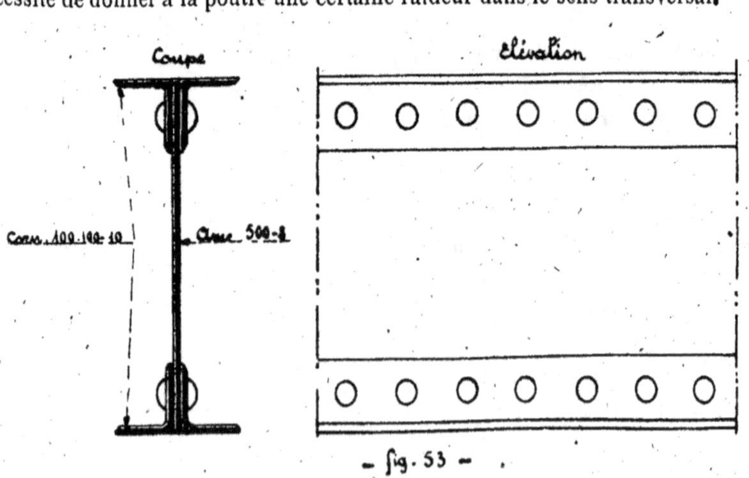

— fig. 53 —

On peut admettre le 1/80 de la portée comme plus petite dimension transversale. Si la poutre est reprise en un ou plusieurs points de sa portée par des pièces qui l'empêchent de fléchir latéralement, on peut réduire cette dimension.

Cornières. — Le plus souvent, on emploie des cornières à ailes égales, qui permettent de mettre des rivets de même diamètre dans les deux ailes.

Il n'existe pas de règles spéciales pour le calcul des dimensions des cornières à employer.

Cependant, il est d'usage d'augmenter l'échantillon lorsque la hauteur de la poutre augmente.

Les échantillons employés couramment varient de la cornière 50×50 à la cornières 120×120. Les cornières 130×130, 140×140, 150×150 sont plus rarement utilisées.

La figure 53 représente une section sans semelles.

Semelles. — Les semelles peuvent être étroites ou débordantes.

Les semelles étroites débordent les cornières d'une faible quantité, seulement un à deux centimètres.

S'il y a plusieurs semelles superposées, elles sont assemblées entre elles uniquement par les rivets de fixation sur les cornières.

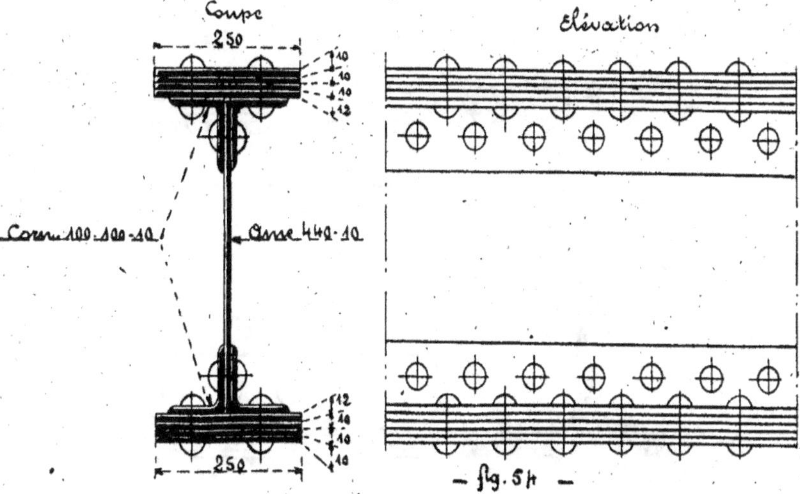

La figure 54 donne un exemple de section de poutre à semelles étroites.

Le petit débord des semelles est nécessaire parce que les cornières ont toujours les bords légèrement sinueux. Il serait par suite impossible d'obtenir la concordance du bord des ailes avec la tranche des semelles, à moins d'un travail d'ajustage inutile et coûteux.

Les semelles débordantes ont une largeur suffisante pour qu'on puisse placer au moins une file de rivets dans la partie qui dépasse les cornières.

Dans le cas le plus fréquent d'une seule file de rivets dans chaque debord, la largeur des semelles dépend en quelque sorte des cornières employées.

La largeur minima peut être prise égale aux valeurs suivantes:

Cornières	Semelles de
60 × 60	220 m/m
70 × 70	260
80 × 80	300
90 × 90	330
100 × 100	370
110 × 110	400
120 × 120	430

On donne souvent aux semelles une largeur un peu supérieure: quatre fois la largeur des cornières.

Si, par suite du manque de hauteur, on est conduit à prendre des semelles plus larges, il faut les élargir franchement, de façon à pouvoir mettre deux files de rivets dans la partie qui déborde les cornières.

On placera naturellement les rivets en quinconce, de façon à ne pas trop affaiblir la section.

Il y a intérêt à ne pas trop exagérer la largeur des semelles.

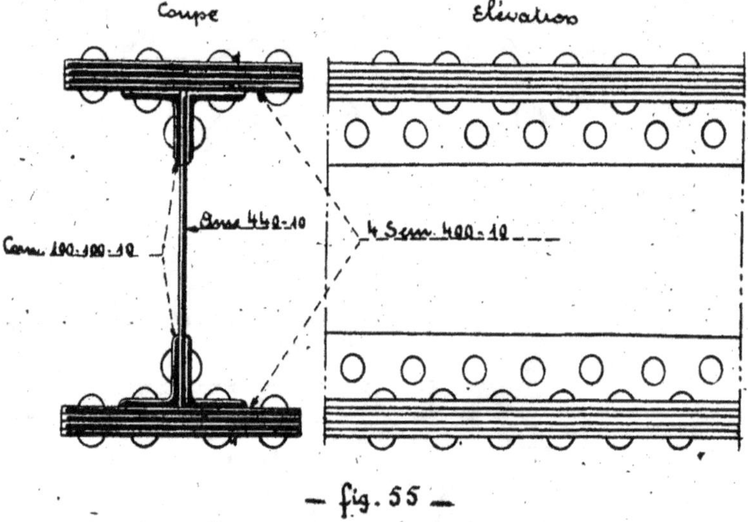

— fig. 55 —

On peut fixer 600 m/m comme limite supérieure. Cette dimension correspond à la limite de fabrication courante des larges plats, qui servent à fabriquer les semelles.

Les épaisseurs des semelles varient de 6 à 16 m/m. Dans un paquet de plusieurs semelles, il y a intérêt à uniformiser les épaisseurs.

L'épaisseur totale est limitée par la condition d'obtenir un bon serrage des rivets. Elle est d'environ 3,5 D (D diamètre des rivets): Si on trouve qu'il faut une épaisseur totale supérieure, on cherche à augmenter la hauteur de la poutre si cela est possible. On peut encore augmenter la largeur des cornières, ce qui permet d'augmenter également celle des semelles.

Si ces moyens sont insuffisants, on a recours à un autre type de section.

La figure 55 donne un exemple de section avec semelles débordantes.

Les semelles n'ont pas forcément toutes même largeur. La figure 56 représente une section dans laquelle la semelle (1er rang) supérieure et inférieure est seule débordante.

A hauteur égale, le coefficient d'utilisation d'une pareille section est un peu

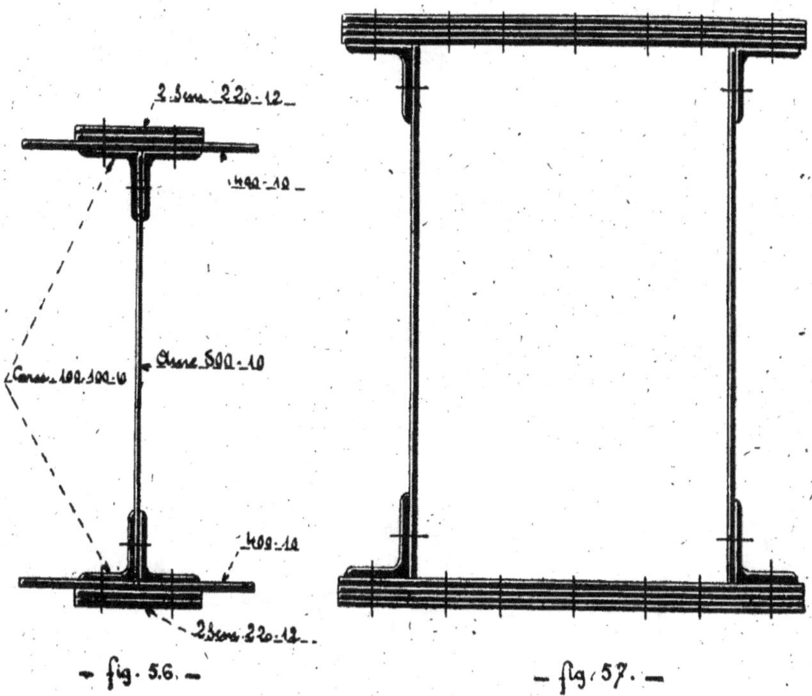

— fig. 56 —
— fig. 57 —

supérieur à celui qu'on obtiendrait en mettant uniquement des semelles débordantes. Par contre, on a diminué le moment d'inertie dans le sens transversal et, par suite, la raideur latérale de la poutre. Dans certains cas, cette considération peut avoir son importance et influer sur le choix de la section.

POUTRES CAISSONS

Lorsque la hauteur dont on dispose pour une poutre est limitée, et que la section en double té conduit à des semelles trop larges, on peut augmenter la largeur limite des semelles précédemment indiquée en doublant l'âme, de façon à réduire le débord des semelles.

C'est la disposition représentée sur la figure 57. Les semelles doivent être assemblées entre elles avant d'être rivées sur les cornières.

Poutres jumelles

Ces poutres sont formées par la juxtaposition de deux poutres identiques à section en double té.

Les deux poutres élémentaires doivent être solidarisées par des entretoises qui assurent l'invariabilité des deux poutres l'une par rapport à l'autre (fig. 58).

L'écartement des deux poutres dépend essentiellement de la nature de la construction et ne peut être précisé. Il y a cependant intérêt à les rapprocher autant que possible, ne serait-ce que pour diminuer l'importance des entretoises qui ne sont que des pièces accessoires.

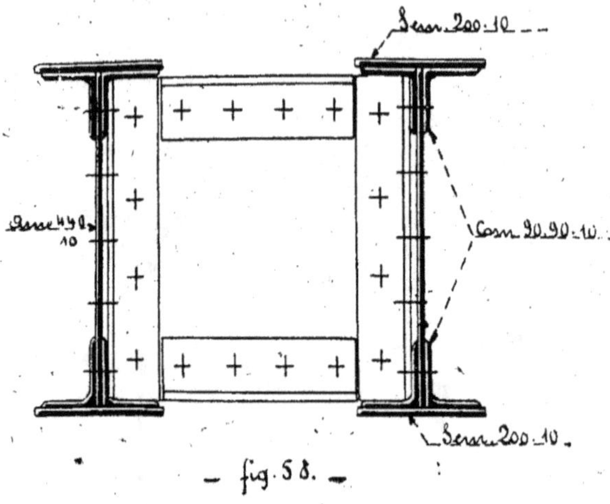

_ fig. 58. _

Les poutres jumelles s'emploient également quand on manque de hauteur.

Poutres en U

La poutre en U se compose le plus souvent d'une âme avec une seule cornière rivée à chaque extrémité (fig. 59). Il est rare qu'elle comporte des semelles. On choisit ce genre de section seulement pour des poutres faiblement chargées, et pour lesquelles on veut cependant avoir une assez grande hauteur, de façon à augmenter la rigidité. L'augmentation de hauteur, conduit à réduire la quantité de métal aux extrémités et, par suite, à mettre une seule cornière sur chaque bord au lieu de deux.

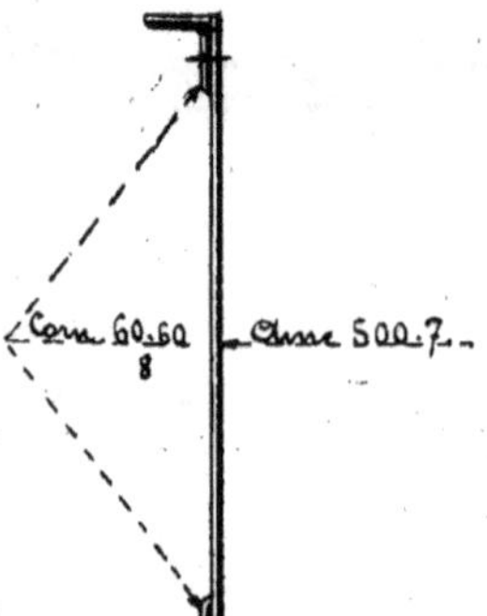

_ fig. 59. _

Cette section de poutre est critiquable parce qu'elle donne lieu à des efforts de torsion : le plan de flexion n'est pas un plan de symétrie de la section. C'est pour cette raison que ce profil n'est admissible que pour des poutres peu chargées.

L'adoption d'un pareil type de poutre peut encore être nécessitée par l'obligation de ne pas empiéter sur un gabarit donné, à l'intérieur duquel aucune pièce ne doit faire saillie. Dans ce cas, on peut avoir une section complète avec âme, cornières et semelles.

Par contre, si on jumelle deux poutres en U, en les solidarisant par des entretoises convenablement espacées, le plan de flexion de l'ensemble coïncide avec un plan de symétrie et il ne se produit plus d'efforts secondaires de torsion (fig. 60).

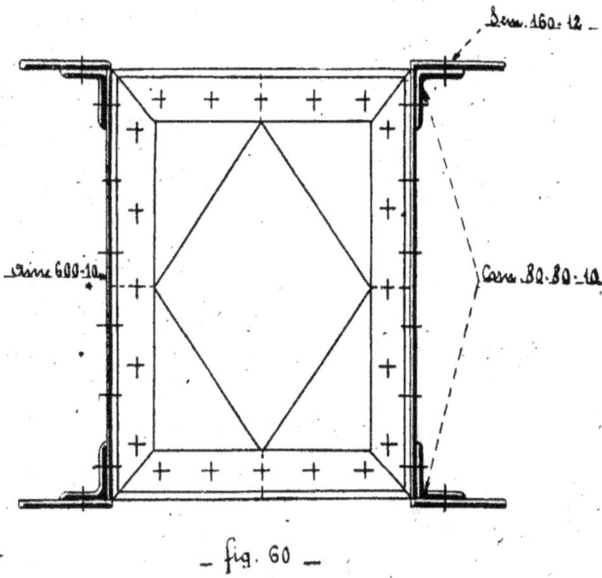

_ fig. 60 _

Pour cette forme de poutre, on peut, quand la hauteur le permet, employer des profils en U laminés, à la place d'une section composée.

On réalise ainsi une économie de main-d'œuvre par la suppression de la rivure longitudinale.

POUTRES EN Z

C'est une variété de la poutre en U, dans laquelle les cornières sont placées de part et d'autre de l'âme (fig. 61). Elle donne lieu aux mêmes remarques que la poutre en U, et peut également s'employer jumelée.

L'adoption d'une section transversale simple en Z se justifie parfois par des considérations accessoires concernant d'autres pièces s'attachant sur la poutre.

_ fig. 61 _

POUTRES A SECTION DISSYMÉTRIQUE

On peut être conduit à adopter, pour une poutre à âme pleine, une section transversale non symétrique par rapport au plan perpendiculaire au plan de flexion passant par le milieu de la hauteur de l'âme, pour les raisons suivantes :

1° La poutre ne travaille pas uniquement à la flexion, mais est soumise en outre à un effort normal.

Considérons un solide prismatique de section symétrique (fig. 62), travaillant dans de telles conditions. Le plan de flexion est le plan AB, et supposons, pour fixer les idées, que l'effort normal est une tension F, dirigée suivant la fibre moyenne supposée rectiligne.

Soient I le moment d'inertie transversale, S l'aire de cette section, h sa hauteur.

Pour une section donnée d'une pareille poutre, les efforts sont :

Un moment fléchissant M ;

Une tension normale F appliquée au centre de gravité G ;

Le travail unitaire dans les fibres extrêmes des faces supérieure et inférieure A et B aura pour expression :

En A,
$$R = -\frac{Mh}{2I} + \frac{F}{S} ;$$

En B,
$$R' = \frac{Mh}{2I} + \frac{F}{S} .$$

— fig. 62 —

Par conséquent, on a $R' > R$. Supposons que la valeur de R¹ soit précisément la limite permise.

Si l'effort de tension donne un travail unitaire comparable au travail unitaire de flexion, le métal est mal réparti puisque R est notablement inférieur à R'. Il pourra même se faire que $R = 0$ si on a :

$$\frac{Mh}{2I} = \frac{F}{S} .$$

Pour une bonne utilisation de la matière, il y a donc intérêt à adopter une section dissymétrique, telle que celle représentée figure 63.

Le centre de gravité est ramené près des fibres inférieures pour lesquelles se cumulent le travail à la flexion et le travail à la tension.

Soient I et S_1 le moment d'inertie et l'aire de cette nouvelle section, on aura :

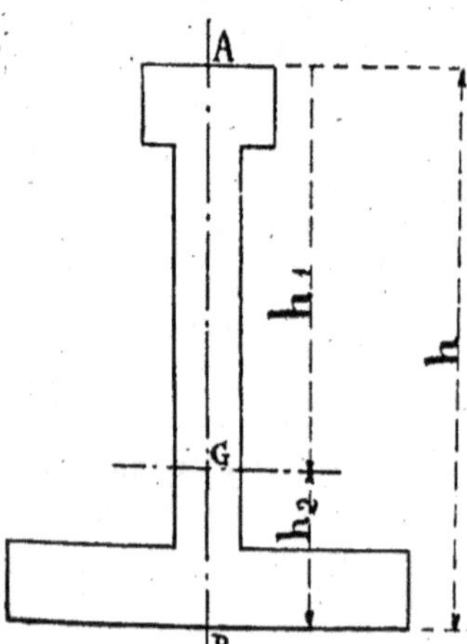

— fig. 63 —

En A,
$$R_1 = -\frac{Mh_1}{I_1} + \frac{F}{S_1} ;$$

En B,
$$R'_1 = \frac{Mh_2}{I_1} + \frac{F}{S_1} .$$

Pour que $R_1 + R'_1 = 0$, condition d'égalité du travail unitaire dans les fibres extrêmes de la section, il faut qu'on ait

$$\frac{M(h_2 - h_1)}{I_1} + \frac{2F}{S_1} = 0.$$

On cherchera à réaliser cette condition, autant qu'il est possible, en choisissant une section appropriée.

Il suffira de prendre, à la partie inférieure, des cornières plus fortes et des semelles plus larges ou plus épaisses, ou en nombre plus grand qu'à la partie supérieure.

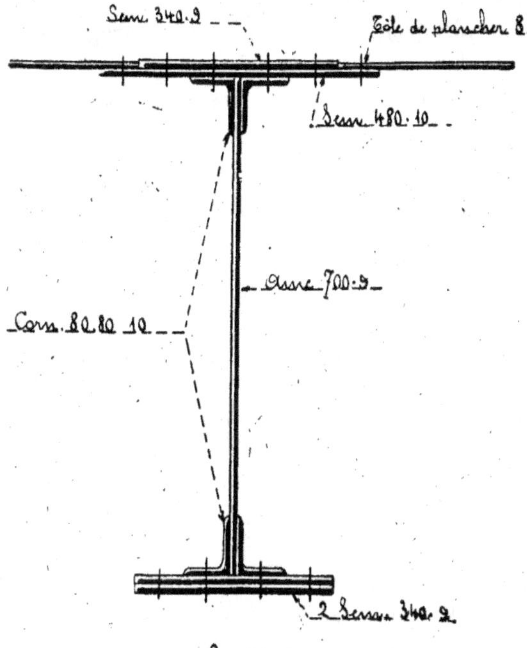

Si l'effort normal n'est qu'une très faible partie du travail total, il est inutile d'avoir recours à une section dissymétrique ; on augmenterait la main-d'œuvre pour réaliser une économie de métal peu appréciable ;

2° La section dissymétrique peut être indiquée pour des raisons de construction.

Tel est le cas d'une poutre qui reçoit un plancher en tôle au niveau de sa partie supérieure (fig. 64). La semelle supérieure du premier rang est élargie pour recevoir les tôles de platelage, les semelles inférieures ont été réduites à 9 m/m.

Un autre cas qui se présente fréquemment est celui des poutres recevant un chemin de roulement sur leur face supérieure. La fixation de ce chemin de roulement (fer à section carrée ou rectangulaire, rail à patin avec ou sans interposition d'une longrine en bois) oblige à adopter, pour la partie supérieure de la poutre, une largeur minima donnée.

Si la hauteur de la poutre est telle que cette largeur soit trop forte pour la partie inférieure, on est conduit à une section dissymétrique plus large en haut qu'en bas.

Nous citerons, comme application, les poutres support des chemins de roulement de ponts roulants d'atelier qui sont souvent à section dissymétrique.

Dans un pareil cas, on cherchera toujours à réduire la dissymétrie au minimum, c'est-à-dire à éloigner, aussi peu que possible, le centre de gravité du milieu de la hauteur de l'âme, de façon à ce que les coefficients de travail unitaire dans les fibres extrêmes soient aussi voisins que possible, ce qui correspond à la meilleure utilisation du métal de la poutre;

3⁰ Le métal de la poutre résiste mieux à la compression qu'à la traction.

C'est le cas de la fonte. On emploiera une section dissymétrique avec des nervures plus fortes du côté des fibres tendues. L'emploi de la fonte étant exceptionnel en constructions métalliques, ce cas ressort plutôt de la construction mécanique, ou certaines parties de bâtis de machines, en fonte, travaillent à la flexion.

Hauteurs des poutres à âme pleine

La hauteur des poutres à âme pleine se détermine d'après la grandeur des charges que ces poutres supportent. Cette hauteur varie en général entre 1/8 et 1/15 de la portée.

Il sera toujours bon, avant de s'arrêter à une section donnée, de vérifier que la flèche de la poutre, sous l'action des plus fortes charges, n'est pas excessive. Cette considération est importante surtout pour les poutres qui ont à supporter des charges mobiles. On admet en général, comme valeur maxima de la flèche, 1/1.000 de la portée.

Quelquefois, on s'impose la condition d'un maximum de flèche, pour certaines constructions qui demandent une grande rigidité, par exemple pour des poutres de planchers de bâtiments supportant de très lourdes charges ou des machines en mouvement.

Connaissant la valeur de ce maximum et le moment fléchissant fourni par le calcul, il est facile d'en déduire le moment d'inertie moyen minimum par la formule qui donne la flèche au milieu de la portée:

$$f = \frac{5Ml^2}{48EI}.$$

Les poutres à âme pleine sont le plus fréquemment à hauteur constante.

On fait varier la section en diminuant le nombre des semelles, de façon que le contour des moments résistants enveloppe le contour des moments fléchissants. L'épure de répartition des semelles fournit la longueur théorique de celles-ci. Pour assurer la transmission de l'effort, il est nécessaire de prolonger ces semelles au delà des extrémités théoriques d'une longueur suffisante pour qu'elles soient attachées par le nombre de rivets correspondant à leur section.

Si on désigne par

S la section nette d'une semelle,

R le travail unitaire du métal de la semelle,

s la section d'un rivet,

r le travail limite des rivets au cisaillement, le nombre des rivets nécessaire à l'attache sera déterminé par l'inégalité suivante :

$$n \geqq \frac{SR}{sr}.$$

On peut suivre la variation du moment fléchissant en faisant décroître la hauteur depuis le milieu jusqu'aux appuis, soit en adoptant un profil courbe pour la partie supérieure ou inférieure et rectiligne pour l'autre, soit en remplaçant le profil courbe

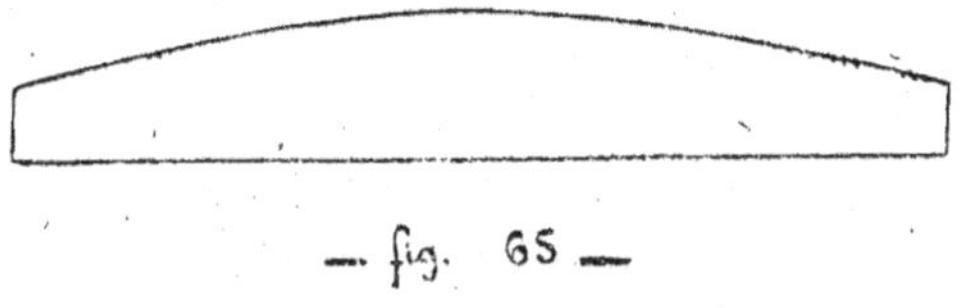

— fig. 65 —

par une ligne brisée (fig. 75, 65 *bis*, 66).

Mais la faible économie du métal qu'on peut ainsi réaliser est toujours largement compensée par l'augmentation de la main-d'œuvre qui en résulte.

Par contre, l'adoption d'un pareil profil de poutre peut se recommander pour d'autres raisons que des considérations de résistance.

— fig 65 *bis* —

On peut, par exemple, manquer de hauteur vers les extrémités. Le profil plus haut vers le milieu se justifie, puisqu'il permet de diminuer les épaisseurs des paquets de semelles qui pourraient être excessives et qu'il diminue de flexibilité de la poutre.

— fig. 66 —

On verra ultérieurement une application de cette disposition dans le chapitre relatif aux ponts-routes.

Il existe un cas particulier où la variabilité de la hauteur est de règle. C'est celui des poutres encastrées à une extrémité et libres à l'autre, ou poutres en console. On leur donne une des formes voisines de celles représentées figures 67 à 71, suivant l'aspect qu'on veut obtenir pour la construction. Ces poutres ont d'ailleurs en général

— fig. 67 —

peu d'importance, parce qu'elles sont peu chargées et leur section transversale est formée seulement d'une âme et quatre cornières. L'économie de métal réalisée par la variation de hauteur peut être ici très appréciable. En outre, on réduit la grandeur des efforts dus au poids propre de la console. Enfin, l'emploi des poutres consoles, très fréquent dans les bâtiments pour soutenir des encorbellements ou des toitures, serait inadmissible sans la recherche d'un aspect satisfaisant obtenu par la diminution de hauteur de la poutre vers l'extrémité libre.

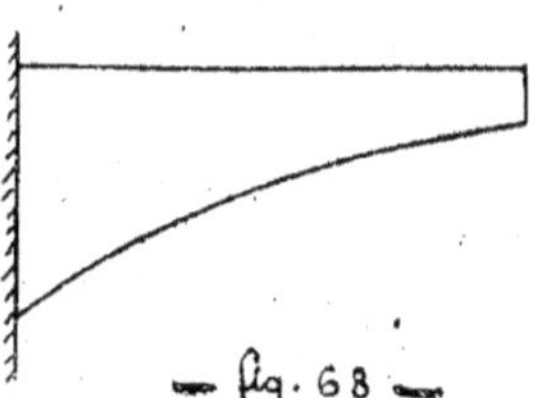

— fig. 68 —

Cas où la hauteur disponible est très réduite. — Ce cas se présente encore assez fréquemment pour qu'il soit nécessaire de l'examiner spécialement.

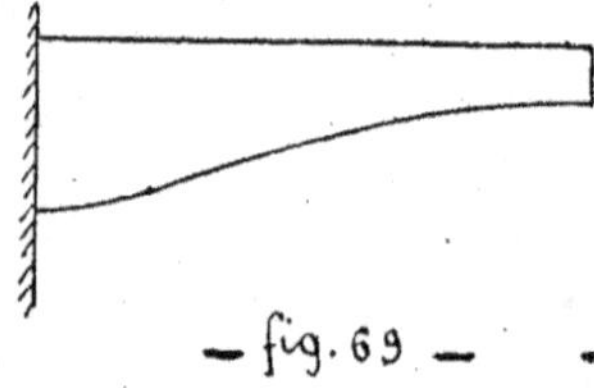

— fig. 69 —

La hauteur totale maxima permise étant donnée, on peut en déduire immédiatement quelle est la hauteur à adopter pour l'âme. Il suffit pour cela de retrancher l'épaisseur maxima que pourront avoir les semelles, et qui variera de 50 à 70 m/m environ. Ayant la hauteur de la poutre hors cornières, on calcule l'épaisseur à donner à l'âme pour résister à l'effort tranchant. Jusqu'à 15 m/m environ, l'âme

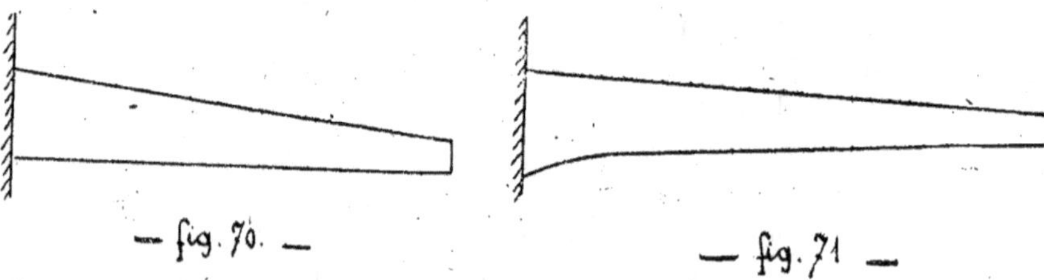

— fig. 70 —   — fig. 71 —

peut être constituée par une seule tôle. Au-dessus de cette valeur, il est préférable de prendre plusieurs tôles.

Ayant fait choix des épaisseurs à donner à ces tôles pour réaliser l'épaisseur totale, on adopte un échantillon de cornières plutôt fort, et on cherche quelle largeur de semelles est nécessaire pour ne pas dépasser l'épaisseur admissible. De cette largeur dépendra la forme à adopter pour la section transversale : on pourra avoir soit une section en double té avec semelles très larges, soit une section en caisson telle que celle représentée figure 57, soit même une poutre à plus de deux âmes comme celle de la figure 72.

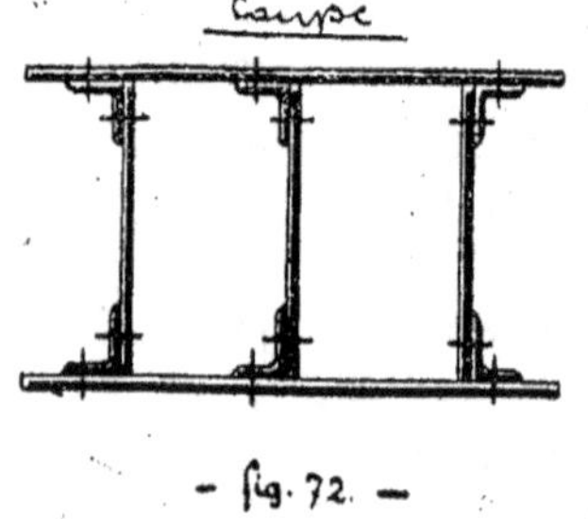

— fig. 72 —

On peut citer comme exemple de poutres à âme multiple les chevêtres de presse hydraulique à grande puissance.

L'emploi de poutres de hauteur aussi réduite impose la vérification indiquée précédemment pour la flèche. Il faut réduire celle-ci à une valeur admissible, qui est de 1/1.000 de la portée et même inférieure, par conséquent aug-

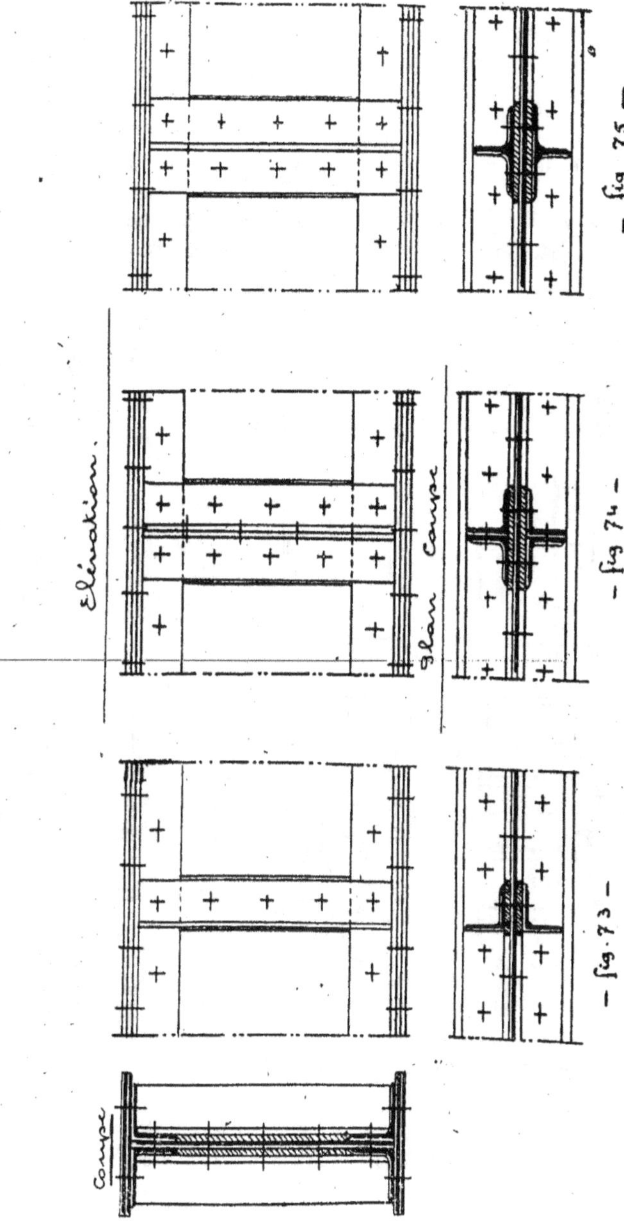

menter le moment d'inertie, ce qui revient à abaisser le taux du travail unitaire.

L'emploi des poutres cellulaires présente un inconvénient: la réfection de la peinture à l'intérieur est impossible, à moins que les vides intérieurs soient assez grands pour qu'un ouvrier puisse y pénétrer; il en est de même évidemment pour le remplacement des rivets qui viendraient à se relâcher ou à se rompre. Aussi l'emploi de ce type est-il strictement limité au cas du manque de hauteur.

Renforcement de l'âme au droit des charges concentrées

Lorsque la charge que supporte une poutre n'est pas uniformément répartie sur toute la longueur, mais concentrée en certains points, on conçoit qu'il soit nécessaire de renforcer la poutre en ces points.

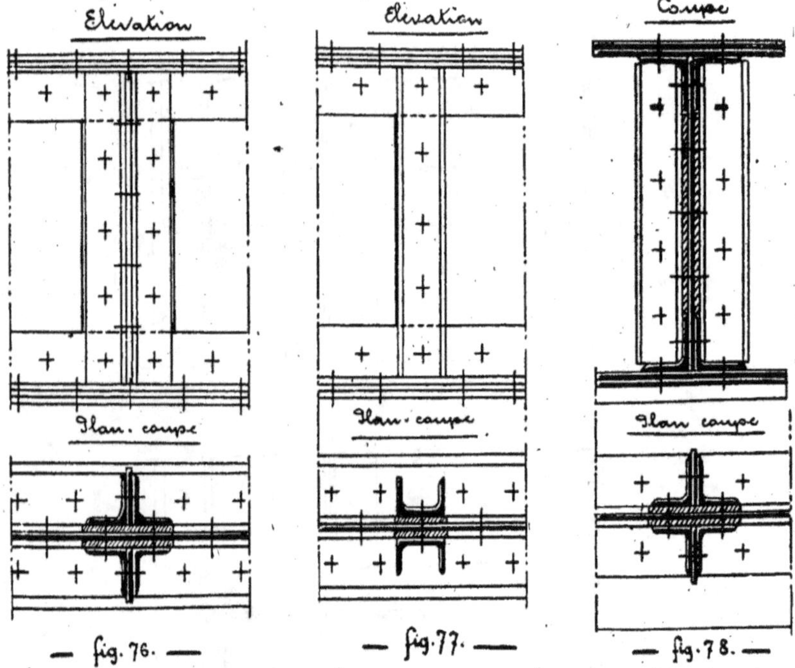

L'âme, particulièrement, qui est constituée par une tôle assez mince capable uniquement de résister à l'effort tranchant, serait susceptible de se gondoler et même de se déchirer sous l'effet d'une compression ou d'une traction locale exagérée.

On ajoute alors à la poutre, aux point d'application des charges, des renforts, de façon à rendre les sections aussi indéformables que possible. Ces renforts sont constitués par des profilés, le plus souvent des cornières. On peut cependant employer des tés ou des U.

Les figures 73 à 78 indiquent les dispositions des renforts d'âme. Toutes

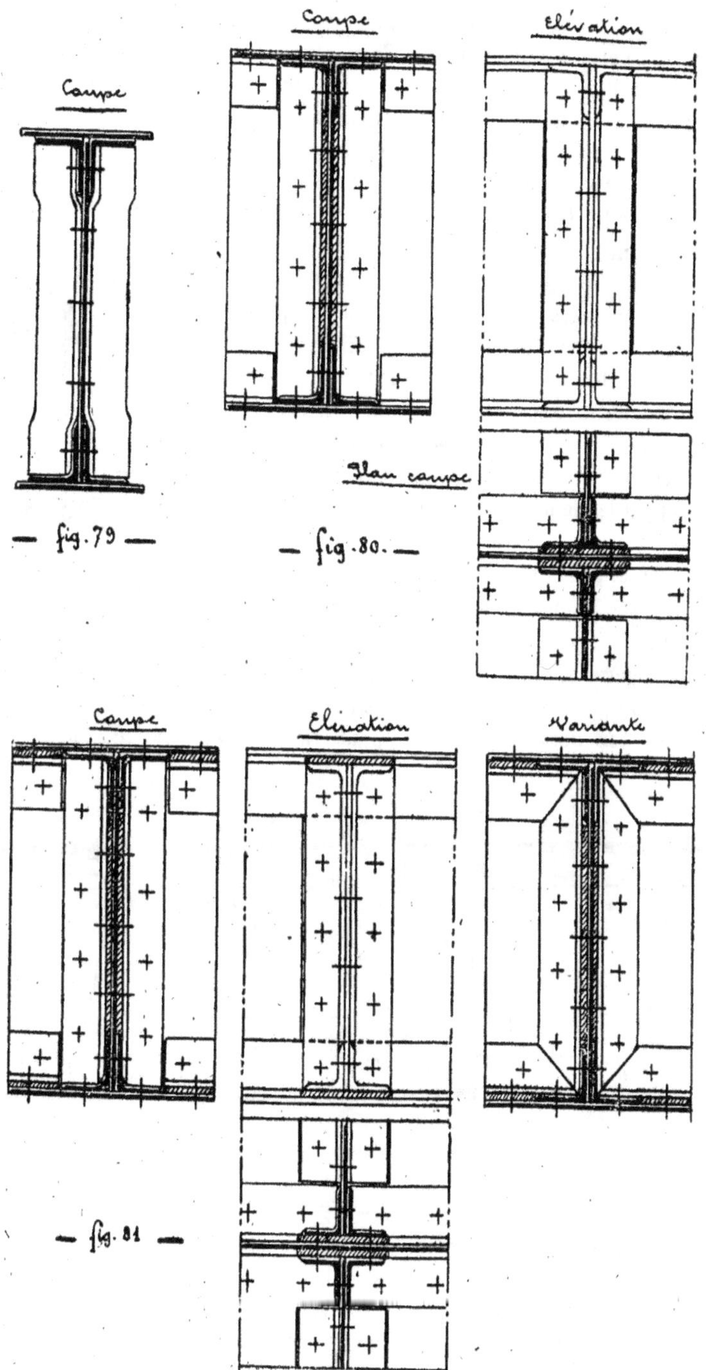

— fig. 79 —

— fig. 80. —

— fig. 81 —

ces dispositions comportent l'emploi de fourrures dans le plan des ailes verticales des cornières membrures. Si on veut éviter ces fourrures, on peut employer la disposition déjà signalée avec cornières embouties (fig. 79).

Lorsqu'on a une section de poutre avec des semelles très larges, ces semelles sont insuffisamment maintenues par la rivure d'attache sur les cornières et sont susceptibles de se voiler.

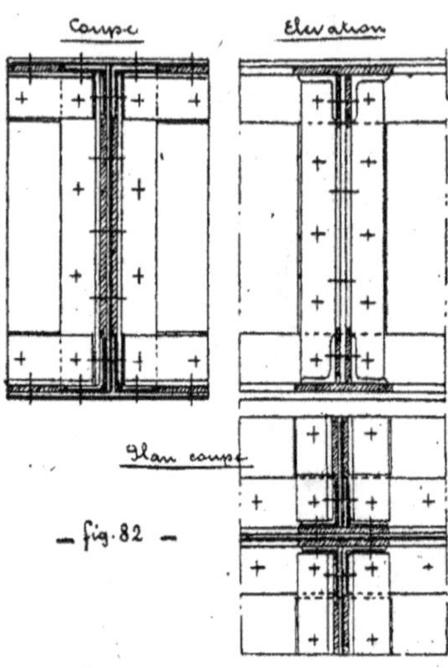

Il y a lieu de prévoir, dans ce cas, des renforts de semelles qu'on placera également au droit des charges concentrées. Si la charge est uniformément répartie sur la face supérieure de la poutre, par exemple, on distribuera ces renforts de façon qu'entre deux renforts consécutifs formant points d'appui pour les semelles supérieures, celles-ci ne puissent pas se déformer sous l'action de la charge. En outre, les renforts seront d'autant plus rapprochés que l'âme sera plus mince.

Les figures 80, 81, 82 donnent la disposition de ces renforts avec un, deux ou trois groupes de fourrures (les fourrures sont indiquées par les hachures). La disposition donnant la plus grande rigidité est celle de la figure 82, avec trois groupes de fourrures.

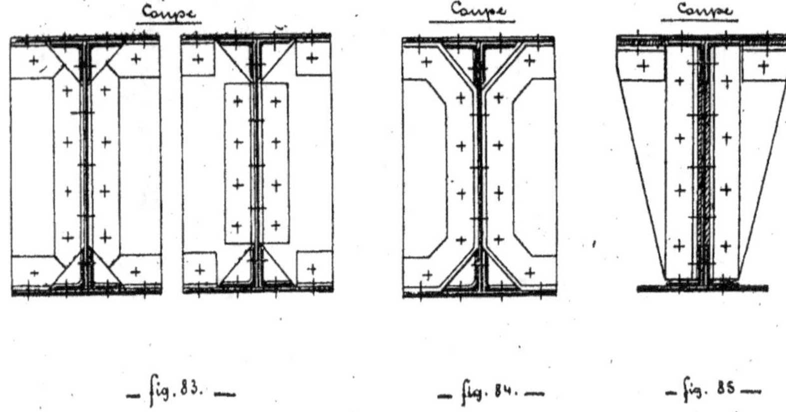

Si l'on veut éviter les fourrures, on emploie la disposition de la figure 83, ou celle de la figure 84 à cornières embouties. Cette dernière, très fréquente autrefois, n'est autant dire plus employée actuellement.

La figure 85 représente un renfort dissymétrique. Cette disposition convient

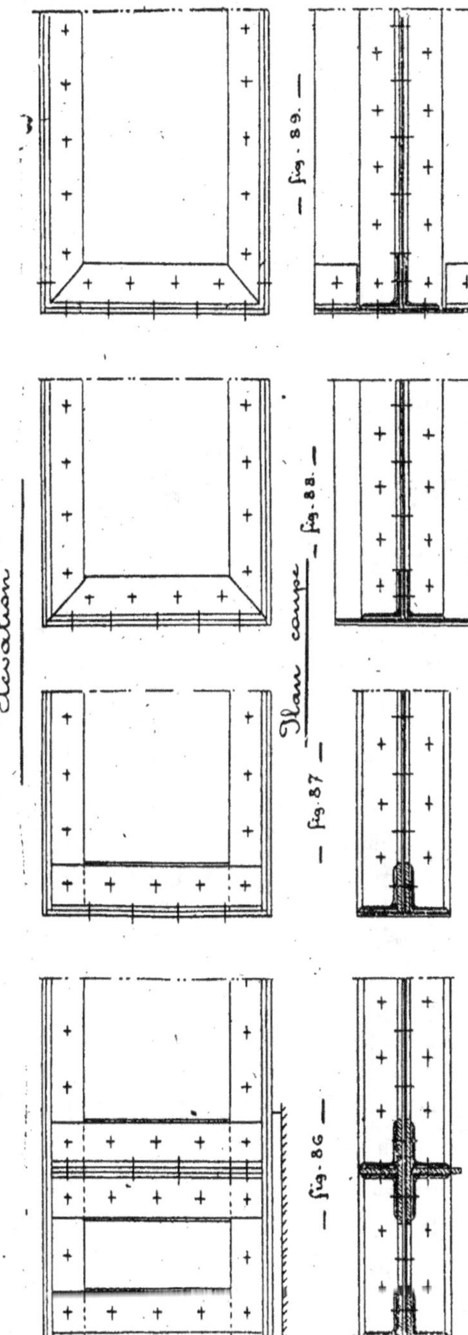

particulièrement bien au cas signalé ci-dessus, où la charge est uniformément répartie sur la face supérieure de la poutre.

Les épaisseurs à employer pour l'âme et les cornières des renforts seront voisines, mais plutôt un peu plus faibles, que celles des éléments de la poutre. Il en sera de même pour l'échantillon des cornières.

Si les cornières de la poutre sont en 90-90-12 avec rivets de 22 m/m, les cornières de renforts seront, par exemple, en 80-80-10, ce qui permet également l'emploi des rivets de même diamètre que les précédents.

Le renforcement de l'âme doit avoir une importance toute particulière au-dessus des appuis de la poutre, puisque la réaction d'appui est appliquée sur une longueur restreinte de la membrure.

Il est indispensable de consolider l'âme soit par des nervures verticales, soit par des tôles appliquées sur l'âme elle-même ou doublures d'âmes, ce qui permet d'espacer les nervures.

En outre, il est d'usage de terminer les poutres à leur extrémité par des cornières verticales qui sont le plus souvent du même

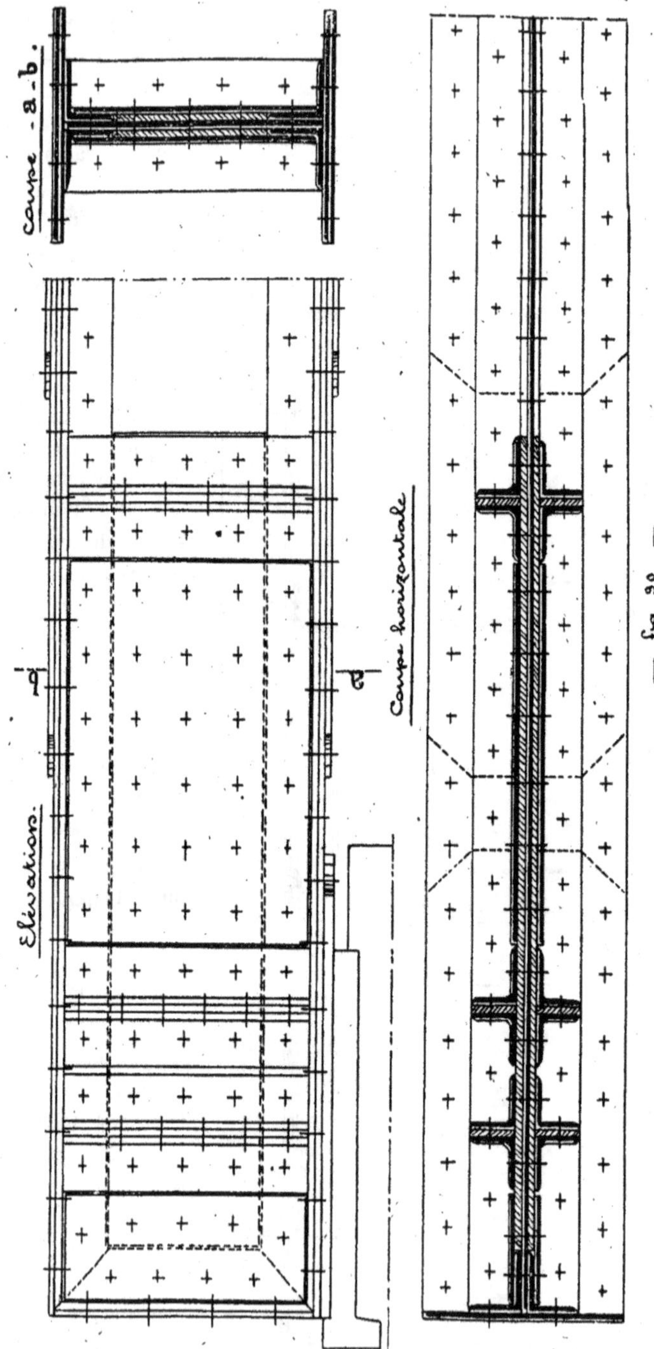
Coupe -a-b-
Élévation.
Coupe horizontale
fig 90

échantillon que les cornières membrures et que l'on appelle cornières en retour.

Ceci suppose que l'extrémité de la poutre est isolée et ne vient pas s'attacher sur une autre poutre.

La figure 86 représente un renforcement sur appui; les figures 87 et 89 les dispositions des extrémités des poutres.

La figure 90 donne le détail d'un panneau d'appui d'une poutre basse très fortement chargée. Dans ce cas particulier, les doublures d'âmes ont été rendues nécessaires pour la résistance à l'effort tranchant. On les a prolongées jusqu'aux points où l'âme de la poutre devient suffisante pour résister à l'effort de cisaillement.

Rivures des poutres à âme pleine

Il faut distinguer trois rivures distinctes:

1º La rivure d'assemblage de l'âme et des cornières;

2º La rivure d'assemblage des cornières et des semelles;

3º La rivure d'assemblage des semelles entre elles.

1º RIVURE D'ASSEMBLAGE DE L'AME ET DES CORNIÈRES

C'est cette rivure qui subit les efforts maxima dus au cisaillement longitudinal.

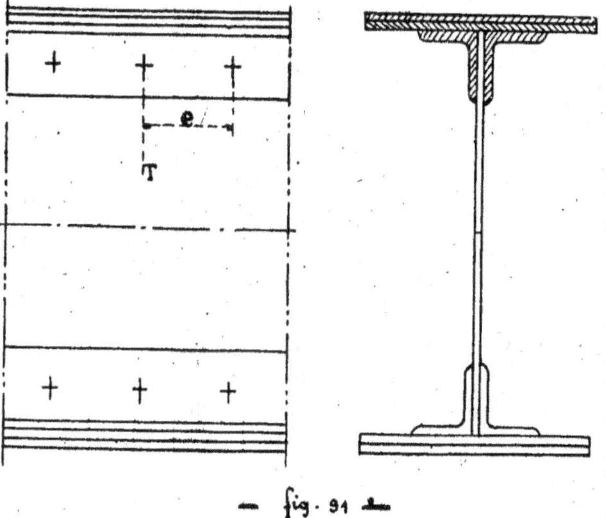

— fig. 91 —

Elle doit être calculée par la formule connue qui donne l'effort de glissement longitudinal par unité de longueur :

$$F = \frac{TS}{I}$$

dans laquelle T désigne l'effort tranchant, S le moment statique des cornières et des semelles (section hachurée de la figure 91) par rapport au centre de gravité, et I le moment d'inertie de la section totale.

L'écartement des rivets étant égal à e, la section d'un rivet s, et le travail admissible au cisaillement r, on devra vérifier qu'on a

$$F \frac{e}{2s} \leq r.$$

Ce calcul suppose que les rivets n'ont à résister qu'au glissement longitudinal.

Bien souvent, les rivets assemblant les cornières sur l'âme répartissent les charges entre les divers éléments de la poutre.

Supposons qu'une poutre reçoive sa charge à sa partie supérieure et qu'il existe un jeu entre l'âme et les semelles (fig. 92).

La charge est évidemment transmise par les rivets à l'âme.

Si la charge est uniformément répartie, il n'en résulte généralement qu'un travail supplémentaire insignifiant pour les rivets. Si la charge est concentrée en des points fixes, ce travail supplémentaire pourra être déjà plus important; mais, comme en ces points existeront des renforts d'âme, ces renforts répartiront la charge sur toute la hauteur de l'âme. Par contre, si on a affaire à des charges mobiles, on ignore sur combien de rivets la répartition de la charge s'étale, on ne peut donc évaluer le travail supplémentaire des rivets, mais les rivets résistent mal à ce genre d'efforts lorsqu'il s'agit de charges roulantes.

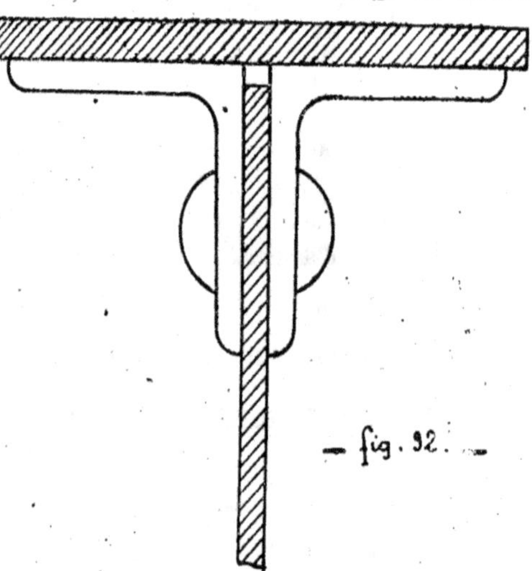

fig. 92.

Il est donc important dans la construction des poutres appelées à supporter directement des charges mobiles, de voir comment les charges attaquent la poutre.

Dans l'exemple précédent, il faudrait ajuster l'âme contre les semelles.

Donc, autant que possible, il faut transmettre les charges par contact de surfaces.

En principe, dans le but de simplifier l'usinage, on adopte les mêmes écartements de rivets d'un bout à l'autre de la poutre. Il s'ensuit que ceux situés près des appuis travaillent beaucoup plus que ceux du milieu.

Cependant, dans le cas des poutres basses fortement chargées, il se peut qu'il y ait intérêt à adopter deux divisions de rivure.

La marche à suivre pour une poutre dont la hauteur a dû, pour des considérations accessoires, être prise trop faible, en égard à sa portée et aux charges qu'elle supporte, sera donc la suivante:

Ayant déterminé la forme de la section, on calculera l'espacement maximum des rivets aux points où l'effort tranchant est maximum:

$$e \leqslant \frac{2sr}{F},$$

soit D le diamètre des rivets.

Si e est compris entre 5D et 6D, on fera une seule division. Si $e < 5D$, on adoptera la valeur la plus faible de e dans les zones où l'effort tranchant est le plus grand, et on fera $e = 6D$ environ, partout ailleurs où la grandeur de l'effort tranchant le permet.

Si cette disposition ne conduit pas à une économie appréciable dans le nombre total des rivets, il faut prendre alors des cornières larges permettant la double rivure en quinconce. La distance de deux rivets projetée sur la ligne moyenne de la poutre peut être alors inférieure à 4D, alors que la distance des deux rivets d'axe en axe est supérieure à 5D.

Dans certains cas exceptionnels, il peut arriver que la valeur de e soit tellement faible que ce moyen ne suffise pas.

On peut y remédier :

1° En augmentant la hauteur de la poutre. On constate que le rapport $\dfrac{S}{I}$ diminue ;

2° En augmentant le diamètre des rivets ;

3° En augmentant le nombre des sections résistantes des rivets en mettant des doublures d'âme, soit sur toute la hauteur, soit sur une partie de la hauteur (figure 93). Les rivets travaillent à quadruple section de cisaillement. On aura :

$$e \leq \frac{4sr}{F}$$

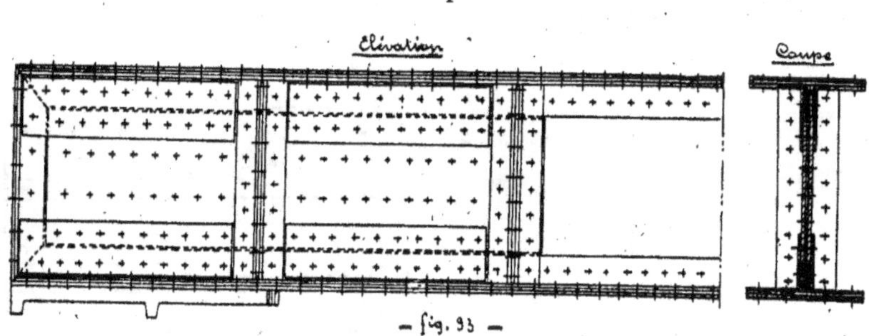

2° RIVURE D'ASSEMBLAGE DES CORNIÈRES ET DES SEMELLES

Cette rivure subit des efforts de cisaillement dus aux glissements longitudinaux inférieurs à ceux de la rivure précédente. En effet, dans la formule qui donne F, S représente le moment statique des semelles seulement. L'effort unitaire de glissement longitudinal est donc plus petit que celui qu'on calcule pour la première rivure. Or, les divisions adoptées sont les mêmes : les rivets sont placés en quinconce avec ceux fixant les cornières sur l'âme. On évite ainsi de trop affaiblir la section, et on facilite le traçage des pièces.

3° RIVURE D'ASSEMBLAGE DES SEMELLES

On adopte le plus souvent, pour cette rivure, des espacements égaux à 2e. Ces rivets ne servent en effet qu'à assurer l'adhérence des semelles entre elles et assurer la répartition de l'effort vers leurs bords.

On ne fait exception que si la poutre est placée dans un endroit très humide

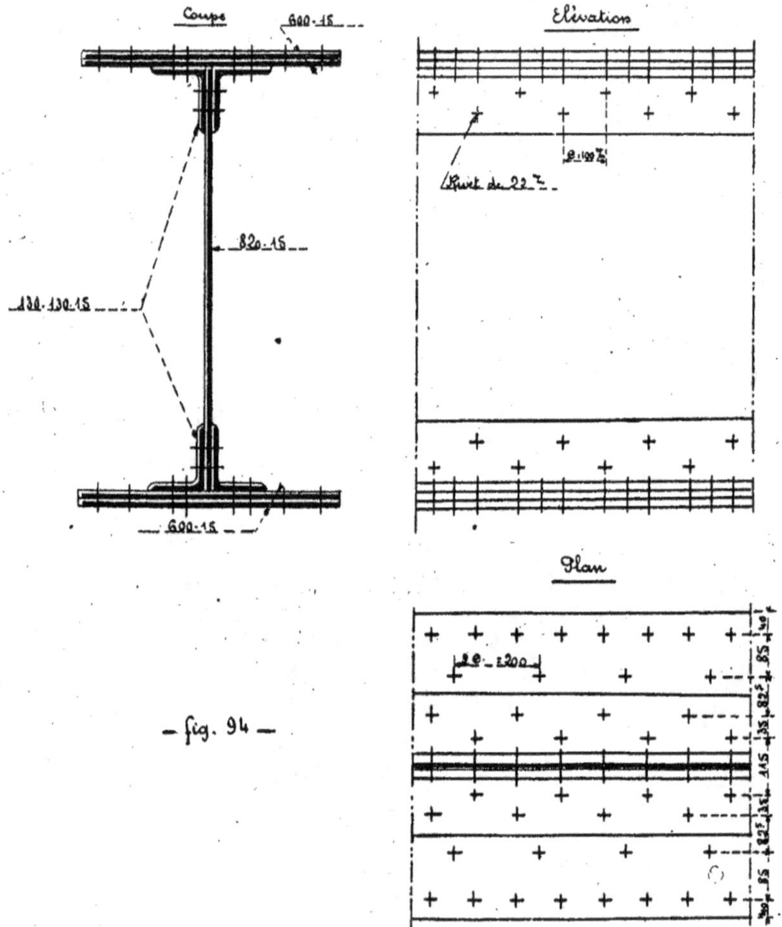

— fig. 94 —

ou encore est exposée à recevoir la fumée des trains, comme les poutres de certains ponts placés au-dessus des voies où séjournent des locomotives.

L'action de la vapeur d'eau ou de la fumée est propice à la formation de la rouille; il est donc préférable de serrer les rivets assemblant les semelles sur leurs bords pour éviter les baillements de ceux-ci entre deux rivets successifs. On conserve, dans ce cas, les mêmes divisions que pour les deux rivures précédentes.

Si les semelles sont très débordantes et comportent deux files de rivets de chaque côté des cornières, on prendra des espacements égaux à e pour les files de bordure, et $2 e$ pour les files intermédiaires (fig. 94).

Tronçonnement des poutres

Lorsque les éléments des poutres atteignent des longueurs dépassant certaines limites, il faut les tronçonner pour en faciliter l'exécution et le transport.

Les tronçons sont assemblés entre eux au chantier de montage.

Il y a le plus grand intérêt à faire les tronçons aussi longs que possible, pour diminuer le nombre des rivets à poser au chantier. Ceux-ci coûtent en effet plus cher que les rivets posés à l'atelier, et sauf le cas de chantiers très importants où les moyens de rivetage sont comparables à ceux d'un atelier, leur résistance est moindre.

Toutefois, la longueur des tronçons est limitée par les moyens de transport, d'une part, tant par voie ferrée que par voie de terre, et, d'autre part, par la puissance des engins de levage dont on dispose au lieu de déchargement et au chantier, puissance qui détermine le poids maximum des tronçons.

C'est d'après ces considérations qu'on arrêtera la position des joints d'une poutre. Les joints des tronçons sont appelés *joints de chantier*.

Si, dans un tronçon entrent des plats, larges plats, tôles ou profilés dont la longueur dépasse celle qui peut être fournie par les forges, on recoupera ces éléments en longueurs de fabrication, en rétablissant leur continuité par des assemblages de joints qui prennent le nom de *joints d'atelier*.

Pour la plupart des poutres, on peut tabler sur une longueur des tronçons de 7 à 10 mètres, capables d'être chargés en un seul wagon. Pour quelques pièces, on va jusqu'à 15 mètres. Il faut alors deux wagons.

Pour les colonies, si les éléments sont transportés à dos de mulets, leur poids sera limité à 250 kgs au maximum.

Joints des poutres à âme pleine

Il est rare qu'on puisse calculer exactement les éléments d'un assemblage de joints. Toutes les fois que le calcul direct est impossible, on applique le principe de l'équivalence, qui peut s'énoncer ainsi :

Pour chaque mode possible de rupture d'un joint, la résistance des éléments dont on a admis la rupture doit offrir une résistance au moins égale à celle de la pièce primitive.

JOINTS DE L'AME

Il y a deux sortes de joints d'âme :

1° Les joints transversaux, perpendiculaires à l'axe longitudinal de la poutre ;

2° Les joints longitudinaux, parallèles à ce même axe.

Ces derniers s'emploient quand la hauteur de l'âme est grande et conduirait à des joints transversaux trop rapprochés, si elle était exécutée d'un seul morceau.

1° *Joints transversaux*. — Soit m le nombre des rivets assemblant les couvre-joints d'un côté du joint (fig. 95).

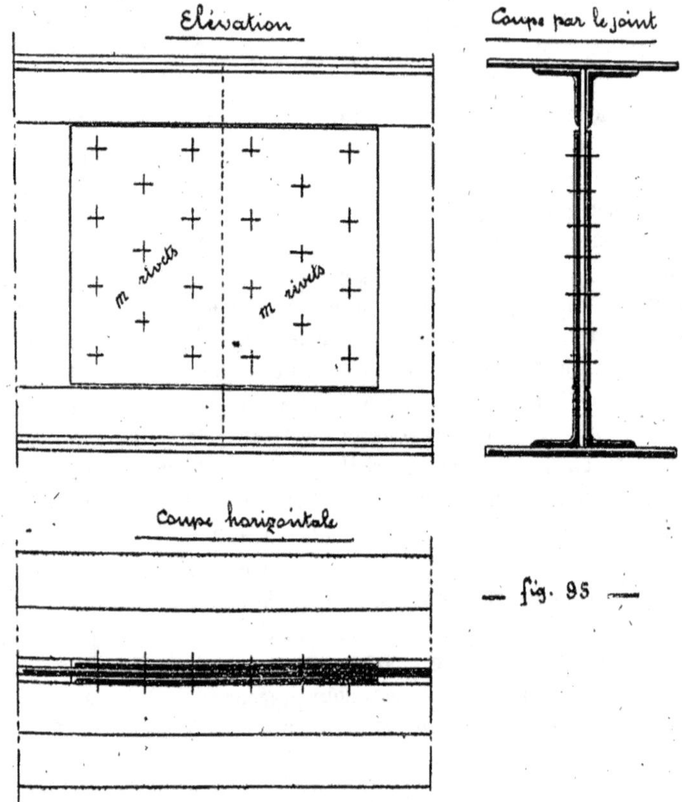

Il y a deux modes de rupture possibles:

a) Rupture par le joint de l'âme en coupant uniquement les couvre-joints. Soient:

Ω la section nette de l'âme;

Ω' la section nette des deux couvre-joints assemblés;

R la résistance limite du métal, qui est la même pour l'âme et les couvre-joints;

Ω R mesure la résistance totale de l'âme;

Ω' R mesure la résistance totale des deux couvre-joints.

En vertu du principe de l'équivalentce, on doit avoir

$$\Omega'R \geqq \Omega R,$$

d'où
$$(1) \quad \Omega' \geqq \Omega,$$

condition qui détermine la section des couvre-joints. Leur hauteur étant déterminée, on trouve pour l'épaisseur une valeur toujours inférieure à l'épaisseur de l'âme. En pratique, on prend souvent la même;

b) Rupture par cisaillement des m rivets assemblant les couvre-joints sur l'âme. Chaque rivet a deux sections cisaillées. On doit donc avoir

$$2m\omega r \geqq \Omega R$$

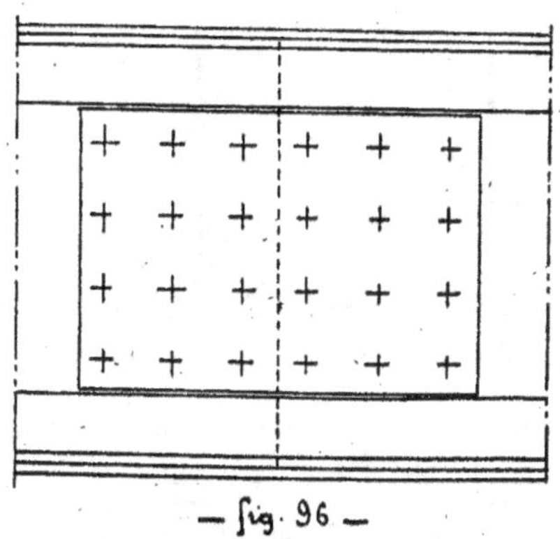

— fig. 96 —

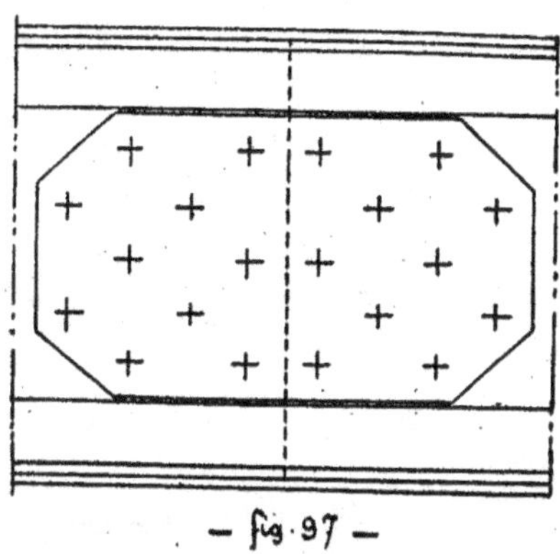

— fig. 97 —

ω étant la section d'un rivet et r la résistance limite du métal des rivets. Ceux-ci étant la plupart du temps fabriqués avec du métal de même résistance que celui de l'âme $R = r$, puisque ce sont des résistances au cisaillement. La condition ci-dessus donne, dans cette hypothèse :

$$(2) \quad m \geqq \frac{\Omega}{2\omega},$$

ce qui détermine le nombre minimum des rivets d'assemblage des couvre-joints.

Si $R \neq r$, m est déterminé par

$$(2') \quad m \geqq \frac{\Omega R}{2\omega r};$$

on peut substituer R et r des limites du travail de cisaillement.

Les figures 96, 97, 98, représentent les formes usuelles des couvre-joints.

La forme rectangulaire est à

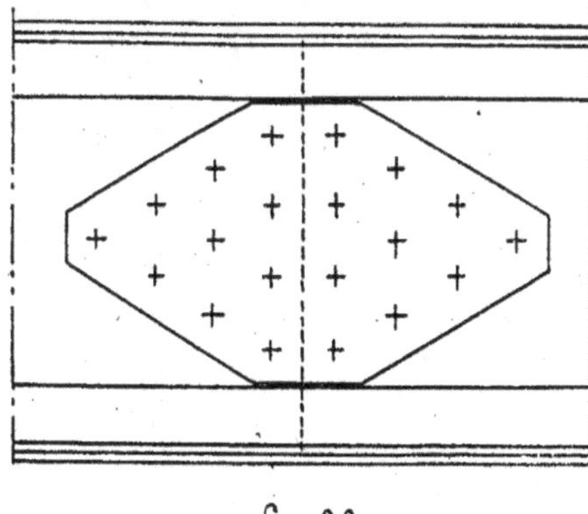

— fig. 98 —

peu près uniquement employée actuellement.

Pour les poutres basses, on place les couvre-joints par dessus les cornières, avec fourrures par dessous (fig. 99).

2° *Joints longitudinaux*. — Ils sont toujours peu nombreux: un ou deux dans la hauteur de l'âme. Soient:

e l'épaisseur de l'âme;

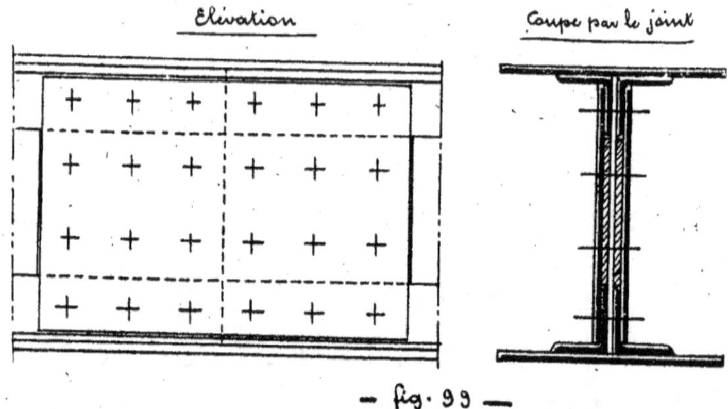

— fig. 99 —

e' l'épaisseur des couvre-joints, supposés les mêmes de chaque côté de l'âme;

ω la section d'un rivet;

r la résistance unitaire des rivets au cisaillement.

Considérons un intervalle E comprenant un groupe périodique de rivets, et soit m le nombre des rivets compris dans cet intervalle (fig. 100).

Si l'âme n'était pas coupée, elle subirait sur la longueur ab un effort de glissement :

$$F = E.\,T.\,\frac{S}{I} :$$

T effort tranchant;

I moment d'inertie de la section transversale de la poutre.

S moment stati-

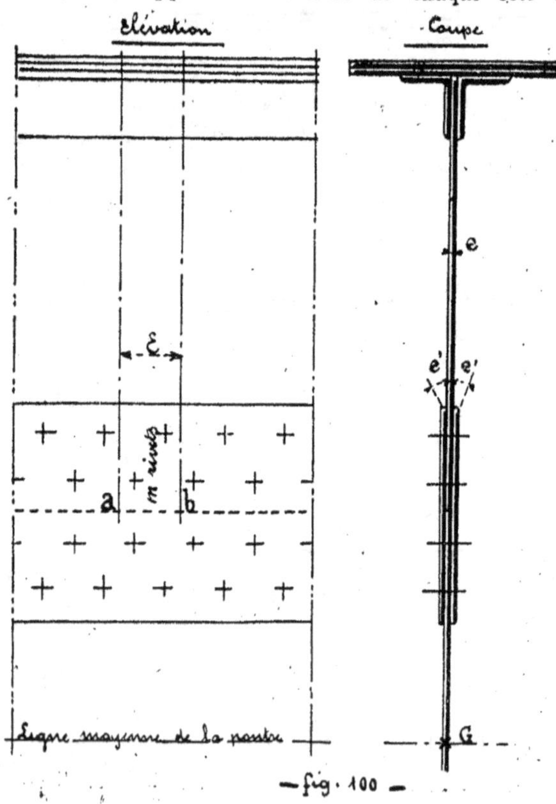

— fig. 100 —

que, par rapport au centre de gravité, de la partie de la section située d'un côté du joint.

Le travail unitaire correspondant aurait pour expression:

$$t = \frac{F}{eE} = \frac{T.S}{eI}$$

Ce sont les couvre-joints qui supportent l'effort F. Le travail unitaire dans les couvre-joints est donc

$$t' = \frac{F}{2e'E} = \frac{T.S}{2e'I};$$

on sera dans de bonnes conditions si $t' < t$, c'est-à-dire:

$$e' > \frac{e}{2}$$

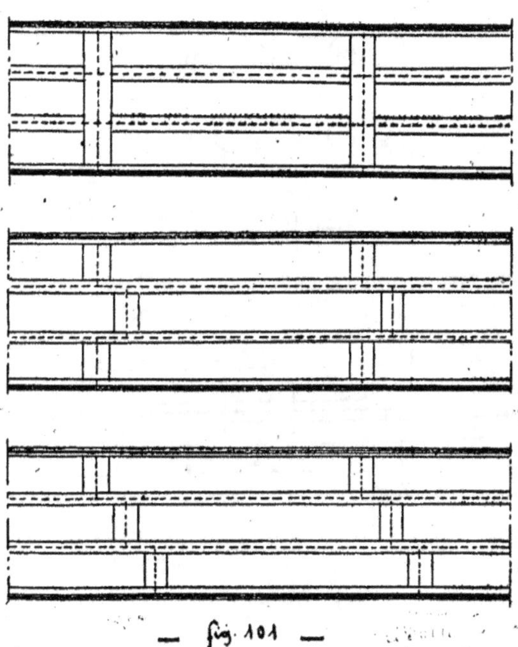

— fig. 101 —

L'effort F est transmis aux couvre-joints par les m rivets compris dans l'intervalle E, et ces rivets travaillent à double section. On doit donc avoir

$$2m\omega r \geqq F,$$

d'où

$$m \geqq \frac{F}{2\omega r} = E.\frac{T}{2\omega r}\cdot\frac{S}{I}.$$

Disposition des joints de l'âme. — Les dispositions possibles sont représentées fig. 101. La troisième est la meilleure. Si on a d'autres pièces venant s'attacher sur la poutre, elle peut cependant compliquer l'exécution, parce qu'elle étale les joints, lesquels viennent empiéter sur les assemblages voisins. On peut alors lui préférer la première ou la deuxième disposition.

JOINTS DES CORNIÈRES

1° *Joint d'une seule cornière isolée.* — La rivure peut être disposée de deux

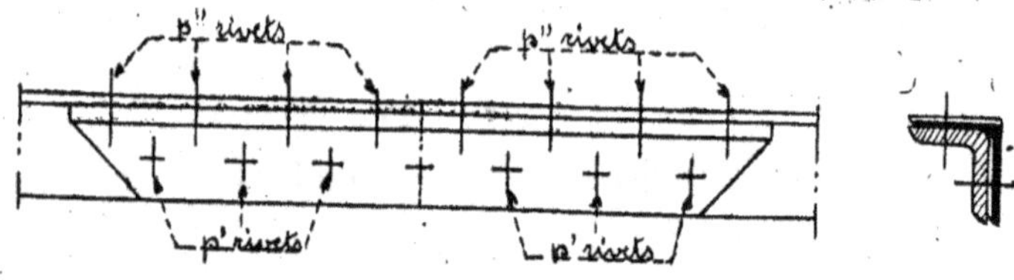

$$(1) \quad m' \gg m$$

$$(2) \quad p' + p'' \gg m$$

— fig. 102 —

façons : on peut mettre un rivet dans le plan du joint (fig. 102) ou bien placer le joints dans l'intervalle de deux rivets (fig. 103).

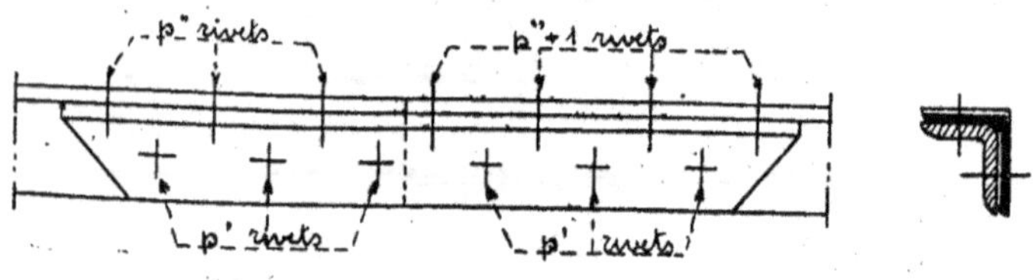

$$(1) \quad m' \gg m$$

$$(2) \quad p' + p'' \gg m$$

— fig. 103 —

Dans le premier cas, le rivet dans le joint n'est utile que par son serrage, on le néglige dans le calcul.

Dans le deuxième cas, cherchons la condition pour que le rivet près du joint donne une résistance suffisante.

Supposons qu'on exerce un effort de traction croissant sur la cornière supposée isolée. Il faut que ce soit le rivet qui soit cisaillé et non que le métal de la cornière compris entre le trou et le joint soit arraché (fig. 104).

Le diamètre du rivet D est un peu plus petit que le diamètre du trou D¹.

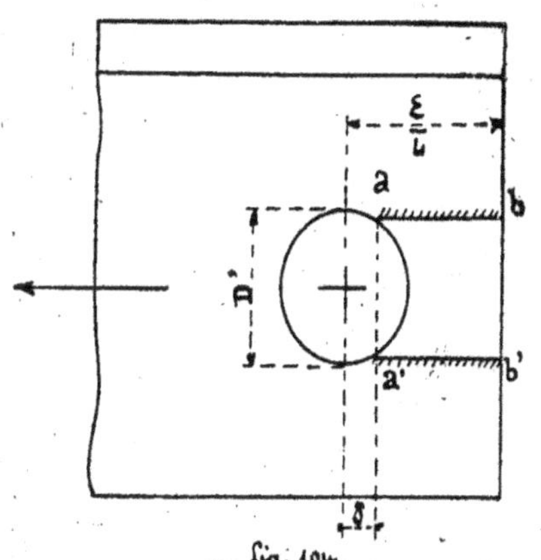

— fig. 104. —

Aussi les faces de cisaillement de l'aile de la cornière ab, $a'b'$ ne sont elles pas tout à fait tangentes au cercle de perçage.

Si e est l'épaisseur de la cornière, R sa résistance unitaire à la traction, sa résistance unitaire au cisaillement sera $\frac{4}{5}$R.

La résistance au cisaillement de la partie ab, $a'b'$ sera donc

$$C = 2 \times ab \times e \times \frac{4}{5}R ;$$

soit E l'écartement des rivets. On a

$$ab = \frac{E}{4} - \delta.$$

Si on réalise cette expérience, on constate que

$$\delta < \frac{D'}{4} ;$$

donc

$$ab > \frac{E - D'}{4} ;$$

par suite :

$$C > 2e. \frac{E - D'}{4} . \frac{4}{5}R,$$

ou

$$C > \frac{2}{5}(E - D') eR ;$$

si r est la résistance unitaire au cisaillement des rivets, et ω leur section, on doit avoir

$$C \geqq \omega r.$$

Cette condition sera réalisée si on a

$$\frac{2}{5}(E - D') eR \geqq \omega r,$$

d'où l'on tire

$$E \geqq D' + \frac{5\omega r}{2eR}.$$

Si la cornière et les rivets sont faits avec le même métal, on a :

$$r = \frac{4}{5}R,$$

d'où

$$E \geqq D + \frac{2\omega}{e}.$$

Comme
$$\omega = \frac{\pi D^2}{4},$$

cette condition s'écrit
$$\frac{E}{D} \geq \frac{D'}{D} + \frac{\pi D}{2e}.$$

Quel que soit le diamètre des rivets, $\frac{D'}{D}$ garde à peu près la même valeur: 1,06 en moyenne. Par conséquent, pour un diamètre donné, $\frac{E}{D}$ sera d'autant plus grand que e est plus faible.

Nous avons précédemment indiqué comme épaisseur minimum:
$$e = \frac{2}{5} D.$$

En remplaçant e par cette valeur, on a:

Maximum de $\quad \dfrac{E}{D} = \dfrac{D'}{D} + \dfrac{5\pi}{4} = 1,06 + 3,93 = 4,99,$

soit
$$E = 5D.$$

Pour des épaisseurs de cornières plus fortes, on pourra encore placer le joint entre deux rivets, alors que E est inférieur à cinq fois le diamètre des rivets.

Soient Ω la section nette de la cornière coupée;

R la résistance unitaire du métal;

ω la section d'un rivet;

r la résistance unitaire du métal des rivets.

Pour simplifier les formules, nous adoptons, comme unité de résistance, la résistance d'un rivet: ωr.

Soit m la résistance de la cornière, dans ces conditions:
$$m = \frac{\Omega R}{\omega r}.$$

Soit m' la résistance du couvre-joint évaluée de la même façon;

p' le nombre de rivets d'un côté du joint sur une des ailes;

p'' sur l'autre aile;

Si p' et p'' sont différents de chaque côté du joint, il faut prendre les nombres les plus faibles.

1er mode de rupture: par le plan du joint en coupant le couvre-joint.

Conditions d'équivalence:
$$(1) \quad m' \geq m.$$

2e mode de rupture: par les rivets d'attache du couvre-joints:

Condition d'équivalence:
$$(2) \quad p' + p'' \geq m.$$

Les conditions (1) et (2) déterminent le couvre-joint et le nombre de rivets nécessaires pour son attache.

Nous avons supposé la cornière isolée; mais, pour une cornière membrure de poutre, le calcul est exactement le même, puisqu'on calcule l'ensemble du joint en considérant l'ensemble des éléments de même nature séparément: âme, cornière, semelles.

Le cas d'une cornière isolée a déjà été examiné au chapitre premier, à

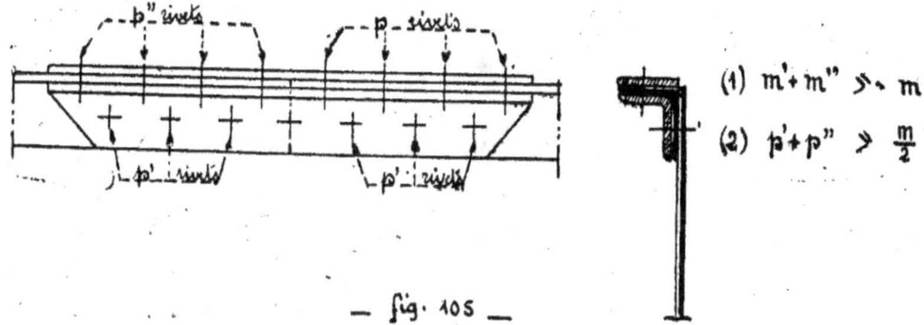

— fig. 105 —

propos de l'assemblage à couvre-joints. Nous avons vu qu'on améliore l'assemblage en rivant des plats sur chacune des ailes. En même temps, on fait travailler les rivets à double section et on réduit la longueur de l'assemblage.

Pour les poutres, ce cas se présente lorsqu'il n'existe pas de semelles (fig. 105); on rive un plat couvre-joint sur l'aile qui se trouve libre.

Soient m, m', m'' les résistances de la cornière coupée, de la cornière couvre-joint, du plat couvre-joint, évaluées comme précédemment.

On a encore les mêmes modes de rupture que dans le premier cas, mais les rivets d'attache des couvre-joints sont coupés deux fois. On a donc:

$$(1) \quad m' + m'' \geqq m\,;$$

$$(2) \quad p' + p'' \geqq \frac{m}{2}.$$

Lorsqu'on a seulement une cornière couvre-joint, la condition (1) montre que la section nette de ce couvre-joint doit être au moins égale à celle de la cornière coupée. Ce n'est pas toujours facile à réaliser, lorsque cette dernière est épaisse.

2° *Joints de deux cornières.* — Nous supposons les deux cornières jointives et isolées.

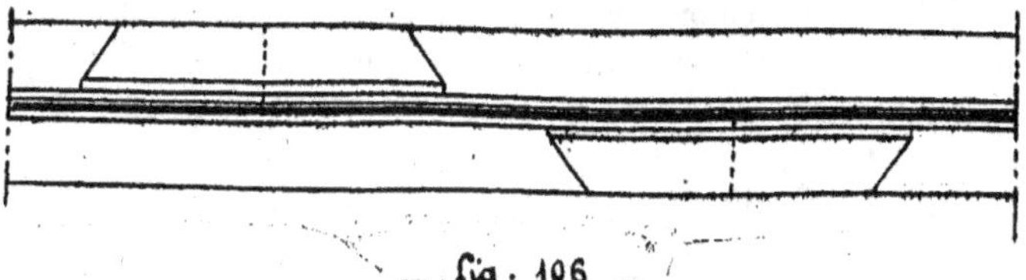

— fig. 106 —

Le joint se traite exactement de la même façon, lorsqu'il s'agit des cornières membrures d'une poutre.

Il y a trois dispositions possibles pour le joint:

a) Joints isolés (fig. 106).

Les deux cornières sont coupées dans des plans différents et assez distants pour que les assemblages n'aient aucun rivet commun;.

b) Joints réunis (fig. 107).

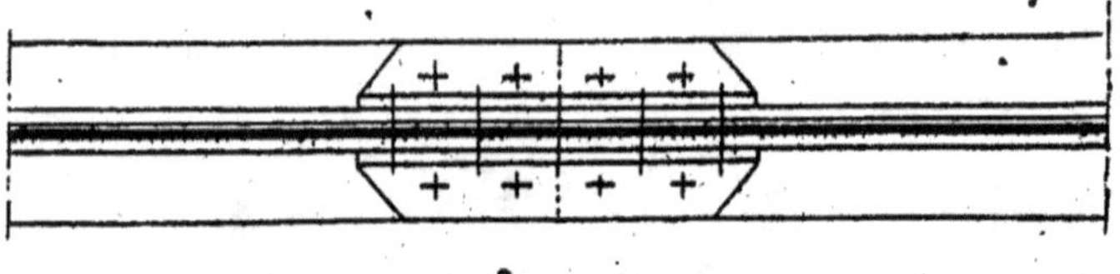

— fig. 107. —

Les deux cornières sont coupées dans le même plan. Le joint de chaque cornière s'étudie isolément. Cette disposition n'est pas à recommander;

c) Joints croisés.

Les cornières sont coupées dans des plans différents assez rapprochés. Il y a un seul assemblage pour les deux joints. C'est le type de joint le plus employé.

Comme précédemment, désignons par:

m et m′ la résistance des sections nettes de chacune des cornières coupées, supposées identiques, et de chacune des cornières couvre-joints.

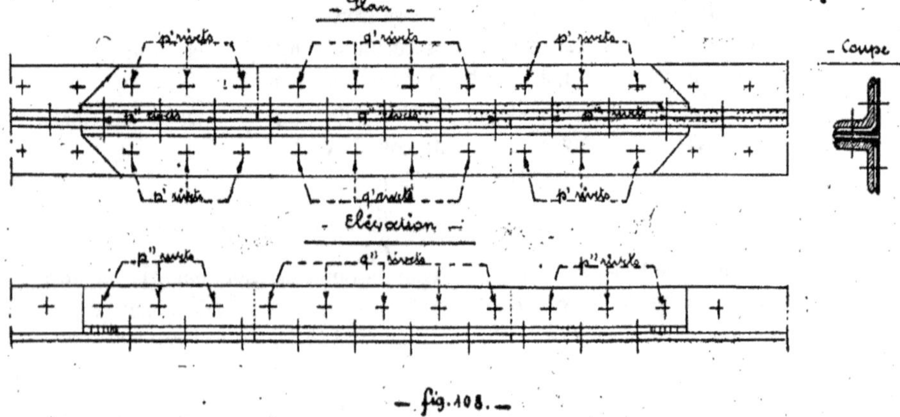

— fig. 108. —

p', p'', q', q'', le nombre de rivets dans chaque aile, compris entre chacun des joints et l'extrémité des couvre-joints, d'une part, et entre les deux joints, d'autre part (fig. 108).

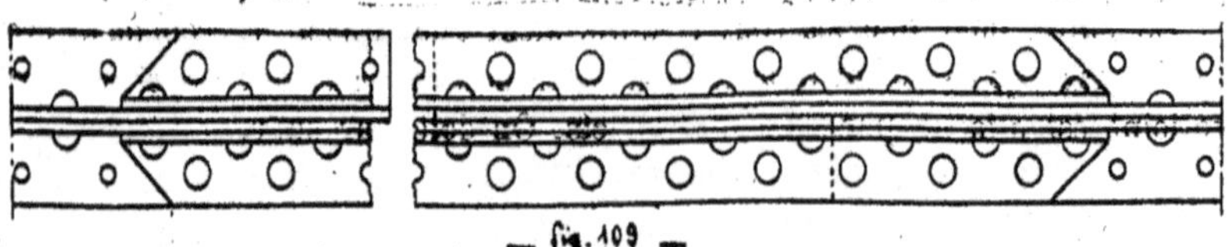

— fig. 109 —

1er mode de rupture: par un plan de joint, en coupant les deux cornières couvre-joints et une cornière primitive (fig. 109).

Condition d'équivalence:

$$2m' + m \geqq 2m,$$

d'où

$$(1) \quad m' \geqq \frac{m}{2}.$$

2e mode de rupture: par les deux joints et par cisaillement des q'' rivets communs aux deux couvre-joints entre les joints avec rupture des deux cornières couvre-joints (fig. 110).

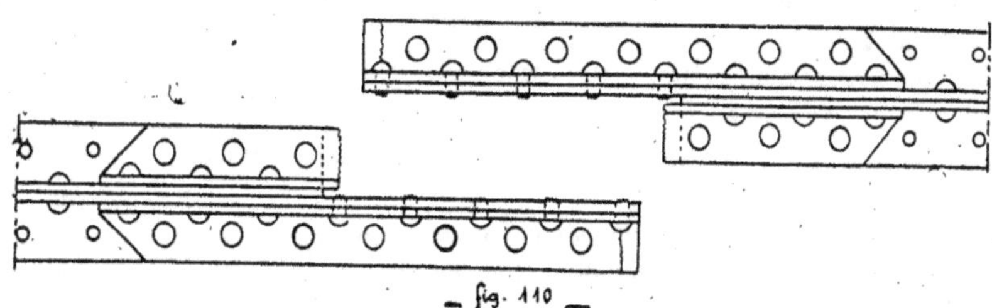

— fig. 110 —

Condition d'équivalence:

$$2m' + q'' \geqq 2m,$$

d'où

$$(2) \quad q'' \geqq 2\,(m - m').$$

3e mode de rupture: par un des plans de joint et par rupture d'un couvre-joint d'une cornière primitive et cisaillement des p'' rivets communs aux deux couvre-joints au delà d'un joint (fig. 111).

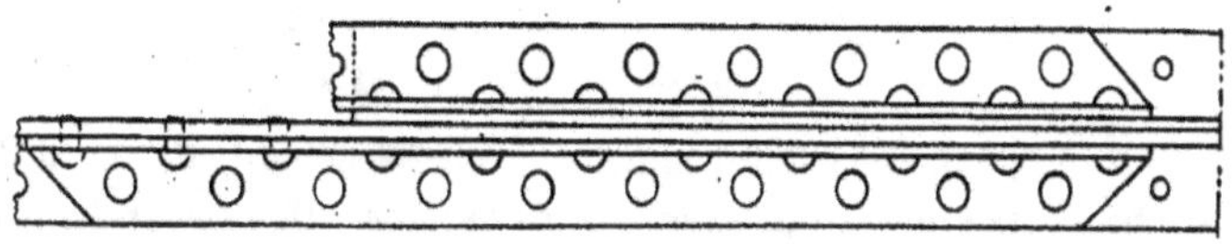

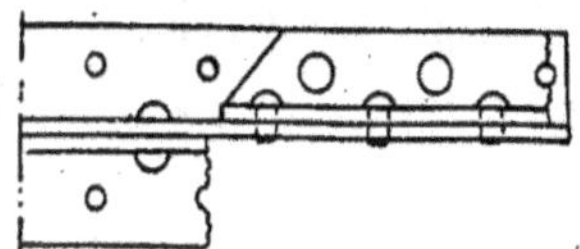

— fig. 111 —

Condition d'équivalence:

$$m' + m + p'' \geqq 2m,$$

d'où

$$(3) \quad p'' \geqq m - m'.$$

En outre, pour que les couvre-joints aient une résistance réellement égale à m' il faut qu'ils soient attachés par suffisamment de rivets. Or, chaque couvre-joint est attaché par $(p' + p'')$ rivets. On doit, par suite, avoir:

$$(4) \quad p' + p'' \geqq m'.$$

Il y a d'autres modes de rupture possibles, mais les trois envisagés sont les plus défavorables.

Les conditions (1), (2), (3), (4), permettent de déterminer, dans l'ordre : m', q'', p'' et p'.

On aura, d'ailleurs, toujours

$$p' = p'' \quad \text{ou} \quad p' = p'' \pm 1.$$

On remarquera que q' n'entre pas dans les formules. Ces rivets servent uniquement au serrage et à la répartition des efforts.

D'après la condition (1), on peut donner au couvre-joint une épaisseur moindre qu'à la cornière coupée. C'est là un gros avantage quand les cornières sont épaisses.

D'après la condition (2), en augmentant m' on peut diminuer q'' et inversement.

Pratiquement, on donne le plus souvent aux couvre-joints la même épaisseur qu'aux cornières primitives.

Si la poutre ne comporte pas de semelles, on ajoute un plat couvre-joint sur les ailes libres des deux cornières. L'addition de ce plat rend le joint plus symétrique et fait travailler les p' rivets au delà de chaque joint à double section. Cette disposition permet donc de diminuer la longueur de l'assemblage.

Si on désigne par a la largeur des ailes des cornières et e l'épaisseur de l'âme, la largeur du plat sera prise égale à $2a + e + \alpha$, α représentant le nombre de millimètres nécessaires pour arrondir la largeur du couvre-joint en centimètres.

Exemple : l'âme de la poutre à 10 m/m d'épaisseur, les cornières sont en $90 \times 90 \times 12$. La largeur du couvre-joint sera prise égale à

$$2 \times 90 + 10 + 10 = 200 \text{ m/m.}$$

Il est en effet courant d'admettre un petit débord, même si $(2a + e)$ est un nombre entier de centimètres ; on évite ainsi l'ajustage des bords du plat couvre-joint par rapport aux bords des ailes des cornières, toujours un peu sinueux.

JOINTS DES SEMELLES

1° *Joint d'une semelle unique.* — On considère la semelle comme isolée pour le calcul du joint.

Si la semelle n'est pas débordante, la continuité est rétablie à l'aide d'un seul couvre-joint extérieur (fig. 112) ; si la semelle est débordante, on place habituellement des couvre-joints intérieurs sur chaque débord (fig. 113).

Soient :

m la résistance de la semelle, évaluée en nombre de rivets ;

m' la résistance du couvre-joint extérieur ;

m'' la résistance des couvre-joints intérieurs, quand ils existent ;

p' le nombre de rivets attachant le couvre-joint extérieur d'un seul côté du joint ;

p'' le nombre de rivets attachant les couvre-joints intérieurs du même côté du joint.

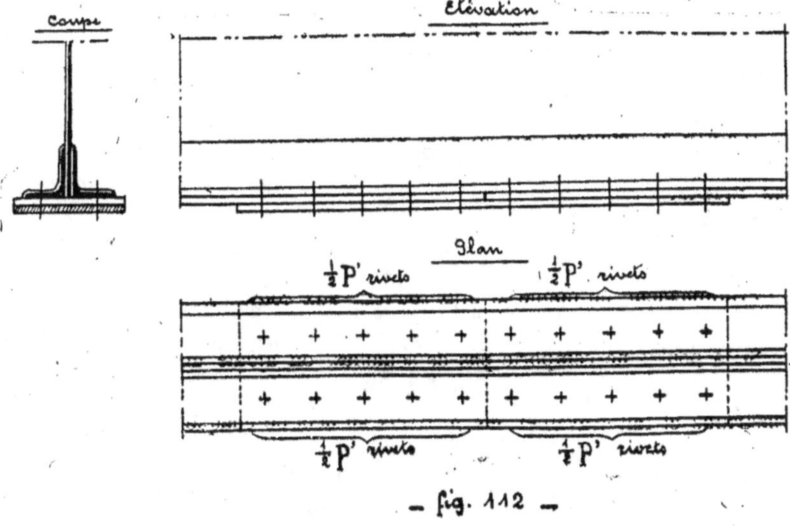

(Il est bien entendu que si p' et p'' ne sont pas les mêmes de chaque côté du joint, on prendra les nombres les plus petits.)

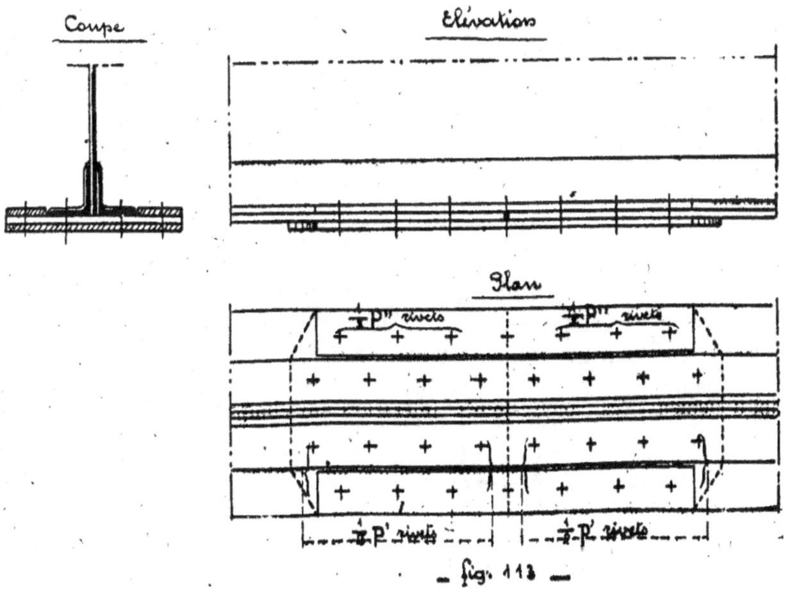

1er mode de rupture: par le joint en coupant les couvre-joints.

Condition d'équivalence:

1er cas: $\qquad$ (1) $\quad m' \geqq m$.

2e cas: $\qquad$ (1') $\quad m' + m'' \geqq m$.

2e mode de rupture: par le plan du joint et cisaillement des rivets attachant les couvre-joints de chaque côté du joint.

Condition d'équivalence:

1er cas: $\qquad$ (2) $\quad p' \geqq m$.

2e cas: $\qquad$ (2') $\quad p' + p'' \geqq m$.

Les conditions (1) et (2) ou (1') et (2'') permettent de déterminer les couvre-joints et leur attache.

Mais dans le deuxième cas, la condition (2') ne fixe que le total $p' + p''$.

On détermine habituellement p' et p'' par la condition que la résistance des rivets d'attache du couvre-joint extérieur, d'une part, et des couvre-joints extérieurs d'autre part soit au moins égale à la résistance de ces couvre-joints, c'est-à-dire :

$$p' \geqq m'$$
$$p'' \geqq m''$$

Cependant si $m' + m''$ est notablement supérieur à m, on peut déterminer p' et p'' en considérant la rupture par le plan du joint en coupant l'un des couvre-joints et en cisaillant les rivets qui attachent l'autre. On obtient ainsi les deux conditions supplémentaires:

$$m' + p'' \geqq m$$
$$m'' + p' \geqq m$$

2o *Joints de plusieurs semelles.* — Nous avons examiné, dans l'étude des assemblages (chapitre premier), l'assemblage à couvre-joint de deux paquets de tôles dans le cas ou l'on connaît l'effort qui s'exerce dans l'assemblage. Nous allons reprendre cette question sous une autre forme en appliquant le principe de l'équivalence.

Soit n le nombre des semelles. Supposons que les plans de joint soient tous différents.

Nous avons vu que le nombre total des combinaisons est égal à

$$n(n-1)(n-2)\dots 2.1 = n'.$$

Parmi ces n' combinaisons, il en existe deux particulières: ce sont celles pour lesquelles les joints sont disposés en escalier.

Les autres sont dites joints croisés.

Elles sont évidemment toutes symétriques deux à deux par rapport à un plan perpendiculaire aux semelles.

On peut toujours, au moyen du principe de l'équivalence, établir des relations générales communes à toutes ces dispositions. Il y en a en outre une caractéristique de chaque disposition.

Considérons une disposition quelconque des joints de n semelles. Nous numérotons les joints dans leur ordre successif de 1 à n, en partant des joints

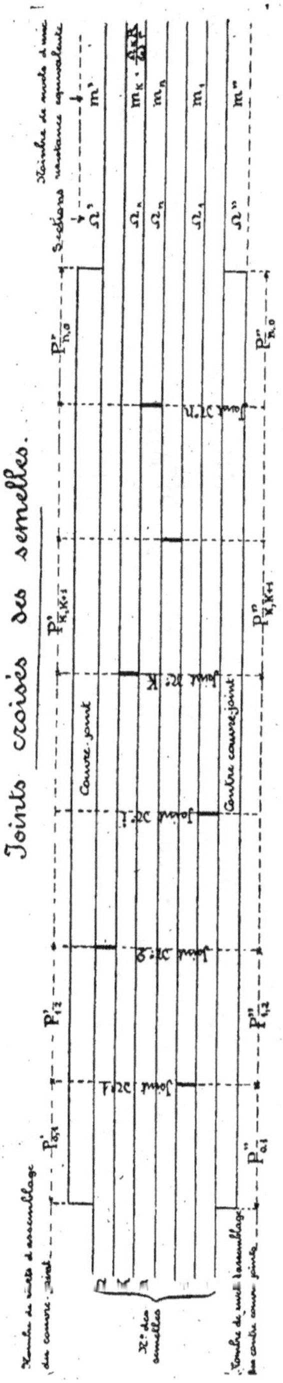

Joints croisés des semelles.

Fig. 114.

extrêmes et nous donnons aux semelles le même numéro qu'au plan de joint qui les coupe (fig. 114).

Nous supposons en outre qu'il existe des couvre-joints intérieurs, ou contre couvre-joints, et que tous les couvre-joints débordent les plans des joints extrêmes 1 et n.

Soient :

m_K la résistance, en nombre de rivets, de la semelle numéro K ;

m' la résistance du couvre-joint ;

m'' la résistance de l'ensemble des deux contre couvre-joints ;

$p'_{K,K+1}$ le nombre de rivets d'assemblage du couvre-joint entre les plans de joints K, K + 1 ;

$p''_{K,K+1}$ ce même nombre pour l'ensemble des couvre-joints.

1er mode de rupture : par un plan de joint quelconque K (fig. 115).

Condition d'équivalence :

$$m' + m'' + \Sigma m - m_K \geqq \Sigma m,$$

d'où
$$(1) \quad m' + m'' \geqq m_K.$$

2e mode de rupture : par un plan de joint extrême et les rivets qui assemblent les couvre-joints (fig. 116).

Conditions d'équivalence :

$$p'_{0,1} + p''_{0,1} + \Sigma m - m_1 \geqq \Sigma m ;$$

$$p'_{n,0} + p''_{n,0} + \Sigma m - m_n \geqq \Sigma m ;$$

d'où
$$(2) \quad p'_{0,1} + p''_{0,1} \geqq m_1 ;$$

$$(3) \quad p'_{n,0} + p''_{n,0} \geqq m_n.$$

3e mode de rupture : par deux plans de joints consécutifs et les rivets compris entre ces deux plans (fig. 117).

Condition d'équivalence :

$$p'_{K,K+1} + m' + m'' + \Sigma m - m_K - m_{K+1} \geqq \Sigma m ;$$

d'où

$$(4) \quad p'_{K,K+1} \geqq m_K + m_{K+1} - (m' + m'').$$

Les inégalités (1), (2), (3), (4) sont les quatre relations générales.

La relation particulière à chaque disposition s'établit en considérant la ligne de moindre résistance de l'assemblage.

1º. Par un joint quelconque

— fig. 115 —

2º. Par les joints extrêmes et les rivets d'attache

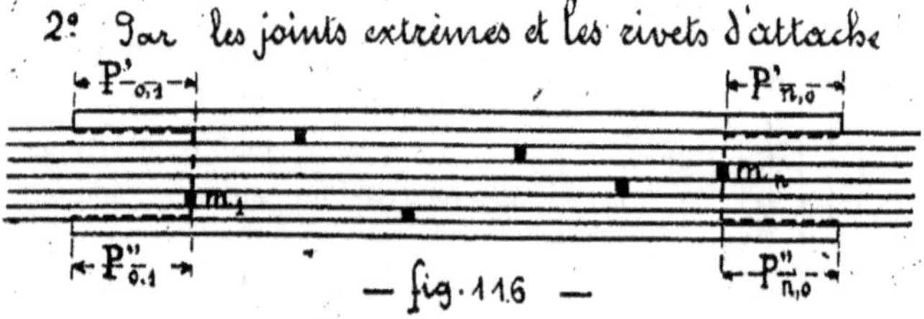

— fig. 116 —

3º. Par deux joints consécutifs.

— fig. 117 —

4º. Par la ligne de moindre résistance

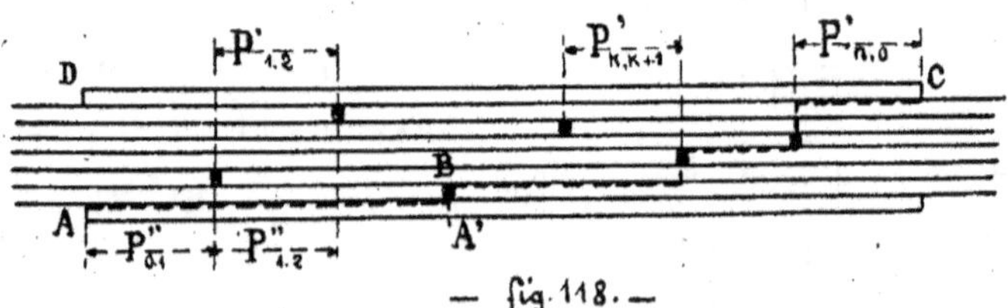

— fig. 118. —

Cette ligne, dont il a déjà été question, est définie de la façon suivante (fig. 118) :

1º Elle passe par le joint B qui touche les contre couvre-joints ;

2º Elle coupe :

Soit, suivant AB, les p'' rivets assemblant les contre-couvre-joints depuis leur extrémité A la plus rapprochée du joint B jusqu'à ce joint ;

Soit suivant A'B, les contre couvre-joints eux-mêmes ;

3° Elle aboutit à l'une des extrémités C du couvre-joint en coupant, dans son trajet BC, une seule fois les rivets p', en passant par le plus grand nombre possible de joints, et en coupant le moins possible de semelles et les moins épaisses.

. Cette définition conduit à l'inégalité suivante :

$$(5) \quad \left\{ \begin{array}{c} B \\ \Sigma\, p'' \ \text{ou}\ m'' \\ A \end{array} \right\} + \begin{array}{c} C\,\text{ou}\,D \\ \Sigma \\ B \end{array} \ p' + \Sigma m_c \geqq \Sigma m.$$

Σm_c représente la résistance de l'ensemble des semelles coupées par la ligne BC.

D'après la définition de la ligne de moindre résistance, cette ligne a un trajet en escalier dans l'épaisseur du paquet de semelles. Elle ne doit jamais revenir en arrière, puisqu'elle coupe une seule fois les rivets p'. De cette condition résulte l'espacement minimum des joints.

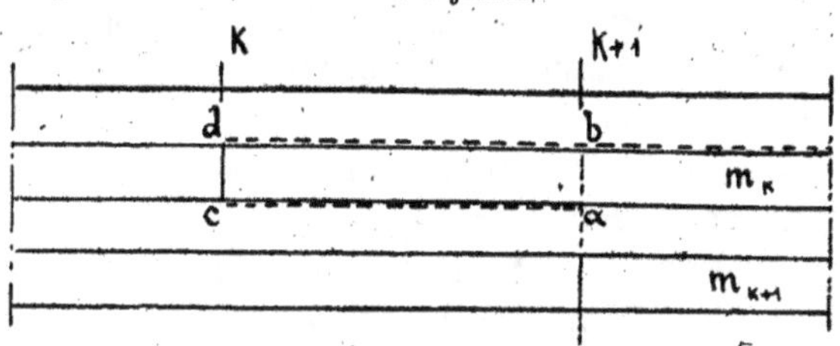

— fig. 119. —

Considérons deux plans de joints K, K + 1 (fig. 119).

Le trajet ab doit être moins résistant que le trajet $acdb$.

On doit donc avoir : $\qquad 2\,p'_{K,K+1} \geqq m_K,$

d'où $\qquad (6)\ \ p'_{K,K+1} \geqq \dfrac{m_K}{2} \qquad \text{ou} \qquad \dfrac{m_{K+1}}{2}.$

suivant la valeur relative de m_K et m_{K+1}.

Cette condition se remplace par une autre intéressant les couvre-joints. Supposons d'abord $\qquad m_K > m_{K+1}.$

D'après (6), on a $\qquad p'_{K,K+1} = \dfrac{m_K}{2} + a.$

En remplaçant $p_{K,K+1}$ par cette valeur, dans l'inégalité (4), on a

$$\frac{m_K}{2} + a \geqq m_K + m_{K+1} - (m' + m'');$$

a devant être positif, il s'ensuit qu'on doit avoir

$$(7) \quad m' + m'' \leqq \frac{m_K}{2} + m_{K+1};$$

si $\qquad m_{K+1} > m_K,$

cette condition devient : $\qquad m' + m'' \leqq m_K + \dfrac{m_{K+1}}{2}.$

MARCHE A SUIVRE DANS LES CALCULS

On détermine des nombres $p'_{o,1}$, $p''_{o,1}$, $p'_{n,o}$, $p''_{n,o}$, qui satisferont aux conditions (2) et (3).

On détermine le minimum et le maximum de $m' + m''$ à l'aide des conditions (1) et (7) ou (7'). On choisit une valeur intermédiaire (remarquons qu'on peut très bien prendre après coup une valeur supérieure au maximum, mais cela n'augmente pas la résistance du joint)[1].

On détermine les valeurs p' satisfaisant à la condition 4 dans chaque intervalle des joints.

On vérifie enfin la condition (5).

Lorsque cette vérification ne se fait pas, c'est que la valeur choisie pour $m' + m''$ est trop forte. On recommence avec une valeur plus faible.

Plus la valeur choisie pour $(m' + m'')$ est rapprochée de sa limite supérieure, plus on peut diminuer l'écartement des joints et réduire la longueur de l'assemblage, sauf vérification de la condition (5).

Pour une combinaison donnée de joints, la longueur minimum que l'on peut donner à l'assemblage correspond à la plus forte valeur $(m' + m'')$, pour laquelle la condition (5) reste satisfaite.

Pour des combinaisons différentes, le minimum de longueur dépend du parcours de la ligne de moindre résistance.

On n'a pas encore réussi à déterminer théoriquement la longueur minimum minimorum, c'est-à-dire la plus petite de toutes.

On connaît la disposition qui donne la plus grande: c'est le joint en escalier.

Pratiquement, il est bien rare que n soit supérieur à 5. On arrive toujours à trouver la plus petite longueur, d'autant plus que les nombres de rivets étant pairs, on est conduit à mettre plus de rivets qu'il n'en faudrait dans certains intervalles de joints.

Cas où il n'existe pas de contre couvre-joints. — Les conditions deviennent:

$$(1') \quad m' \geqq m_K ;$$

$$(2') \quad p'_{o,1} \geqq m_1 ;$$

$$(3') \quad p'_{n,o} \geqq m_n ;$$

$$(4') \quad p'_{K,K+1} \geqq m_K + m_{K+1} - m ;$$

$$(5') \quad \sum_B^c p' + \Sigma m_c \geqq \Sigma m.$$

Cas où toutes les semelles sont égales. — Soit m leur résistance commune. Les conditions deviennent:

$$(1'') \quad m' + m'' \geqq m ;$$

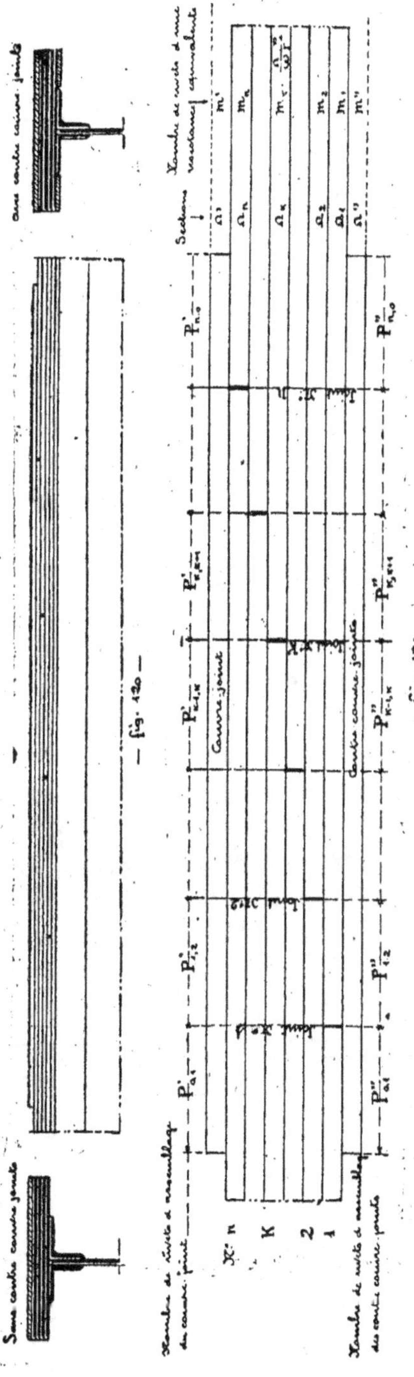

$$(2'') \quad p'_{0,1} + p''_{0,1} \geqq m \, ;$$

$$(3'') \quad p'_{n,0} + p''_{n,0} \geqq m \, ;$$

$$(4'') \quad p'_{K,K+1} \geqq 2m - (m' + m'') \, ;$$

$$(7'') \quad m' + m'' \leqq \frac{3}{2} m .$$

La condition (5) ne change pas de forme.

Cas particulier des joints en escalier (fig. 120 et 121). — Les relations générales subsistent sans changement.

La relation caractéristique s'obtient en considérant la rupture du joint par la ligne de moindre résistance, qui passe par tous les joints. Son trajet est ABc ou $A'Bc$ (fig. 122).

Les conditions d'établissement du joint sont donc :

$$(1) \quad m' + m'' \geqq m_K \, ;$$

$$(2) \quad p'_{0,1} + p''_{0,1} \geqq m_1 \, ;$$

$$(3) \quad p'_{n,0} + p''_{n,0} \geqq m_n .$$

On remplace souvent la 4e condition par la suivante :

$$(4''') \quad p'_{K,K+1} \geqq m_K \qquad \text{ou} \quad m_{K+1} \, ;$$

$$(5''') \quad (p''_{0,1} \qquad \text{ou} \quad m'') + \sum_{K=1}^{K=n-1}$$

$$p'_{K,K+1} + p'_{n,0} \geqq \Sigma m .$$

Comparaison entre les joints croisés et les joints en escalier. — Les joints croisés ne sont applicables que si le nombre des semelles est supérieur à deux. Ces joints donnent un assemblage plus court que les joints en escalier.

En outre, ils ont une résistance supérieure. On peut s'en rendre compte en comparant (5) et (5'''). Le terme Σmc disparaît dans cette dernière condition.

On peut se rendre compte également de la longueur de l'assemblage dans le cas où toutes les semelles sont égales. Supposons qu'on puisse donner à

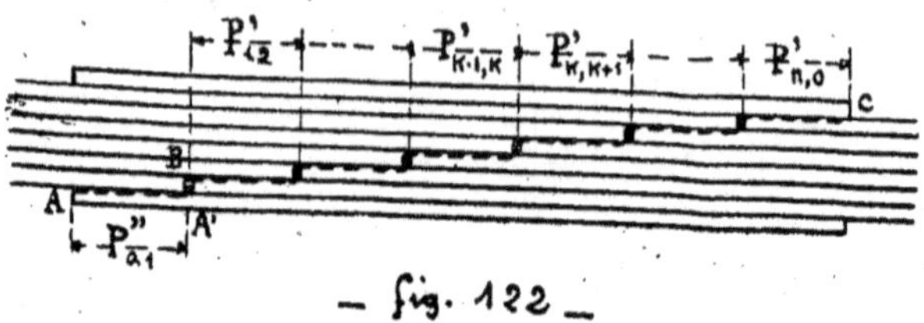

— fig. 122 —

$(m' + m'')$ sa valeur maximum, d'après la condition (7″), pour les joints croisés :

$$m' + m'' = \frac{3}{2} m.$$

La condition (4″) donne

$$p'_{K, K+1} = 2m - \frac{3}{2} m = \frac{m}{2}.$$

Supposons qu'il n'existe pas de contre-couvre-joints. La longueur totale de l'assemblage sera représentée par

$$\Sigma p' = 2m + (n-1)\frac{m}{2}.$$

Pour le joint en escalier, on a

$$\Sigma' p' = 2m + (n-1)m.$$

Donc, le joint en escalier est plus long que le joint croisé.

Les conditions qui déterminent le choix entre ces deux types de joints sont les mêmes que celles que nous avons précédemment exposées (chapitre premier, étude des assemblages).

Cas où une semelle se termine près d'un joint. — Considérons un joint de

fig. 123

semelles (fig. 123) et l'extrémité d'une semelle supplémentaire en A, nettement en dehors de l'assemblage. En pareil cas, on prolonge la semelle supplémentaire qui forme couvre-joint. On fixe ainsi la valeur de m'. Si cette valeur est inférieure à la plus forte semelle coupée, on ajoute des contre-couvre-joints.

Si l'extrémité de la semelle supplémentaire tombe dans l'assemblage, on prolonge encore cette semelle qui forme couvre-joint sur une partie seulement de l'assemblage. On rajoute un couvre-joint sur la longueur nécessaire et au besoin des contre-couvre-joints (fig. 124).

Position relative des joints. — On établit d'abord le joint d'âme. De part et d'autre, on dispose les joints de cornières et on distribue les joints des semelles de façon que le centre soit sensiblement à l'aplomb du joint de l'âme.

On peut, sans grand inconvénient, faire coïncider un joint d'âme et un joint de semelle, à condition que celle-ci ne soit pas la semelle premier rang, c'est-à-dire en contact avec l'âme.

Si on est gêné par la longueur d'un joint, on pourra chercher à réduire cette longueur en serrant les rivets.

Nous donnons ci-après un exemple de joint complet d'une poutre à âme pleine de deux mètres de hauteur hors cornières. C'est le joint qui rétablit

— fig. 124 —

la continuité de deux tronçons consécutifs. On remarquera que les couvre-joints d'âme longitudinaux, qui sont coupés, sont couverts par des couvre-joints attachés par le nombre de rivets correspondant à leur section.

Le joint des semelles est en escalier.

Nous donnons également, à titre de comparaison, le joint du même paquet de semelles établi avec joints croisés. On voit que la longueur totale de l'assemblage est notablement réduite.

Hauteur limite des poutres à âme pleine

La hauteur des poutres à âme pleine est limitée par deux considérations distinctes :

1° Une considération d'aspect.

Dans les constructions où les poutres sont apparentes, on conçoit que l'emploi d'une poutre pleine d'une hauteur exagérée soit d'un aspect lourd et disgracieux ;

2° Une considération d'économie.

Lorsqu'on augmente la hauteur d'une poutre à âme pleine, on est obligé de donner une surépaisseur de plus en plus forte à l'âme pour l'empêcher de se voiler ou de se gondoler entre les renforts.

CHAPITRE III

CONSTRUCTIONS DES POUTRES A TREILLIS

Poutres évidées

Lorsqu'on calcule le moment d'inertie d'une section de poutre à âme pleine, on constate que la partie principale en est fournie par le moment d'inertie des cornières et des semelles. L'âme ne donne par conséquent qu'une faible résistance à la flexion. D'autre part, nous avons vu que, dans la plupart des cas, l'épaisseur de l'âme est déterminée par la nécessité de ne pas descendre au-dessous des épaisseurs pratiques, plutôt que par la condition de résistance à l'effort tranchant.

- Si le calcul conduit, par exemple, à une épaisseur théorique de 3 m/m, on adoptera 7 m/m.

En pareil cas, on peut, sans inconvénient, pratiquer des ouvertures dans l'âme de façon à réduire le poids de la poutre et à la rendre d'un aspect plus satisfaisant.

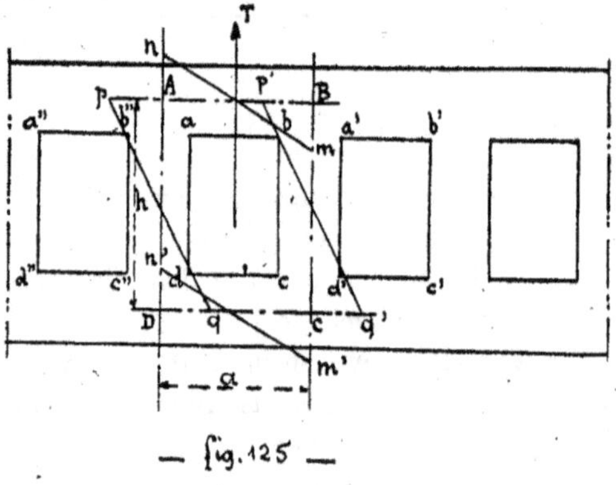

— fig. 125 —

Supposons qu'on pratique des ouvertures rectangulaires telles que *abcd* (fig. 125). Considérons un panneau A.B.C.D. et soit T l'effort tranchant du milieu de ce panneau. Les portions de membrures AB et CD résistent chacune à la moitié de cet effort tranchant. En outre, elles supportent des moments de flexion secondaires ayant pour expression

$$\frac{T}{2}x - T\frac{a}{4},$$

représentés par les droites *mn* et *m'n'* (x étant mesuré entre A et B ou C et D, à partir de A et D, par exemple).

De même, chaque portion d'âme verticale comprise entre deux vides successifs sera soumise à un effort tranchant parallèle à AB et CD, et égal à $\frac{Ta}{h}$ et à des moments de flexion secondaires ayant pour expression

$$T\frac{a}{h}y - \frac{Ta}{2},$$

y étant mesuré parallèlement à AD à partir de A. Ces moments sont repré-sentés par les droits $pq, p'q'$.

Moyennant la vérification de la résistance des membrures et des montants à ces efforts secondaires, on peut employer ce type de poutre, dénommé poutres à arcades.

On peut remplacer les ajourages rectangulaires par d'autres plus esthétiques (fig. 126 et 127). L'emploi de pareilles poutres est peu économique et reste forcément limité à des cas très particuliers. Nous ne nous y étendrons pas plus longuement.

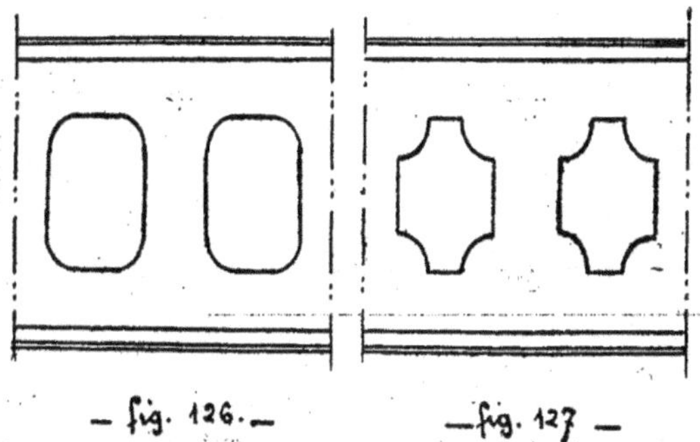

— fig. 126. —   — fig. 127 —

Poutres à triangulation

Les poutres à treillis ne diffèrent des poutres à âme pleine que par le remplacement de l'âme par un système triangulé chargé de solidariser les deux membrures sous l'action des charges.

Les membrures peuvent être parallèles : la poutre est dite à hauteur constante.

Quand les membrures ne sont pas parallèles, la poutre est dite à hauteur variable.

Les membrures peuvent être rectilignes ou curvilignes; leur contour peut être également polygonal. Les éléments de la triangulation qui les relie sont toujours rectilignes.

Avant d'aborder l'étude de la construction des poutres à treillis, nous allons décrire d'une façon succincte les types de poutres les plus employés et les différentes dispositions du treillis. Cette description sera reprise d'une façon plus complète dans la IIe partie (ponts métalliques).

POUTRES A UNE SEULE TRAVÉE

Poutres à hauteur constante. — Les deux membrures sont parallèles sur

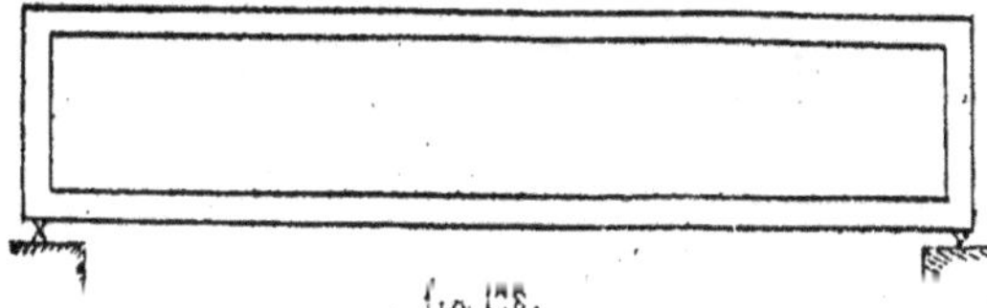

fig. 128.

toute la longueur de la poutre (fig. 128).

Poutres a hauteur variable

Poutres trapézoïdales. — Les deux membrures sont parallèles sur une partie de la longueur de la poutre et la membrure supérieure se retourne aux extrémités suivant les côtés d'un trapèze isocèle, de façon à rejoindre la membrure inférieure au-dessus des appuis, où la hauteur de la poutre est par conséquent nulle (fig. 129).

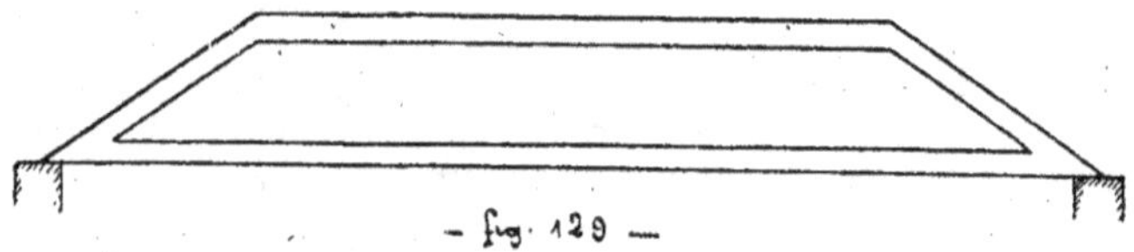

— fig. 129 —

Poutres paraboliques. — Les deux membrures dérivent des arcs de parabole à courbure opposée (fig. 130), ou bien l'une des deux membrures est

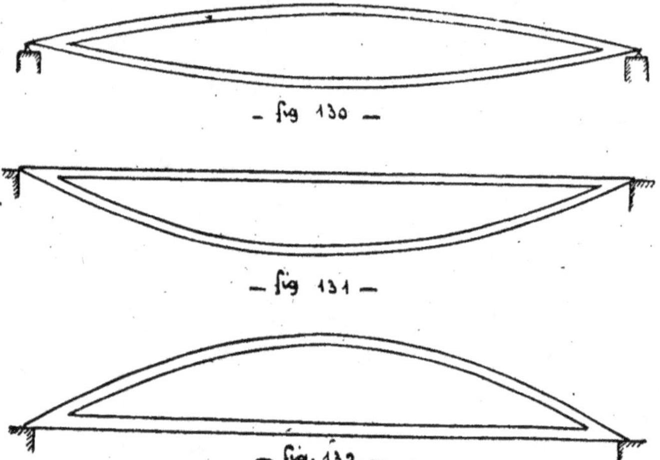

— fig. 130 —

— fig. 131 —

— fig. 132. —

rectiligne et l'autre parabolique (fig. 131 et 132). La hauteur est nulle sur appuis. Le profil avec une membrure rectiligne s'appelle souvent poutre bowstring.

Poutres semi-paraboliques. — C'est une poutre bowstring dont la hauteur

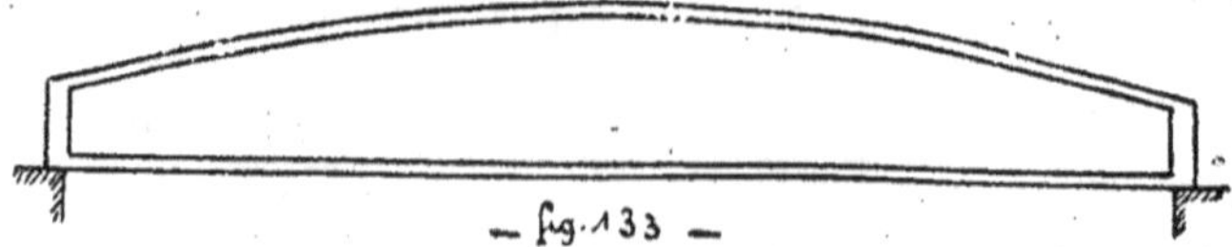

— fig. 133 —

sur appuis n'est pas nulle (fig. 133). Le profil de la membrure courbe peut d'ailleurs être circulaire ou même polygonal.

POUTRES A TRAVÉES CONTINUES

Poutres à hauteur constante. — Les deux membrures sont parallèles sur toute la longueur de la poutre.

Poutres à hauteur variable. — Les poutres continues à hauteur variable ne s'emploient que dans des ponts métalliques. Elles seront décrites dans la IIe partie.

DISPOSITION DES TREILLIS

Les éléments dont se compose la triangulation ou treillis d'une poutre comprennent des barres tendues ou comprimées, calculées pour résister à l'effort tranchant, et d'autres, la plupart du temps non calculées, servant à répartir les charges.

On appelle *maille* la figure géométrique formée soit par les éléments du treillis seul, soit par les éléments du treillis et des membrures.

Le treillis d'une poutre est dit simple si la surface comprise entre les membrures est découpée en triangles par une ligne brisée unique ayant ses sommets ou nœuds sur les membrures.

Le treillis multiple est formé par la superposition de plusieurs treillis simples.

Le degré de multiplicité d'un treillis est le nombre de treillis simples dont il se compose.

On caractérise les poutres par la disposition du treillis et son degré de multiplicité.

Plus sommairement, on peut différencier les poutres à treillis d'après la grandeur des mailles, en poutres à petites mailles et poutres à grandes mailles.

Les premières ne s'emploient d'ailleurs que rarement, et toujours pour des poutres assez faiblement chargées.

Treillis simple. — Quand toutes les barres sont obliques, on a le treillis en V. Les barres sont la plupart du temps disposées symétriquement par rapport à la verticale, de façon que les mailles sont des triangles isocèles égaux (fig. 134).

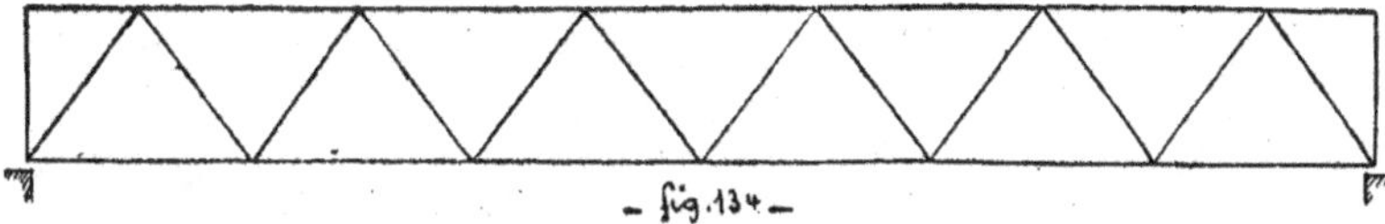

— fig. 134 —

Sous l'influence d'une charge uniformément répartie totale, les barres sont alternativement tendues et comprimées.

Si l'une des deux séries de barres se redresse jusqu'à la verticale, on obtient des treillis en N ou en N renversé (fig. 135 et 136).

Sous l'influence d'une charge uniformément répartie, totale, les barres obliques ou *diagonales* sont tendues par le treillis en N et comprimées par le treillis en N renversé. C'est l'inverse pour les barres verticales ou *montants*.

On appelle panneau d'une poutre à treillis l'intervalle compris entre deux nœuds successifs.

Pour les poutres à hauteur constante, la longueur des panneaux est généralement choisie pour que les diagonales fassent, avec la verticale, un angle voisin de 45°, de préférence même un peu moindre, de façon à être un peu plus

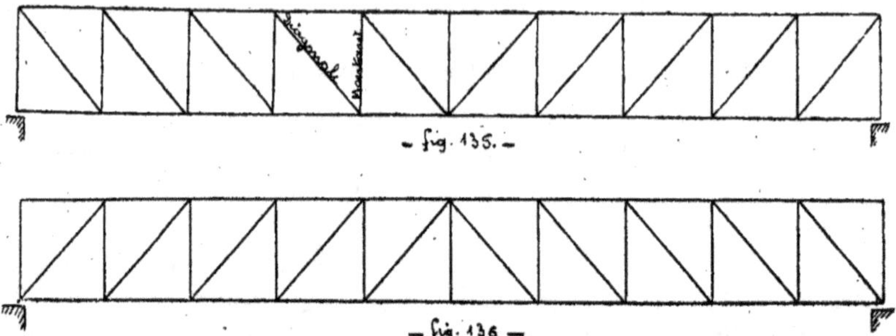

— fig. 135. —

— fig. 136 —

redressées que l'oblique à 45°. Pour les poutres faiblement chargées, cependant, les diagonales sont quelquefois un peu plus couchées que l'oblique à 45°.

Pour les poutres à hauteur variable, on prend le plus souvent des panneaux de même grandeur d'un bout à l'autre de la poutre; c'est l'inclinaison diagonale qui varie.

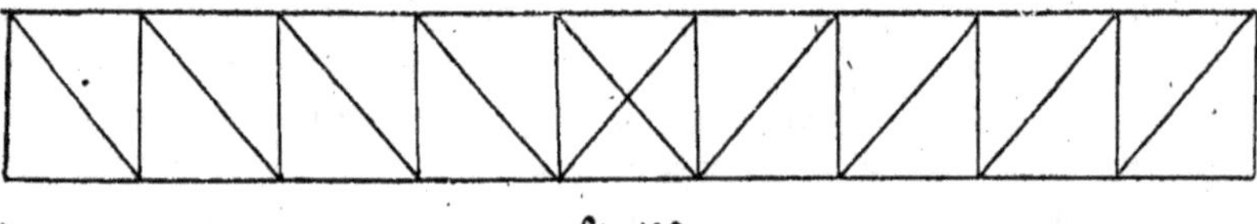

— fig. 137 —

Si le nombre des panneaux d'une poutre est impair, le panneau du milieu sera pourvu d'une diagonale de chaque sens, de façon que le treillis soit symétrique par rapport au milieu (fig. 137).

Treillis multiples. — Les dispositions principales sont figurées sur les figures suivantes: (fig. 138, treillis double en V).

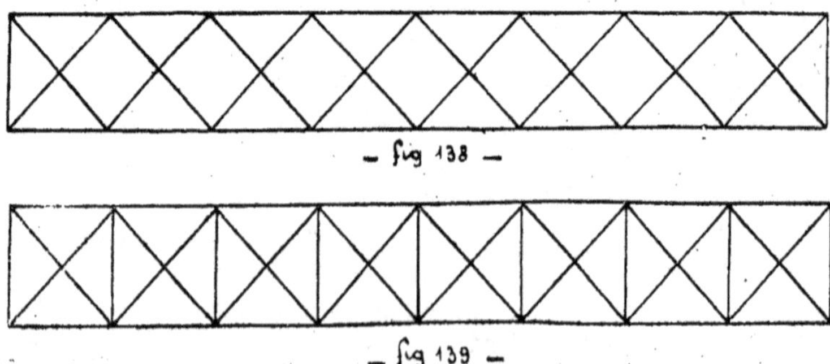

— fig 138 —

— fig 139 —

Si à cette disposition on ajoute des montants réunissant deux nœuds de treillis à croix de Saint-André (fig. 139, 140, treillis quadruples en V; 141, treillis quadruples en V avec montants).

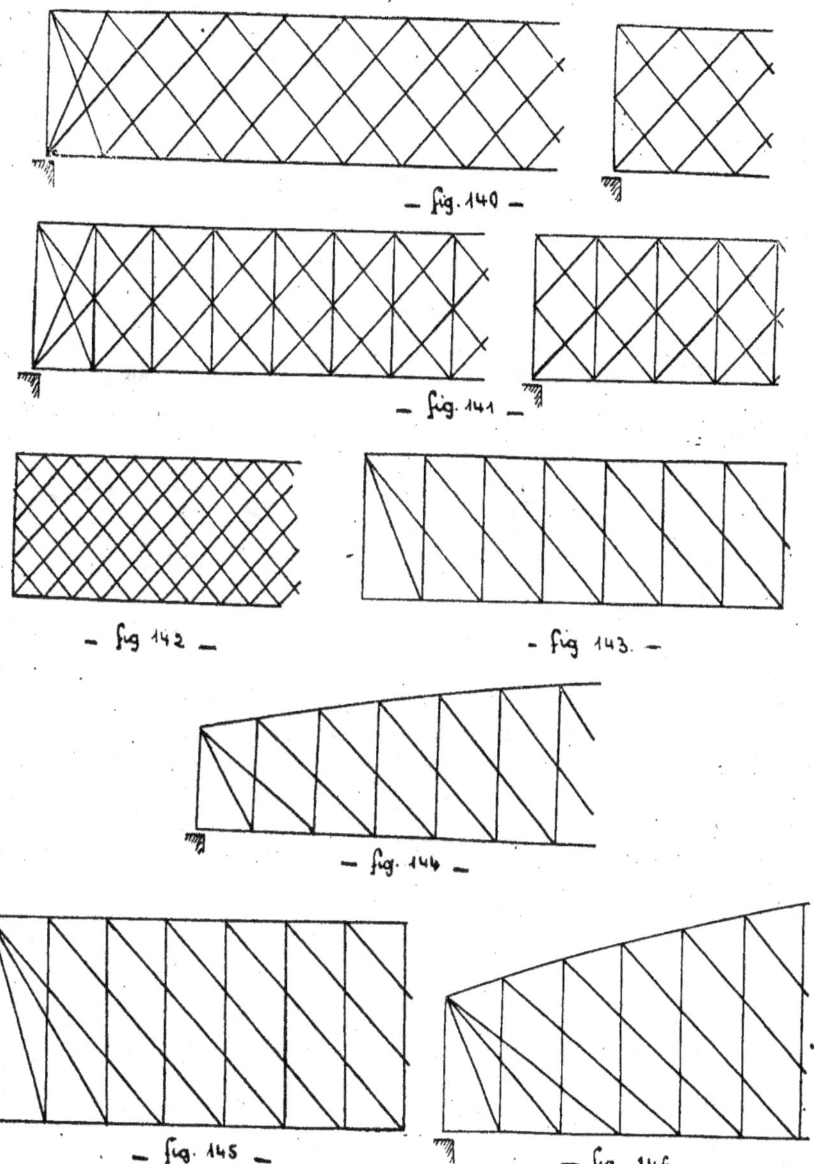

L'aboutissement des diagonales sur appuis peut également se réaliser de l'une ou l'autre des façons représentées.

L'augmentation du degré de multiplicité du treillis conduit à la poutre à très petites mailles (fig. 142, 143 à 146), disposition du treillis double et triple en N pour une poutre à hauteur constante et à hauteur variable.

Les figures 146 et 149 représentent la disposition du treillis en croix de Saint-André pour la poutre parabolique et semi-parabolique.

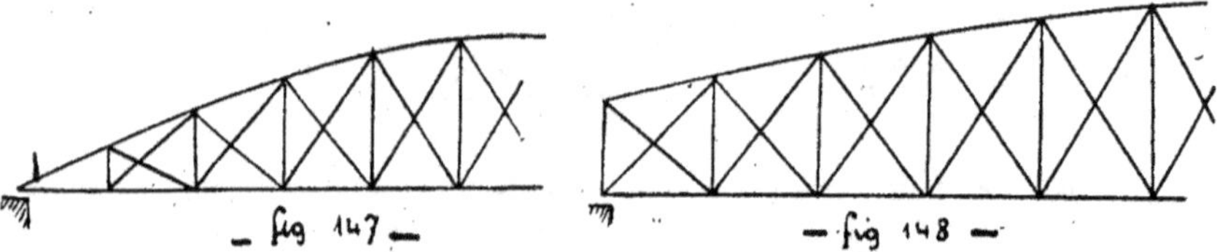

_ fig 147 _   — fig 148 —

On sait que le calcul des treillis dans une poutre à treillis multiples s'effectue en supposant la poutre formée par la superposition de plusieurs poutres à treillis simple, articulées aux nœuds. Le nombre de ces poutres simples est égal au degré de multiplicité du treillis. Le calcul de chaque poutre simple fournit les efforts dans un des systèmes du treillis. Les efforts dans les membrures s'obtiennent en totalisant les efforts partiels trouvés pour chaque poutre simple.

Les charges que supportent les poutres à treillis peuvent être, comme pour les poutres à âme pleine, soit uniformé-

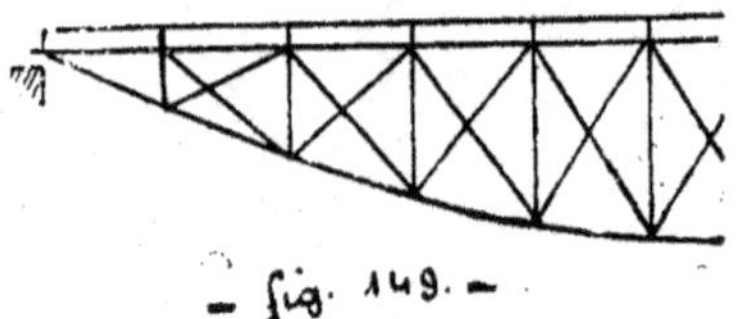

_ fig. 149 _

ment réparties, soit concentrées en certains points. Le deuxième mode de transmission des charges est de beaucoup le plus général. Les points d'applications des charges sont alors aux nœuds de treillis, soit à tous les nœuds d'une des membrures, soit encore plus espacées dans le cas de treillis multiples à degré élevé.

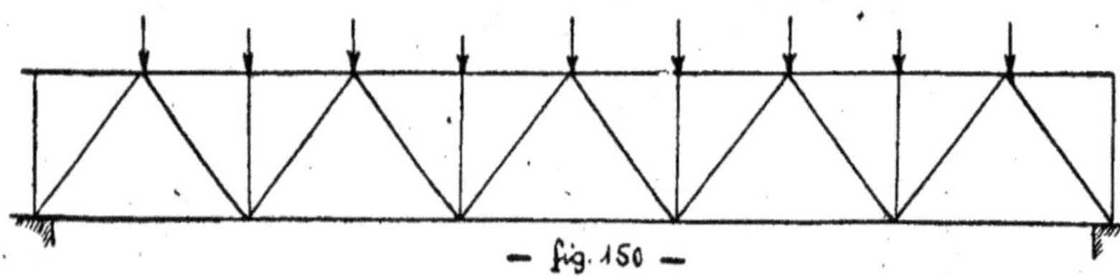

— fig. 150 —

Si nous considérons une poutre à treillis en V, les charges concentrées peuvent être appliquées soit directement aux nœuds supérieurs et inférieurs, soit aux nœuds inférieurs ou supérieurs seulement. Dans l'un de ces deux cas, on peut réduire de moitié la distance des points d'application de deux charges successives en ajoutant des pièces verticales. Dans la disposition de la figure 150, les pièces verticales transmettent les charges appliquées à leur sommet supérieur aux nœuds inférieurs du treillis. Ces pièces travaillent en compression, elles portent le nom de montants.

La figure 151 représente la disposition inverse: les pièces verticales transmettent les charges appliquées à leur sommet inférieur, aux nœuds supérieurs du treillis. Ces pièces sont constamment tendues et portent le nom d'aiguilles ou de tirants.

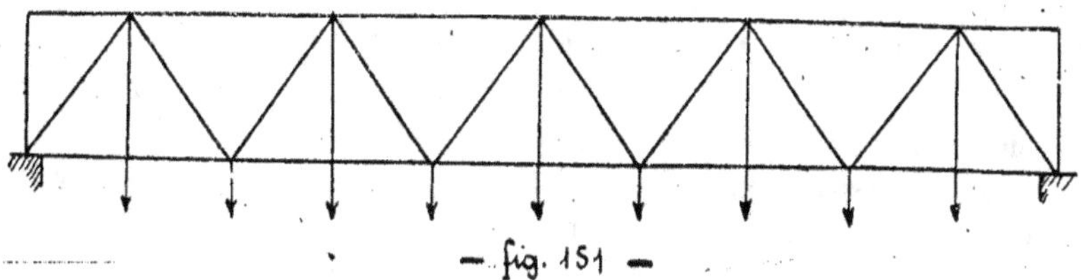

— fig. 151 —

Construction des membrures

Les règles de construction des membrures sont imposées par:

1° La résistance;

2° La rivure;

3° L'exécution;

4° La durée.

A) La section transversale des membrures doit être choisie de telle façon qu'elles puissent résister avec le minimum de matière au genre d'effort qu'elles ont à supporter.

Il en résulte qu'une section de membrure qui convient à une membrure toujours tendue peut ne pas convenir à une membrure toujours comprimée;

B) Il faut éviter l'emploi d'éléments trop épais, parce qu'il est difficile d'y découvrir les défauts de la matière.

Les épaisseurs courantes varient de 8 à 15 m/m. En charpente légère, on descend quelquefois à 5 m/m. Dans les poutres très importantes, on trouve des épaisseurs supérieures à 15 m/m allant jusqu'à 20 m/m;

c) La section d'une membrure doit être telle qu'elle puisse être facilement modifiée pour suivre les variations de l'effort. On réalise cette condition en choisissant une forme de section appropriée et en composant cette section d'éléments minces et nombreux;

D) La section des membrures doit présenter une certaine rigidité dans le sens perpendiculaire à la direction des charges.

Cette condition résulte de la remarque déjà faite pour les poutres à âme pleine; savoir que la poutre doit posséder une raideur transversale suffisamment grande pour éviter que les efforts secondaires de flexion ou de torsion n'engendrent en certains points une fatigue du métal excessive, qui conduirait au voilement des parties correspondantes de la poutre.

Conditions de rivure. — a) L'épaisseur à river ne doit pas être trop forte. Elle doit être comprise dans les limites précédemment indiquées;

b) Une fois la poutre mise en place dans la construction dont elle fait partie, les rivets doivent pouvoir être facilement visités et remplacés s'il y a lieu.

Conditions d'exécution. — *a*) La forme de la section doit permettre de réaliser fortement l'assemblage entre eux des tronçons de membrures;

b) La forme de la section doit permettre un assemblage facile et résistant du treillis et des autres pièces qui s'attachent sur la poutre.

Conditions de durée. — *a*) Il faut éviter les espaces fermés ou rétrécis dans lesquels on ne pourrait pas refaire la peinture.

De tels espaces ne permettraient pas d'ailleurs la visite et le remplacement des rivets qui s'y trouveraient;

b) Dans les constructions exposées aux intempéries, il faut éviter les espaces fermés dans lesquels l'eau pourrait s'accumuler et amener une oxydation rapide du métal.

Il se peut que de pareils espaces soient difficiles à éviter. Dans ce cas, on aura soin de ménager des trous pour l'évacuation de l'eau.

Les grands vides sont, en tous cas, préférables aux petits, car l'eau s'y évapore plus facilement.

MEMBRURES TOUJOURS TENDUES

Membrures à ruban. — Ces membrures se composent d'une série de tôles superposées et rivées entre elles (fig. 152). Ces tôles sont perpendiculaires au plan moyen de la poutre. Chaque tôle peut être d'un seul morceau dans

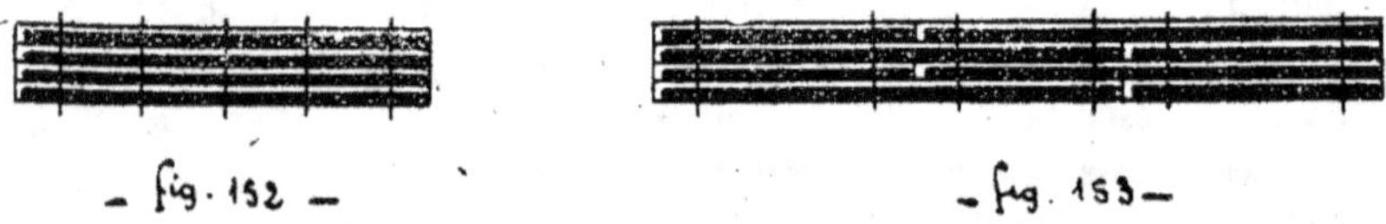

_ fig. 152 _   _ fig. 153 _

le sens de la largeur, lorsque cette largeur n'excède pas la largeur maxima des larges plats. Au delà, il faut employer de la tôle, constituer chaque semelle par plusieurs plats placés côte à côte (fig. 153); les joints longitudinaux sont d'ailleurs sans inconvénient.

Cette forme de membrure ne permet pas un assemblage robuste des éléments du treillis. En particulier, pour les barres tendues, les rivets d'assemblage travaillent par la tête, ce qu'il faut autant que possible éviter (fig. 154).

Cette disposition a été réalisée seulement dans les poutres « Pauli », dont il sera questions dans les « ponts métalliques » : la membrure inférieure de ces poutres est toujours tendue et le treillis est peu chargé.

_ fig. 154 _

La section à ruban permet de suivre la variation de l'effort en faisant varier le nombre des semelles de la membrure.

Membrures à nervures verticales. — Ces membrures se composent de deux groupes de semelles disposées parallèlement au plan moyen de la poutre, rivées entre elles, et dans l'intervalle desquelles viennent s'assembler les éléments de treillis (fig. 155). Les attaches des treillis sont meilleures que pour le type à ruban, puisque les rivets des assemblages travaillent au cisaillement.

On peut encore suivre la variation de l'effort en faisant varier le nombre des semelles. Cette section manque totalement de rigidité transversale. Pour augmenter cette rigidité, on peut river les cornières sur les bords. Dans la disposition de la figure 156, les cornières nervures sont interrompues chaque fois qu'on ajoute une semelle supplémentaire. La figure 157 représente une variante dans laquelle les cornières nervures sont rivées sur la semelle inférieure de chaque paquet. Les semelles supplémentaires s'intercalent entre les cornières.

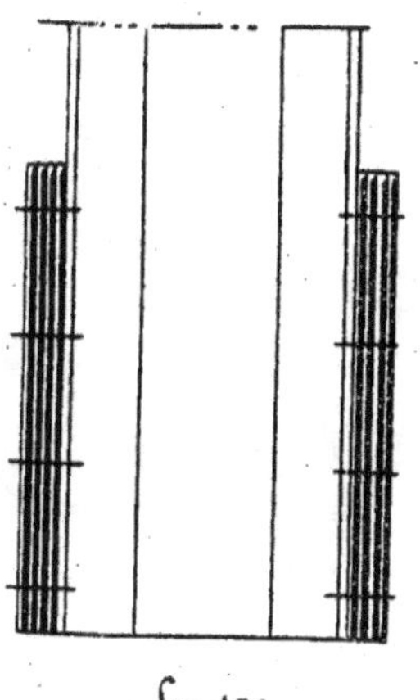

— fig 155 —

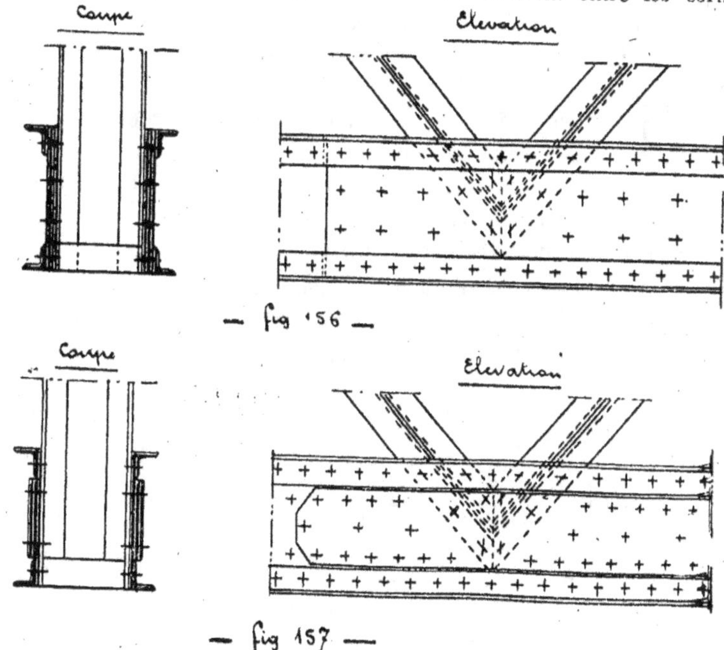

Les cornières nervures peuvent être, dans les deux cas, comptées dans la section résistante de la membrure. Dans le premier cas, on est obligé de rétablir la continuité de ces cornières par un couvre-joint:

1° Au droit de l'extrémité de chaque semelle supplémentaire;

2° Au droit des joints des tronçons de membrures.

Dans le deuxième cas, seuls les couvre-joints au droit des joints des tronçons de membrures subsistent.

La deuxième disposition ne s'emploie cependant que si l'épaisseur totale des semelles intercalées entre les cornières nervures est faible.

On améliore beaucoup cette forme de membrure en réunissant les cornières nervures par un treillis léger en V ou N, rivé sur ces cornières. On

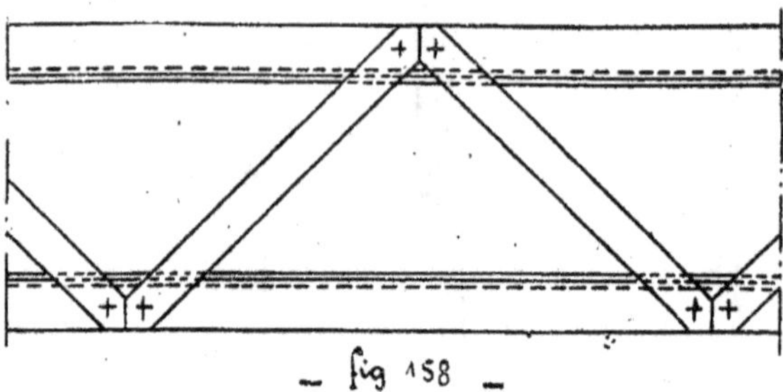

— fig 158 —

solidarise ainsi les deux groupes de semelles et on augmente considérablement la rigidité transversale de la membrure (fig. 158). Ce treillis peut être en plats, dont la largeur est proportionné à la longueur, ou en cornières de faible échantillon.

Membrures à maillons. — Ce type de membrures s'emploie pour les membrures tendues des poutres articulées employées en Amérique. Elles sont constituées par des plats non jointifs et s'emboîtant les uns dans les autres aux articulations, comme les médaillons d'une chaîne de Galle (fig. 159). On fait varier la section en changeant celle des plats ou leur nombre.

— fig 159 —

Cette membrure ne possède aucune rigidité transversale.

MEMBRURES TOUJOURS TENDUES OU COMPRIMÉES

Membrures en forme de T. — Lorsque la poutre a peu d'importance et est faiblement chargée, chaque membrure peut être constituée :

1° Par un simple té (fig. 160). Les treillis s'assemblent sur l'âme du té.

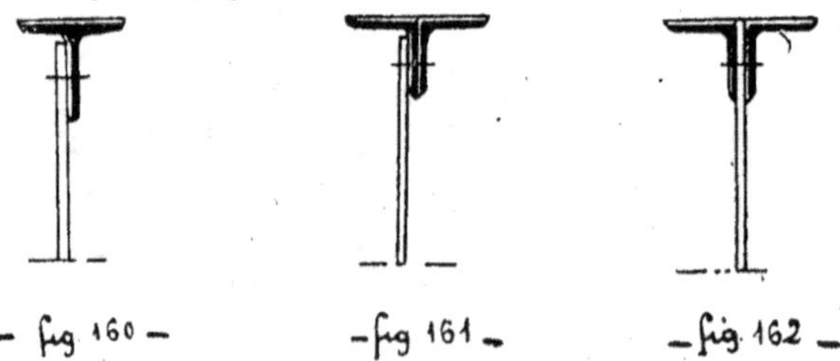

— fig 160 —   — fig 161 —   — fig 162 —

L'inconvénient de cette disposition réside en ce que le rivet d'assemblage d'une barre de treillis se trouve trop près de l'extrémité de cette barre;

2° Par deux cornières jointives (fig. 161).

Cette disposition prête à la même critique que la précédente;

3° Par deux cornières non jointives (fig. 162).

Le treillis est assemblé entre les deux cornières. Cette disposition est seule acceptable. Exceptionnellement, quand on veut donner à une poutre à treillis. très faiblement chargée une hauteur relativement grande par rapport à sa portée (en vue de réduire sa flexibilité), on est conduit à réduire les membrures à une seule cornière (fig. 163). Cette forme de poutre est l'équivalent de la section en U des poutres à âme pleine. Elle est critiquable pour son manque de symétrie transversale, mais néanmoins souvent employée pour le cas indiqué ci-dessus.

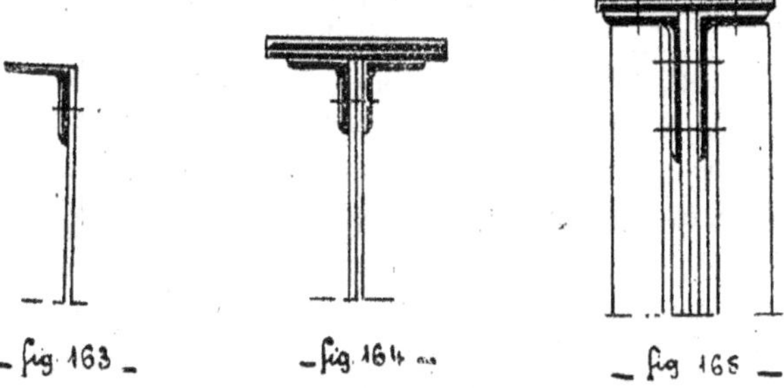

Lorsque deux cornières sont insuffisantes pour constituer la membrure, on peut employer deux cornières et des semelles (fig. 164). Cette disposition permet d'augmenter la résistance des membrures, mais n'améliore pas l'attache des treillis. Pour augmenter la longueur d'attache de ceux-ci, on peut avoir recours à des cornières inégales (fig. 165) permettant la pose de plusieurs rivets dans la plus grande branche.

Dans ces dispositions à cornières et semelles, le vide qui reste entre les deux cornières entre deux barres de treillis successives, est sans inconvénient si la poutre est à l'abri des intempéries, quoiqu'il soit cependant difficile d'y refaire la peinture, si besoin est. Dans le cas contraire, il est indispensable de combler ce vide avec une fourrure pour éviter une poche d'eau. La fourrure sera prise de largeur un peu supérieure (5 ou 10 m/m) à la largeur d'aile des cornières, pour parer au défaut de rectitude des bords de ces dernières.

Section complète avec âme, cornières et semelles. — On améliore la section précédente en intercalant une âme entre les deux cornières. En outre, on peut réaliser pour les treillis une meilleure attache (fig. 166).

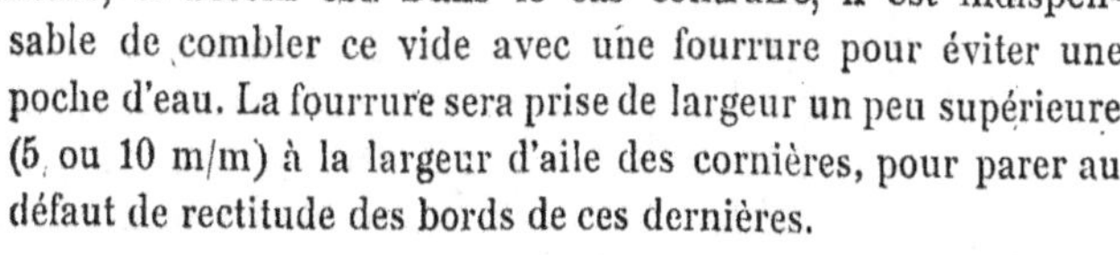

On détermine la hauteur de l'âme par la condition qu'on puisse réaliser l'attache des barres de treillis, dans la région de la poutre où l'effort tranchant est maximum.

Habituellement, on attache les treillis sur la partie libre de l'âme. On peut cependant prolonger l'attache sur les ailes des cornières membrures, mais il faut alors soit intercaler une fourrure entre les barres et l'âme, en dehors des cornières membrures, soit forger les barres de l'âme, en dehors des cornières membrures, soit forger les barres de treillis (fig. 167). En outre, on trouble la rivure longitudinale des cornières sur l'âme. La première disposition est de beaucoup préférable.

Quand il n'y a pas de raison de construction pour faire autrement, on prend toujours des cornières à ailes égales.

Les dimensions des cornières et leur épaisseur sont proportionnées à l'importance de la membrure. On s'attache, comme il a été dit précédemment, à composer une section aussi homogène que possible, c'est-à-dire formée d'éléments d'épaisseurs assez peu différent.

On peut prendre des semelles étroites ou des semelles débordantes.

Il y a lieu, pour la détermination de la largeur des semelles, de se reporter à ce qui a été exposé pour les poutres à âme pleine, et qui s'applique aux poutres à treillis.

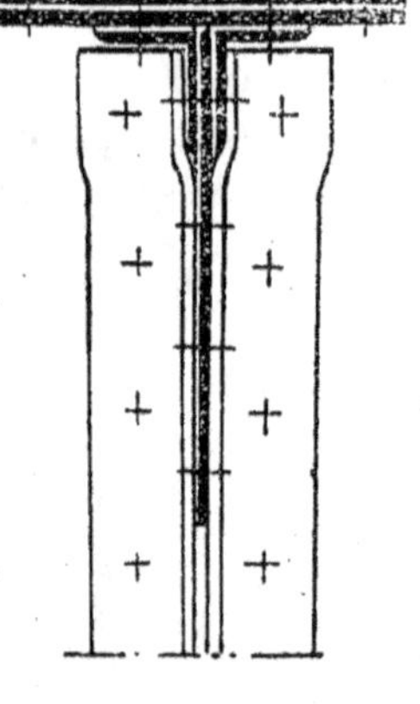

— fig 167 —

Section en T renforcée. — Lorsque, dans une section en T, l'épaisseur totale des semelles atteint la limite compatible avec un bon serrage des rivets, on peut renforcer la section de différentes façons :

1° Addition de cornières nervures sur le bord des semelles (fig. 168).

Ces cornières peuvent être du même échantillon que les cornières membrures ou d'un échantillon différend, mais il est préférable de leur donner la même épaisseur, si la poutre comporte des montants verticaux. La figure 168 représente l'attache d'un montant de treillis. Les équerres horizontales d'attache du montant sur les semelles s'assemblent facilement si les cornières membrures et les cornières nervures des semelles ont même épaisseur. Si ces épaisseurs diffèrent, il faut soit forger les équerres, soit mettre des fourrures d'épaisseur égale à la différence des épaisseurs des ailes des cornières. Cette différence serait d'ailleurs faible, et

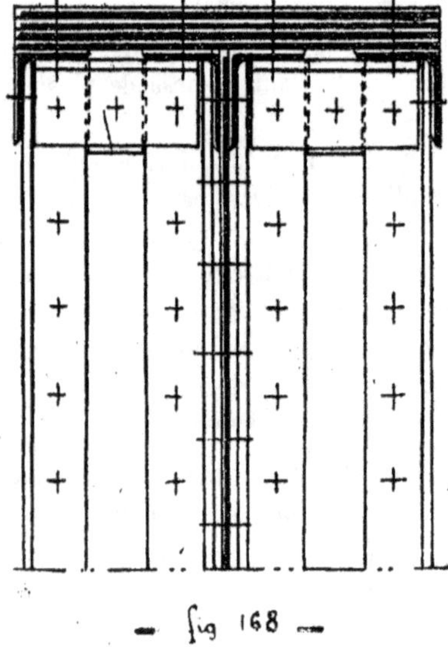

— fig 168 —

par suite les fourrures seraient minces et de peu de durée. En résumé, on aurait compliqué l'exécution et plutôt amoindri la résistance de l'assemblage.

Pour une membrure inférieure, on mettra les cornières nervures en dessous comme à la section de la figure 169, en vue de faciliter l'écoulement de l'eau de pluie ou de l'eau de condensation.

Ce mode de renforcement de la section convient aux membrures tendues, mais il est surtout avantageux pour les membrures comprimées dont ils augmentent la résistance au voilement.

Dans le tronçonnement de la membrure, le joint des cornières nervures se traite comme celui d'une cornière isolée;

2° Addition de nervures en T sur le bord des semelles (fig. 170). Ce renforcement convient quand les semelles sont très larges, mais il n'est inutilisable que pour des membrures supérieures. Pour les membrures inférieures, il faudrait placer les nervures sous les semelles pour la même raison que précédemment, ce qui serait à la rigueur admissible pour des cornières jointives. Avec deux cornières et une âme interposée, l'aspect serait peu satisfaisant;

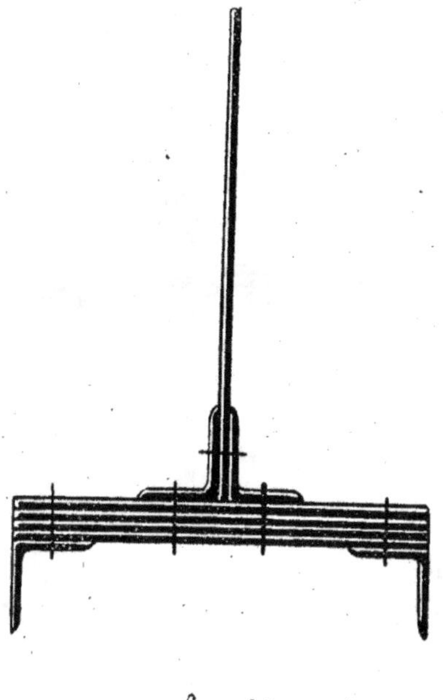

— fig. 169 —

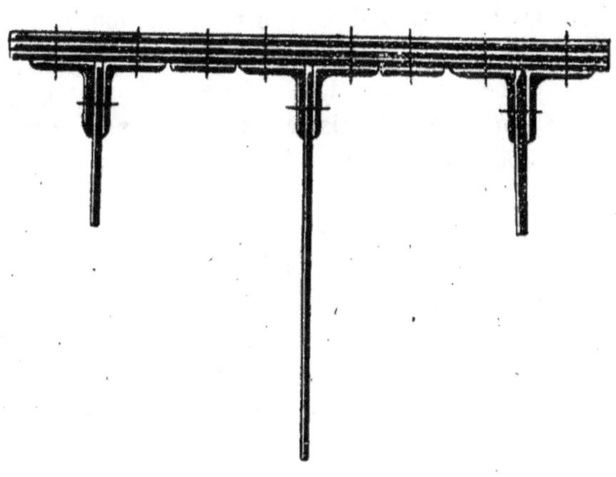

— fig. 170 —

3° Augmentation du nombre des âmes. On met plusieurs âmes jointives.

Ce renforcement multiplie la rivure et n'augmente pas la rigidité de la section. Il est surtout employé pour augmenter la résistance à l'effort tranchant.

Section en croix. — Cette section se compose de deux sections en T juxtaposées par leur base (fig. 171); on fait varier la section en ajoutant des plats ou des cornières sur le débord des semelles. Mais la variation qu'on peut ainsi obtenir est faible, en égard à l'importance de la section qui est très forte. Ce type de section ne se justifie que pour les poutres de hauteur variable où l'effort dans les membrures varie peu.

Cette section est rarement employée seule; mais employée par groupe de quatre, placées aux quatre sommets d'un carré, elles constituent un ensemble très rigide. Elle convient seulement pour les poutres de pont à très grande portée.

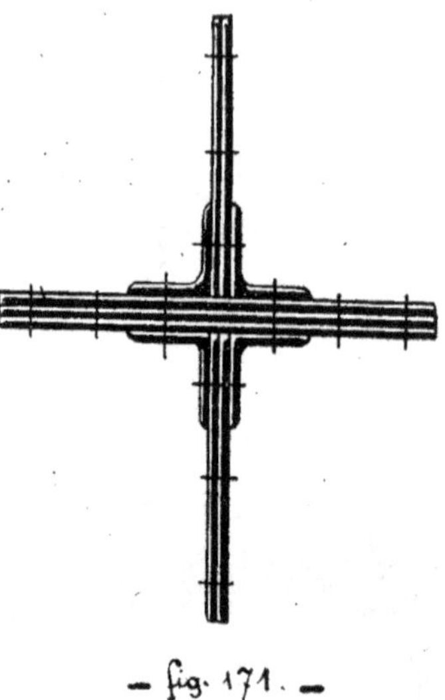

— fig. 171. —

Section en double T. — La membrure à la section totale d'une poutre à âme pleine avec âme cornières et semelles (fig. 172).

La section initiale est encore très forte, et convient seulement pour les grandes portées. Une pareille section convient également lorsque la charge est uniformément répartie sur la longueur d'une membrure de la poutre. Il s'ensuit qu'une portion de membrure, comprise entre deux nœuds de treillis successifs, reporte la partie de la charge qu'elle supporte en ces nœuds, et est soumise, de ce fait, à une flexion locale qui s'ajoute à l'effort dû à la flexion générale. La section en double T est avantageuse parce qu'elle égalise le travail élastique de la flexion locale dans les fibres extrêmes de la membrure.

Par contre, il est difficile de réaliser une attache des treillis robuste. Cette section s'emploie lorsque les efforts dans les treillis sont faibles; dans les poutres paraboliques, par exemple.

— fig. 172 —

Sections à âmes multiples. — Ces sections dérivent des sections en T. Le nombre des âmes peut être de 2, 3, 4 ou plus. Pratiquement, la section à âme double permet de constituer des membrures très fortes suffisantes pour de grandes portées. C'est de cette section seule dont nous allons nous occuper.

La section à deux âmes permet d'employer des semelles plus larges. Si les semelles sont d'un seul morceau dans le sens de la largeur (fig. 173), elles doivent être faites en tôle plus coûteuse que les larges plats. A ce point de vue,

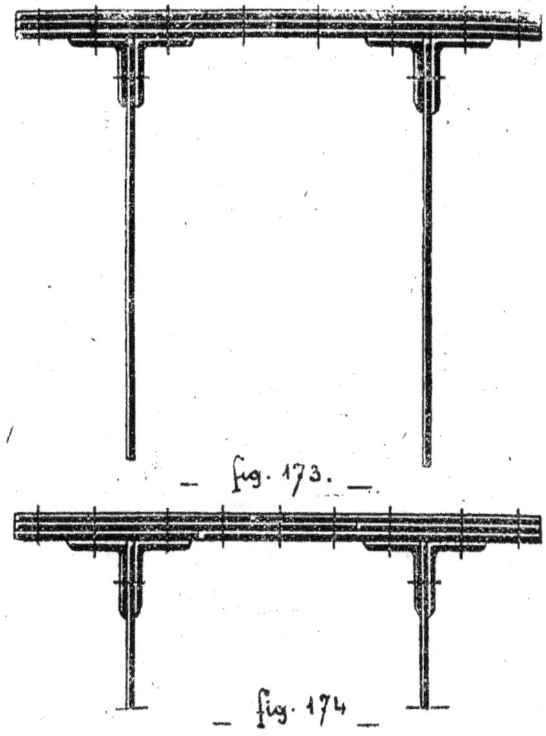

— fig. 173. —

— fig. 174 —

il est préférable de fractionner les semelles en largeur (fig. 174). Pour une membrure inférieure, cette forme de section constitue une poche d'eau de volume important, par suite très nuisible à la bonne conservation du métal de la poutre. Il est préférable de couper les semelles de manière à laisser entre elles un vide de quelques centimètres, 5 à 10 environ. La section se compose alors de deux membrures en T jumelées (fig. 175). Cette forme convient aussi bien pour les membrures supérieures.

On peut, comme précédemment, renforcer cette section par addition de cornières nervures rivées sur les bords extérieurs des semelles, ou par des doublures d'âme, ou adopter simultanément ces deux renforcements.

Lorsque les barres de treillis sont com-

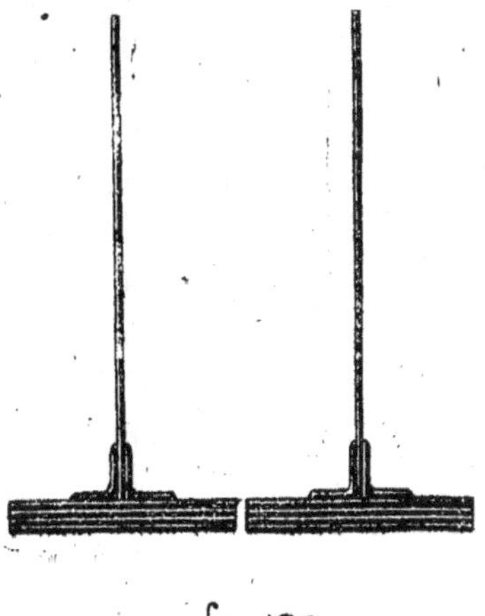

— fig. 175 —

prises entre les deux âmes, on peut également renforcer la section avec des

cornières rivées sur le bord des âmes. Les figures 176-177 représentent les sections d'une membrure supérieure en différents points de sa longueur.

Par rapport à la membrure simple en T, la membrure double présente certains inconvénients : l'assemblage des tronçons de membrures est moins facile, il en est de même de l'assemblage des barres de treillis, pour lesquels les rivets d'attache sont moins accessibles, étant compris entre deux parois pleines.

Enfin lorsqu'on emploie la membrure à âme double avec semelles communes, il arrive souvent que les barres de treillis ont une largeur égale au vide compris entre les deux âmes ; pour faciliter l'emmanchement de ces barres, on est obligé de les faire un peu plus étroites que leur largeur théorique. Il en résulte que le serrage des rivets est insuffisant.

L'écartement des âmes d'une membrure double se détermine :

1° D'après la largeur totale que l'on veut donner aux semelles, largeur qui dépend d'une part de la section résistante à réaliser et d'autre part de la portée de la poutre, pour avoir une rigidité transversale suffisante ;

2° D'après les dimensions des barres de treillis, dimen-

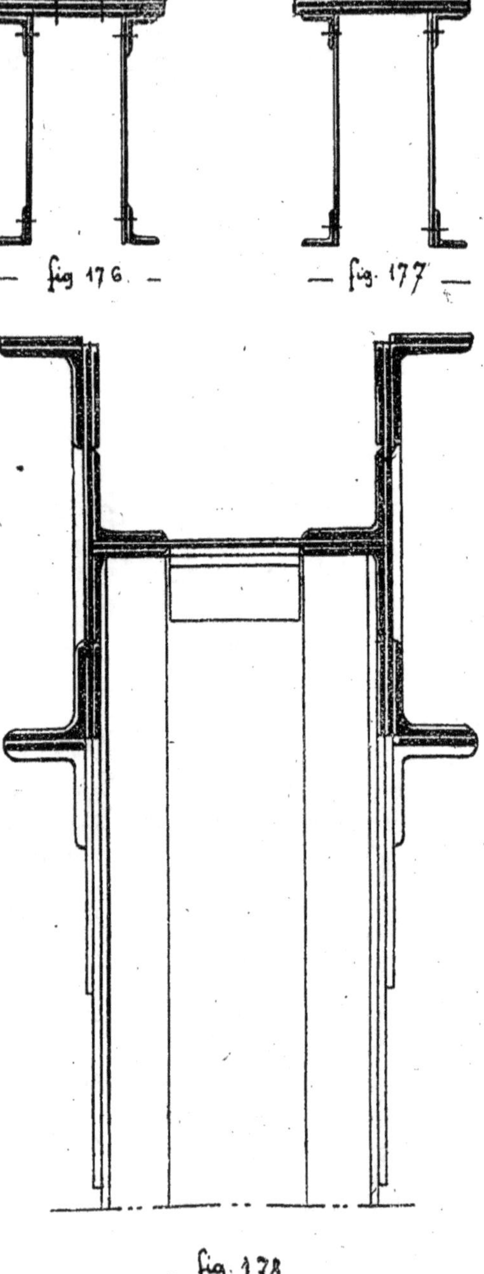

sions qui résultent des conditions de résistance à l'effort tranchant et aussi de la résistance au flambage ;

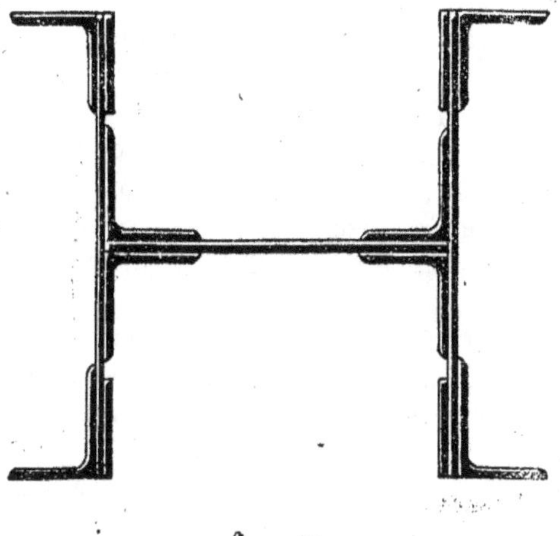

— fig. 179 —

3° En considérant la possibilité de poser les rivets d'attache des treillis. Par conséquent, plus les âmes seront hautes et plus elles devront être écartées.

Section en double T à plat. — C'est une section en double T dans laquelle l'âme est perpendiculaire au plan principal de la poutre, au lieu d'être située dans ce plan.

Les figures 178, 179, 180, 181 représentent la section d'une même membrure en divers points de sa longueur. Dans cet exemple, le nombre de semelles ne varie pas. Le renforcement est obtenu par addition de plats et de cornières sur les débord des semelles. On peut également faire varier la section en augmentant le nombre de semelles.

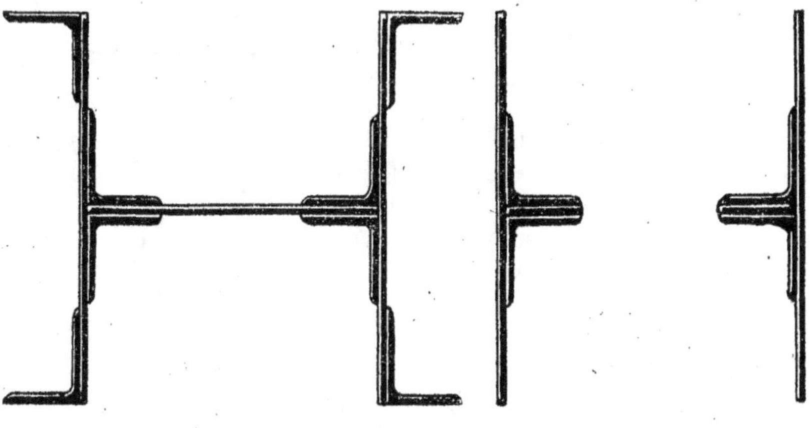

— fig 180 —   — fig 181 —

L'attache des treillis sur des membrures de cette forme est médiocre ; aussi cette section ne convient-elle que pour des poutres à hauteur variable, dans lesquelles le treillis est faiblement chargé.

Précautions a prendre lorsque les membrures sont comprimées

Lorsqu'une membrure comprimée a une grande longueur entre deux nœuds de treillis, il convient, d'une part, de renforcer la section pour augmenter sa résistance au voilement, et, d'autre part, d'ajouter à la membrure des renforts convenablement espacés pour empêcher le flambage des éléments de la section:

1° *Renforcement de la section.* — La section idéale pour une membrure comprimée serait celle dont le rayon de giration par rapport au centre de gravité serait le même dans toutes les directions. Seule la section circulaire pleine ou annulaire réalise cette condition. Mais cette forme de section conduit, pour les treillis, à des difficultés d'assemblage telles qu'on ne l'emploie jamais.

On adopte l'une des sections énumérées ci-dessus et on cherche à ce que le rayon de giration par rapport au plan principal et par rapport à un plan perpendiculaire passant par le centre de gravité n'aient pas des valeurs par trop différentes.

Si nous considérons la section en T, de beaucoup la plus employée pour les poutres d'importance moyenne, et que cette section comporte simplement une âme reliée par deux cornières à des semelles, on augmentera le rayon de giration dans le sens transversal en ajoutant des cornières sur le débord des semelles.

Pour augmenter le rayon de giration dans le plan de la poutre, au contraire, on ajoutera des cornières sur le bord de l'âme.

Mais, tandis que les cornières bordures des semelles pourront régner sans interruption d'un bout à l'autre de la poutre et être, par suite, comptées dans la section résistante, les cornières bordures d'âme sont forcément interrompues contre les barres de treillis et ne sont pas comptées dans la section résistante. Elles interviendront seulement dans le calcul du rayon de giration, pour déterminer le coefficient du flambage. On sait que le coefficient K est de la forme

$$K = 1 + A \left| \frac{l}{r} \right|^2,$$

— fig. 182 —

l désignant la longueur libre de la pièce comprimée, et r le rayon de giration minimum de la section. En pratique, pour une section composée, r est toujours pris par rapport au plan principal de la poutre ou à un plan perpendiculaire à ce plan principal.

La figure 182 représente une section en T comprimée, dans laquelle on a combiné les deux modes de renforcement.

On peut d'ailleurs ne mettre qu'une seule cornière bordure d'âme, quitte à augmenter son échantillon, s'il y a lieu;

2° *Addition de renforts aux membrures.* — Ces renforts ont pour but, comme pour les poutres à âmes pleine, de créer des points d'appui auxiliaires aux âmes et aux semelles, et d'améliorer leur résistance individuelle au voilement. Si on diminue l, la formule précédente montre que K diminue.

Ils sont surtout nécessaires si l'âme est haute et les semelles larges.

La figure 183 représente un renfort pour une section de membrure comprimée en T. Ce renfort est constitué par deux goussets, à raison d'un de chaque côté de l'âme, attachés sur l'âme et sur les semelles par des cornières avec interposition de fourrures.

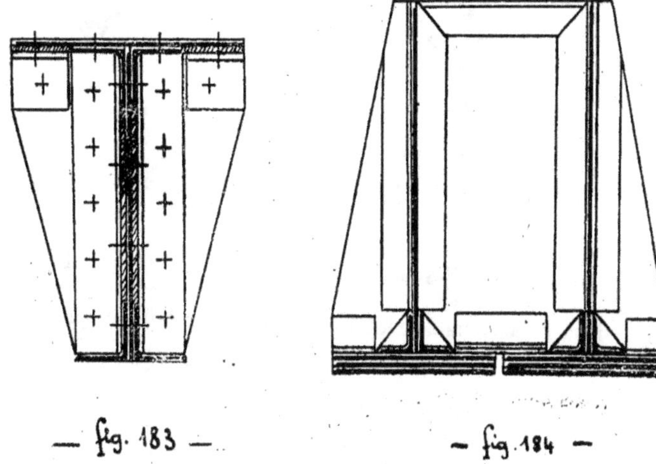

— fig. 183 —   — fig. 184 —

Pour les membrures à âme double, les renforts prennent souvent le nom de toiles ou diaphragmes. Ils consistent en une âme transversale attachée sur les âmes et les semelles des deux membrures simples (fig. 184), et deux goussets extérieurs analogues à ce qui a été vu pour la membrure simple en T. On remarquera toutefois ici que les goussets sont coupés dans les angles, de façon que les cornières d'attache se trouvent sur la partie libre des âmes et des semelles. On évite ainsi les fourrures.

Lorsque les membrures comportent des cornières bordures d'âmes, on rive souvent un treillis à plat sur ces cornières, ainsi qu'il a été vu précédemment pour les membrures à nervures verticales (fig. 158).

Pour les autres types de sections, les renforts sont constitués suivant les mêmes principes.

MEMBRURES TOUJOURS COMPRIMÉES

On a eu recours autrefois à des sections évidées spéciales aux membrures comprimées. Ces sections étaient cellulaires telles que celles représentées sur les figures 185, 186.

Ces sections sont d'exécution compliquée, se prêtent mal à l'assemblage des treillis, et la visite des vides intérieurs est impossible, à moins que ces vides n'aient des dimensions considérables, ce qui n'a lieu que pour des poutres très importantes.

On a renoncé complètement, à l'heure actuelle, à ces formes de section, d'autant plus que l'expérience a montré que les sections précédemment étu-

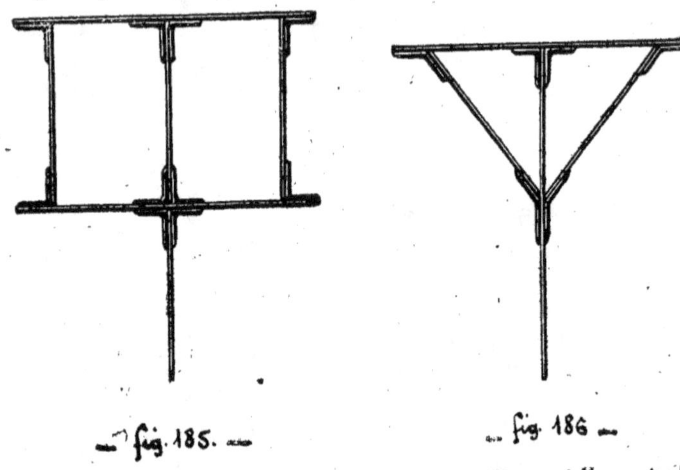

diées résistaient convenablement au flambage, à condition qu'elles soient convenablement armées suivant les règles que nous avons indiquées.

Choix de la forme de section des membrures. — Pour les poutres de faible portée et de moyenne portée, la forme en T semble la plus rationnelle, tant à cause de sa simplicité qu'à cause de la facilité de faire varier la section.

Si les efforts de la membrure sont à peu près constants, la section en croix est tout aussi logique.

Pour les poutres de portée moyenne très chargées et de grande portée, la section à deux âmes paraît être la meilleure, mais si la variation de l'effort est faible, on peut également prendre une section en double T à plat.

Il y a lieu, pour les membrures à âme double, de se préoccuper de solidariser les deux membrures simples d'une membrure tendue, afin d'assurer l'égale répartition des efforts. A cet effet, on aura recours aux procédés suivants dont certains ont été examinés à propos des membrures comprimées :

Addition de diaphragmes entre les nœuds de treillis;

Addition d'un treillis à plat sur les cornières bordures d'âme quand elles existent;

Addition de tôles communes rivées sur les semelles. On place souvent de pareilles tôles de liaison au droit des nœuds de treillis; on en placera également entre deux nœuds si ceux-ci sont très espacés.

La plupart du temps, on donne la même forme aux deux membrures d'une poutre. Ce n'est cependant pas nécessaire; toutefois, pour les poutres continues, pour lesquelles on a des efforts de tension et de compression dans les deux membrures, cette pratique est plus justifiée.

Dans les poutres d'une portée exceptionnelle, on est amené à grouper ensemble plusieurs sections simples, comme nous l'avons signalé pour la section en croix.

Construction des treillis

Les règles de construction des treillis sont imposées par:

L'exécution,

La résistance.

Conditions d'exécution. — a) Les sections choisies doivent être d'autant plus simples que les barres sont plus nombreuses ou que le degré de multiplicité du treillis est plus élevé;

b) Les formes des sections doivent rendre rimples, et faciles à exécuter, les assemblages avec les membrures et à la rencontre des barres entre elles.

Conditions de résistance. — a) Les sections des barres comprimées doivent donner toutes garanties contre le voilement sans exagérer le poids du métal;

b) La section de chaque barre doit pouvoir autant que possible être distribuée symétriquement par rapport au plan moyen de la poutre.

Lorsque cette condition n'est pas remplie, on dit qu'il y a excentricité des barres de treillis.

SECTIONS DES DIAGONALES

Sections en fers ronds et méplats. — Ces sections sont employées pour les diagonales articulées des poutres américaines. On ne peut pas, en effet, les river, l'épaisseur étant trop forte. Les dimensions maxima sont, pour les ronds, 50 m/m de diamètre, et pour les méplats, 50×90.

Sections en plats, symétriques ou dissymétriques. — Les barres constituées par des plats peuvent être placées symétriquement ou dissymétriquement par rapport au plan moyen de la poutre:

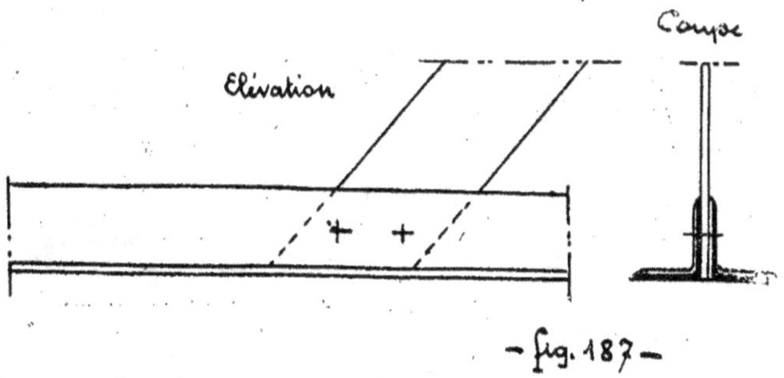

— fig. 187 —

1° Barres symétriques: les barres sont placées dans le plan de l'âme des membrures, ou, si ces membrures se composent par exemple de deux cornières non jointives, elles viennent s'assembler entre les deux cornières (fig. 187).

On fait varier la section soit en augmentant la largeur des plats, l'épaisseur restant obligatoirement celle de l'âme ou du vide entre les deux cornières, des membrures soit en mettant un nombre impair de plats superposés, trois par exemple, celui du milieu dans le plan de l'âme, et un de chaque côté. Ces plats sont rivés ensemble dans le sens de leur longueur (fig. 188) ;

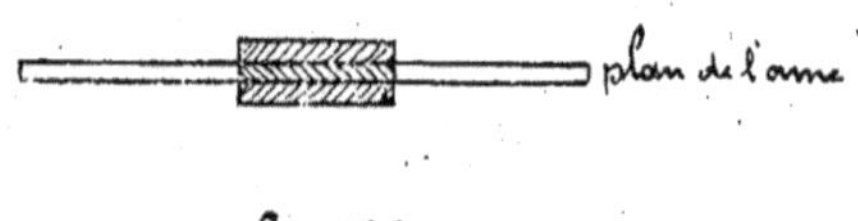

— fig. 188 —

2° Barres dissymétriques : cha-que barre est composée d'un seul plat et est placée alternativement d'un côté et de l'autre de l'âme des membrures.

On augmente ou on diminue la section en faisant varier les deux dimensions des plats.

Les sections en plats conviennent bien pour les barres toujours tendues. Toutefois, il ne faut pas prendre des plats trop minces, car la longueur exacte serait difficile à réaliser. Il est préférable de forcer l'épaisseur.

Par contre, les plats conviennent moins bien pour les barres comprimées. Si on les emploie, il faut réduire le plus possible la longueur libre. Pour cela, on peut prendre des barres moins couchées et augmenter le nombre des croisements de barres par élévation du degré de multiplicité du treillis. On assemble les plats entre eux à chaque croisement.

Actuellement, on n'emploie plus guère les plats que pour les poutres légères dont les membrures sont formées d'une ou de deux cornières.

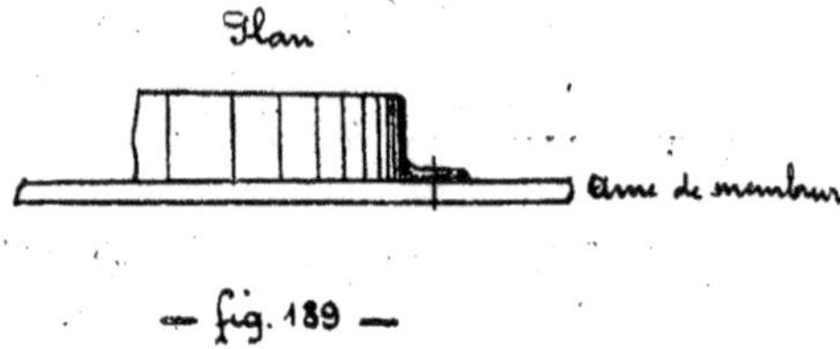

— fig. 189 —

Sections en cornières. — Il y a forcément excentricité des barres (fig. 189) ; on peut renforcer la section en rivant un plat sur une des ailes. Il vaut mieux le placer parallèlement à l'âme pour diminuer l'excentricité (fig. 190).

La cornière est meilleure que les plats, parce qu'elle a une rigidité plus grande.

Sections en T. — T laminés : les barres sont disposées de part et d'autre

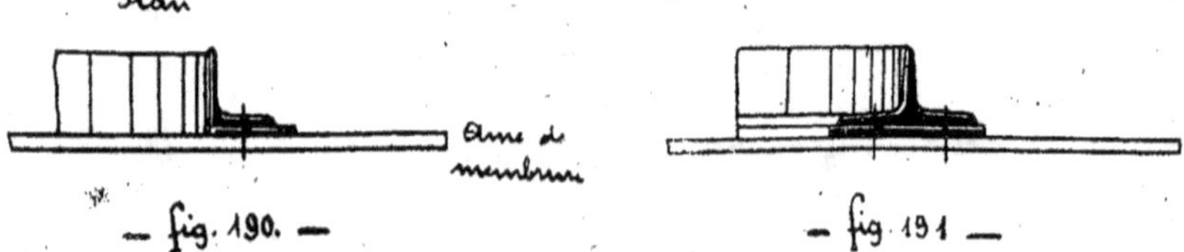

— fig. 190 —   — fig. 191 —

du plan moyen de la poutre et sont, par conséquent, excentrées. On peut renforcer la section en rivant un plat sur l'aile du T (fig. 191). Il faut naturellement choisir des T à ailes assez larges pour qu'on puisse y placer les rivets du diamètre voulu.

Quand les efforts sont trop grands, on remplace les T laminés par des T composés.

T composés : les sections en T composés peuvent être formées de deux cornières. Les barres sont alors dissymétriques (fig. 192) ou symétriques (fig. 193).

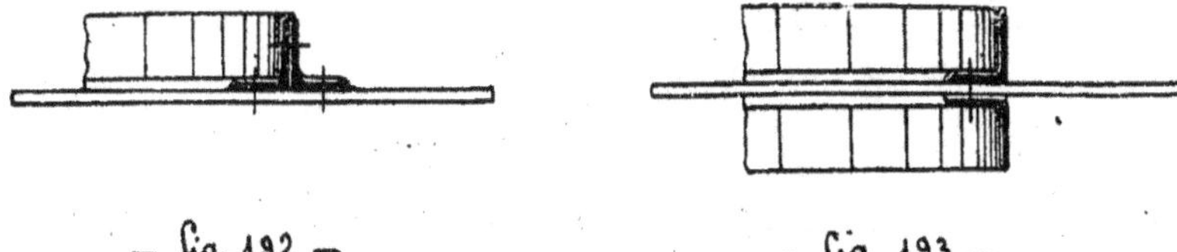

— fig. 192 —   — fig 193 —

On peut renforcer la section avec des semelles, débordantes ou non (fig. 194) et, enfin, avec une âme entre les deux cornières (fig. 195). On

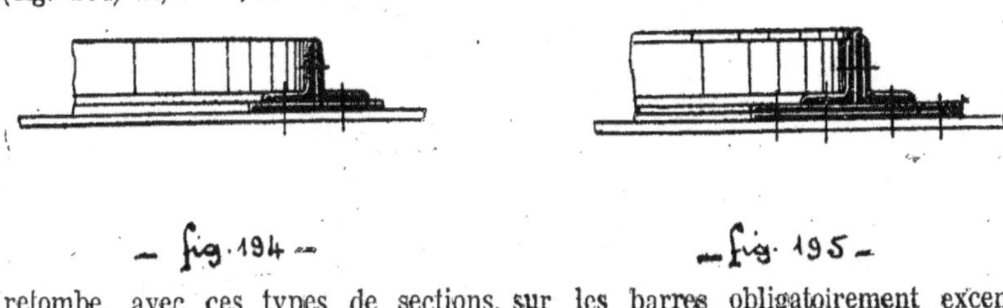

— fig. 194 —   — fig. 195 —

retombe, avec ces types de sections, sur les barres obligatoirement excentrées.

Section en U. — Les barres du treillis peuvent être constituées par des U laminés ou par des U composés d'une ou plusieurs âmes, avec cornières rivées sur leurs bords (fig. 196).

On peut renforcer les U laminés par un plat rivé sur l'âme (fig. 197).

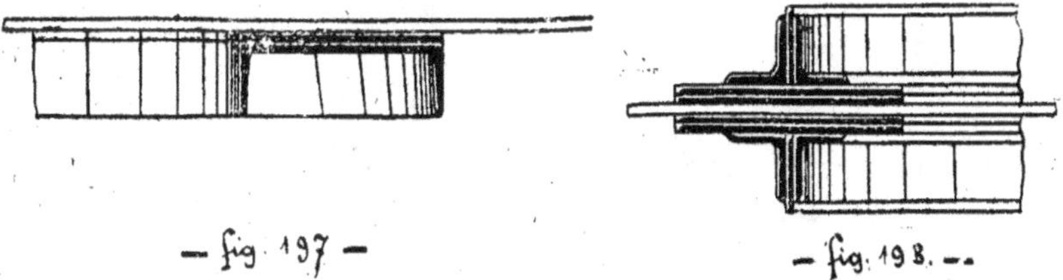

— fig. 196 —

La section en U, comme celle en T, donne des diagonales obligatoirement excentrées.

— fig. 197 —   — fig. 198. —

Section en croix. — Cette section s'obtient en doublant la section en T. On peut employer des T laminés ou assemblés, en cornières ou en plats et cornières (fig. 198).

Les barres sont toujours symétriques.

La section en croix demande beaucoup de métal même pour des poutres faiblement chargées. On peut conserver les avantages de cette section tout en réduisant sa surface en employant la section en demi-croix, avec deux cornières opposées par le talon (fig. 199). On réunit les deux cornières de place en place par des plats de liaison *a* et *b* alternés.

Sections en double T. — Cette section ne s'emploie que pour les membrures à âme double. Quand le treillis ne comporte que des barres de même

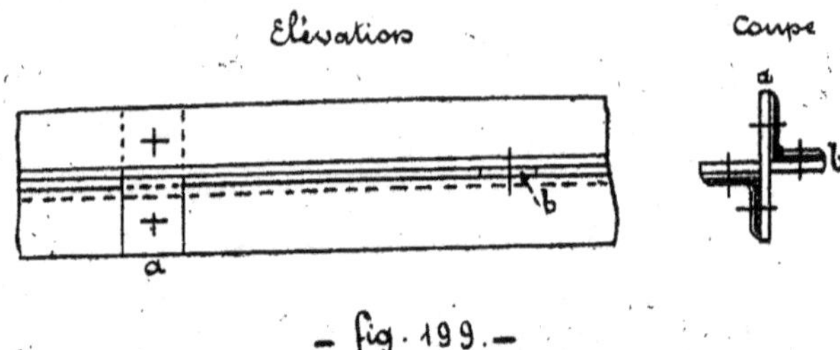

— fig. 199. —

sens, toutes les barres sont comprises entre les âmes et ont une section en double T. Leur dimension transversale est, par conséquent, fixée et égale au vide qui existe entre les deux âmes de la membrure. Quand le treillis comporte des diagonales en sens contraire, on a une série de barres à l'intérieur. La section de ces dernières a l'une des formes étudiées précédemment (fig. 200). Les barres extérieures sont en deux parties.

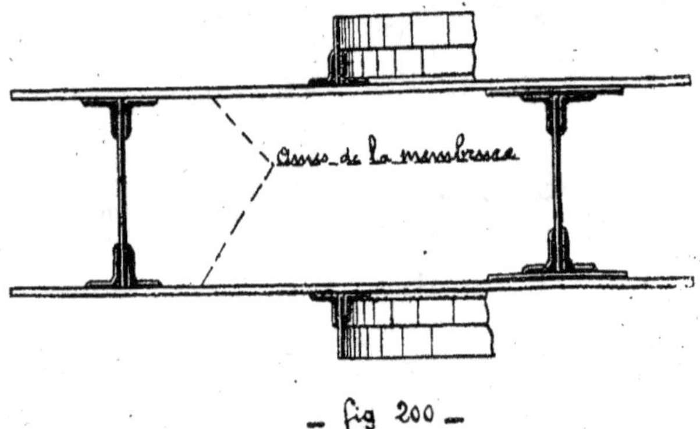

— fig 200 —

Les barres comprimées sont placées à l'intérieur, les barres tendues à l'extérieur, ces dernières pouvant être réunies soit par des plats transversaux, soit par des croisillons en plats.

On n'emploie jamais de doubles T laminés pour les barres de treillis, en raison de la difficulté, déjà signalée, de loger les rivets dans les ailes.

Sections tubulaires. — Pour les poutres à treillis de grande portée, les diagonales deviennent très longues. Leur poids propre est par conséquent important, et il importe, pour réduire la flexion due au poids des barres, d'employer des sections douées d'une grande rigidité.

Très souvent, on pourra se contenter de quatre cornières réunies entre elles par un treillis léger.

Si l'on a besoin d'une section plus forte, on jumelle deux sections en U ou double T composés, réunies également par un treillis sur deux faces (fig. 202). Les deux sections simples peuvent être elles-mêmes à treillis.

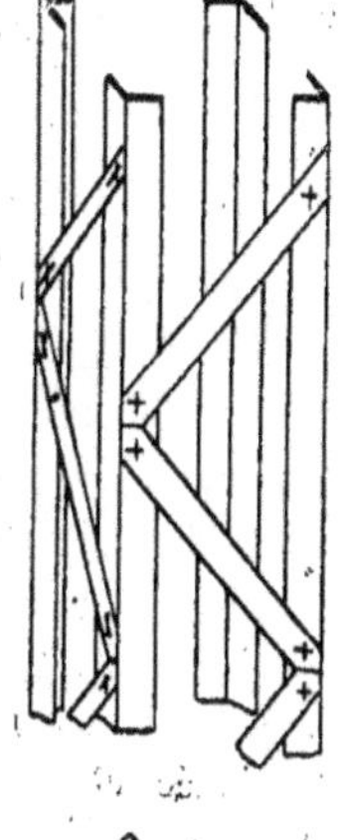

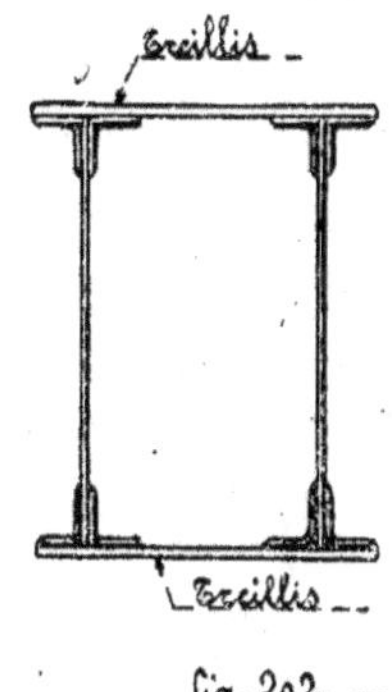

— fig. 201 —   — fig. 202. —

Choix des sections pour l'ensemble des diagonales. — Les diagonales des poutres anciennes étaient toutes en plats. Cette disposition obligeait à prendre un treillis à mailles serrées pour diminuer le voilement des barres comprimées. Encore, ce voilement s'est-il souvent produit.

Actuellement, on n'emploie les plats que pour les poutres de hauteur faible et peu chargées. En charpente, par exemple, on trouve beaucoup de poutres à treillis en plats.

Pour les poutres un peu plus importantes, on peut employer les cornières, qui sont plus rigides, mais ne permettent encore pas de résister à de grands efforts.

On fait également des poutres avec barres tendues en plats, et barres comprimées en fers profilés, généralement des T. Ces dispositions permettent un treillis moins serré.

Mais l'emploi de sections d'inégale importance présente un inconvénient, tout au moins pour les poutres de constructions en plein air : leur échauffement et, par suite, leur dilatation est inégale ; il peut en résulter des efforts secondaires qui entraînent le voilement des barres les plus minces.

Actuellement, on préfère employer uniquement des sections rigides et des mailles plus larges.

Sections des montants. — On prend toujours pour les montants des sections rigides, car, outre leur résistance aux charges, les montants jouent le même rôle que les renforts des poutres à âme pleine ; ils contribuent à donner de la raideur à l'ensemble de la poutre et à s'opposer à sa flexion transversale sous l'influence d'efforts secondaires qu'on ne peut déterminer : dilatation, désaxement des charges, etc...

La forme de la section des montants dépend aussi de celle des diagonales.

Pour des poutres de très faible importance et peu chargées, pour lesquelles les diagonales sont en plats, les montants pourront être également formés d'un simple plat.

Si la poutre est un peu plus importante, le montant sera constitué par un simple cornière ou un T laminé ou composé placé d'un côté.

En doublant ces sections, on a des montants symétriques à section en T, ou en croix.

On aura, par exemple, la section représentée figure 198, dans laquelle on pourra augmenter la largeur des plats entre les cornières, de façon que la largeur totale du montant, perpendiculairement au plan de la poutre, soit égale à la largeur des semelles des membrures.

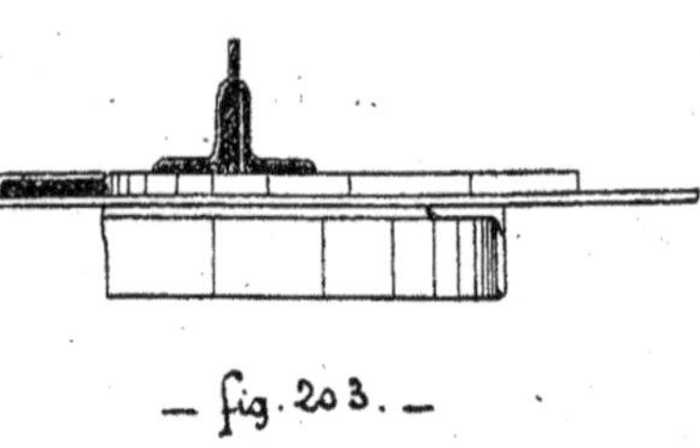

— fig. 203. —

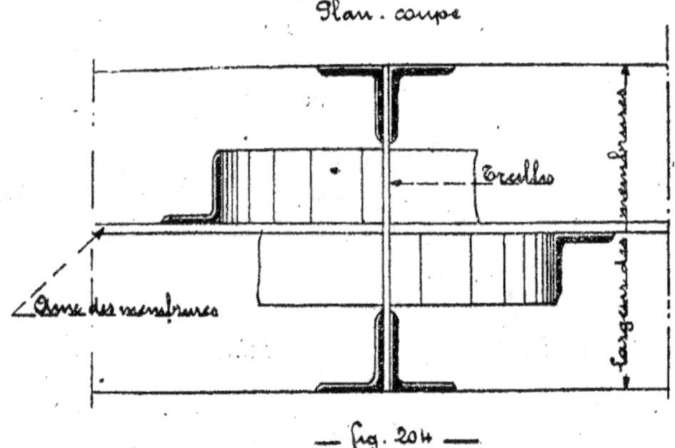

— fig. 204 —

Lorsqu'une poutre est à treillis multiple, avec une série de diagonales en plats et l'autre en profilés, les montants sont toujours dissymétriques et placés du côté des diagonales tendues (fig. 203).

Lorsque les deux séries de diagonales sont en profilés, on donne au montant une section en double T, avec âme en treillis, dans les vides desquels peuvent passer les diagonales (fig. 204, 205).

Quelquefois, l'âme est pleine ; on ménage alors des évidements pour le passage des diagonales (fig. 206). Dans ce cas, on ne compte

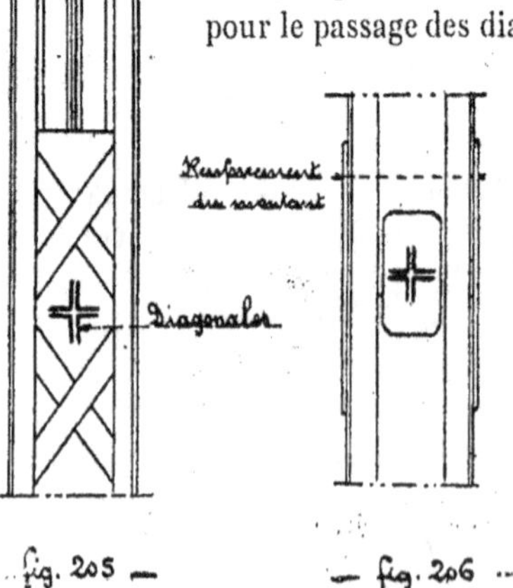

fig. 205 —

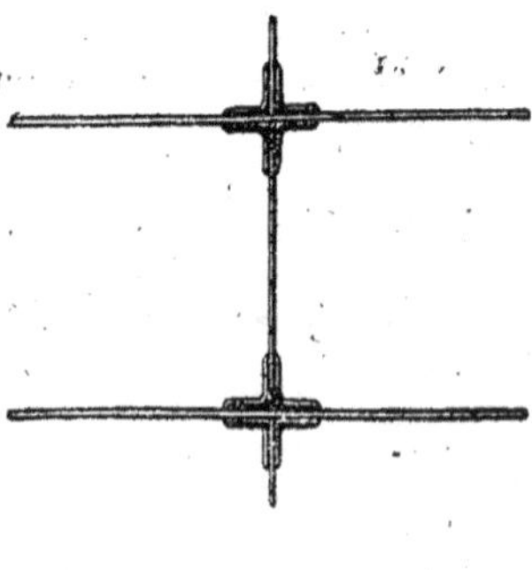

— fig. 206 —

— fig. 207 —

pas l'âme dans la section résistante du montant, à moins qu'au droit des évidements on ne renforce la section par des semelles supplémentaires (fig. 206).

Lorsque la membrure est à âme double, le montant est en double T, placé à l'intérieur. Il peut être complété extérieurement par des T (fig. 207).

RIVURE DES BARRES COMPOSÉES

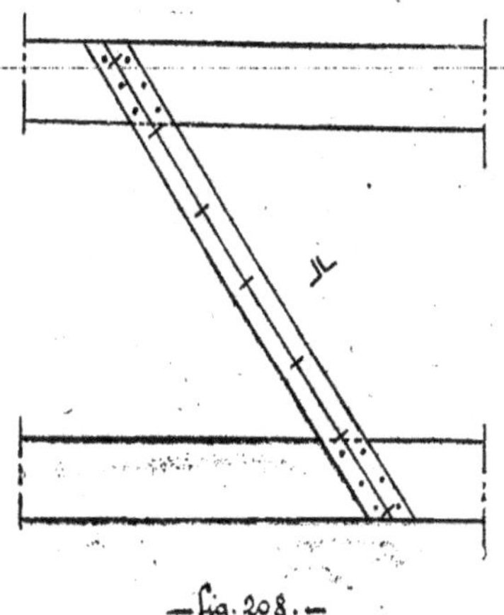

Considérons les deux membrures d'une poutre et une diagonale formée de deux éléments, par exemple, deux cornières jointives (fig. 208). Si la barre est bien assemblée sur les membrures. Il est théoriquement inutile de river ensemble les deux cornières. Pratiquement, on réunit néanmoins les éléments par des rivets; afin d'assurer l'égale répartition des efforts.

Si la barre est comprimée, cette rivure augmente la résistance au voilement.

On peut adopter des espacements égaux à 15 ou 20 fois le diamètre des rivets.

— fig. 208. —

RÉUNION DES DEUX PARTIES D'UNE BARRE SYMÉTRIQUE

Lorsqu'une barre est formée de deux éléments symétriquement placés de chaque côté de l'âme des membrures, il existe entre eux un vide de hauteur égale à l'épaisseur de ces âmes. On peut combler ce vide avec une fourrure continue régnant sur toute la longueur de la barre entre les membrures, ou réunir les deux éléments de distance en distance par des fourrures partielles qu'on assemble par deux ou quatre rivets (fig. 209).

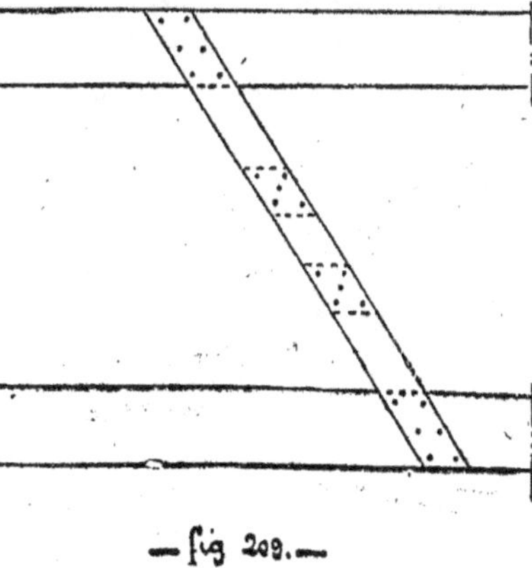

— fig 209. —

La première solution supprime complètement le vide dans lequel la réfection de la peinture est impossible; la deuxième est plus économique, parce qu'elle exige moins de métal.

Si la barre est comprimée et que les deux éléments soient réunis seulement par des fourrures partielles, il y a lieu de vérifier la résistance au flambage de la barre considérée dans son ensemble, et de vérifier ensuite la résistance au flambage de chaque élément, entre deux fourrures de liaison successives.

ATTACHES DES BARRES DE TREILLIS SUR LES MEMBRURES

Les règles de construction sont les suivantes :

1° En projection sur le plan moyen de la poutre, les lignes moyennes des barres du treillis doivent se rencontrer sur la ligne moyenne de la membrure.

Lorsque cette règle n'est pas observée, il y a excentricité de l'attache ;

2° L'assemblage doit affaiblir le moins possible les barres de treillis et les membrures.

On réalise cette condition en évitant d'accumuler les rivets dans une même section transversale, soit des barres, soit des membrures ;

3° Les rivets d'attache d'une barre doivent, autant que possible, être distribués symétriquement par rapport à la ligne moyenne de cette barre.

ATTACHES DES DIAGONALES

Attache directe. — 1° Membrure formée de deux cornières non jointives avec ou sans semelles, diagonales en plats.

Les deux barres qui s'attachent au nœud de treillis peuvent avoir des points d'attache différents (fig. 210). Cette disposition a l'inconvénient de donner une attache fortement excentrée.

On peut supprimer l'excentricité de l'attache des deux diagonales avec le même rivet (fig. 211). Il y a excentricité des barres, mais elle est faible.

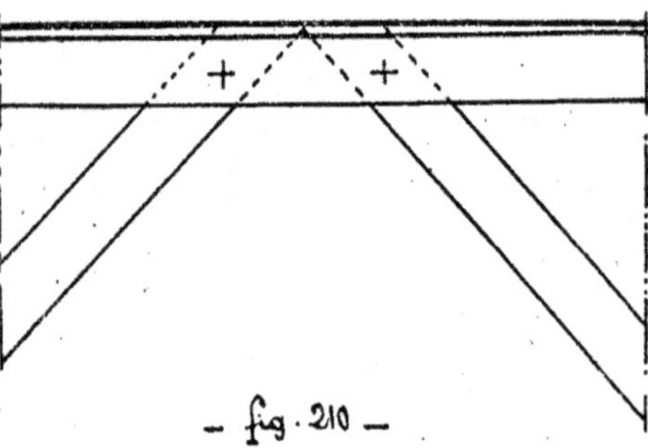

— fig. 210 —

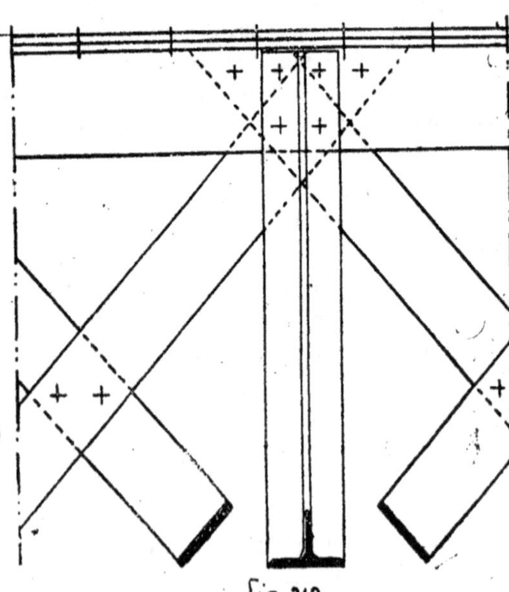

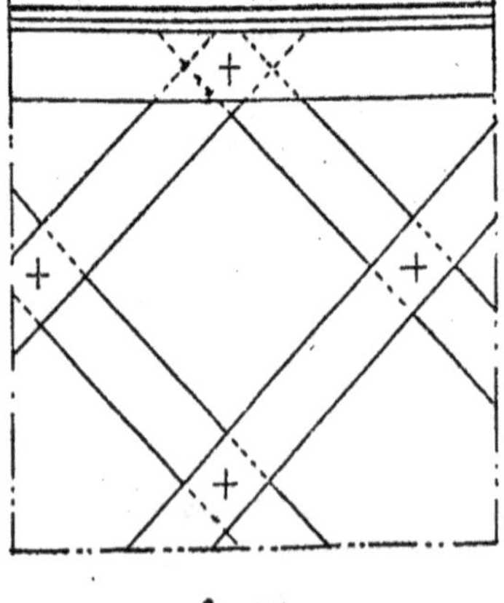

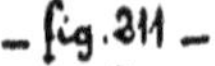
— fig. 211 —

— fig. 212 —

La figure 212 représente une attache de diagonales plus larges au droit d'un montant en T. La membrure est en cornières inégales avec une semelle. Il y a encore excentricité de l'attache, assez faible.

Si le montant est un plat, on fait trois attaches différentes (fig. 213).

Ces modes d'attache ne s'emploient que pour des poutres légères faiblement chargées ou pour des pièces d'entre-toisement ;

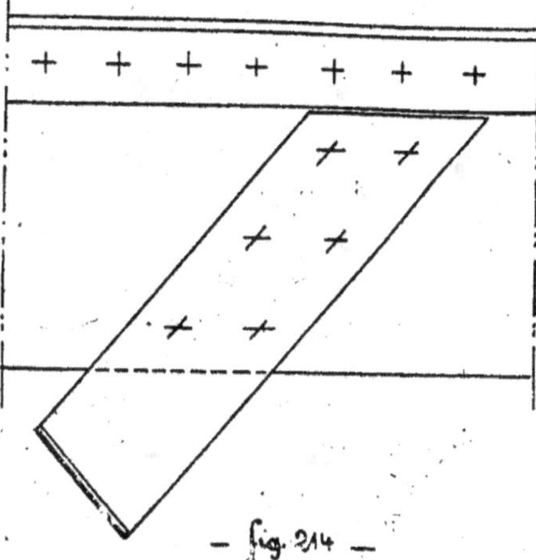

— fig. 213 —

— fig. 214 —

2° Membrure avec âme, diagonales en plats.

Les barres peuvent s'attacher directement sur l'âme (fig. 214). Elles sont

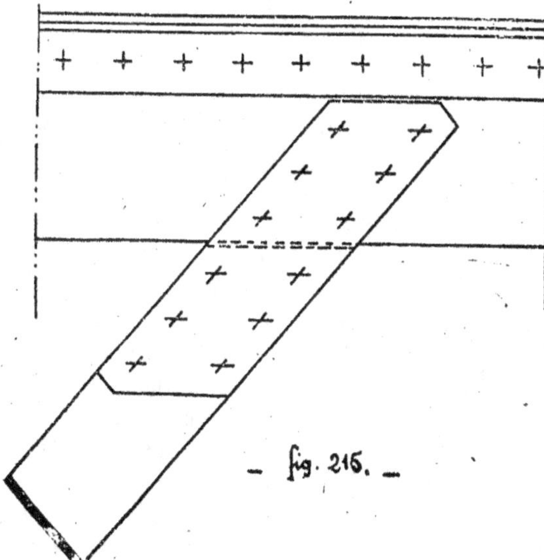

— fig. 215. —

alors dissymétriques. On peut réaliser des barres symétriques en les butant contre l'âme et en faisant un assemblage à couvre-joints (fig. 215). Dans cette disposition, on a en outre l'avantage de faire travailler les rivets d'attache à double section. Par contre, l'attache est plus lourde ;

3° Membrure formée de deux cornières non jointives avec ou sans semelles, diagonales en cornières.

On trouve quelques exemples d'attache réalisés en coupant une aile de la cornière, et en attachant l'autre aile (fig. 216). Cette disposition revient à attacher un plat.

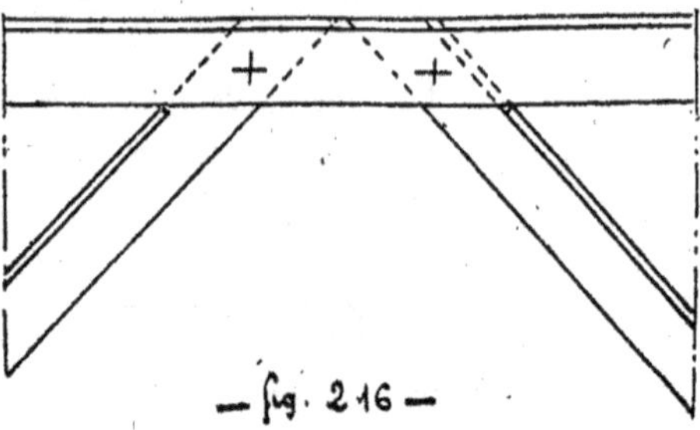

Fig. 216

Il ne faut compter que sur la résistance de l'aile attachée. Les barres sont plus rigides que de simples plats ;

4° Membrure avec une âme :

a) Diagonales en cornières. Les cornières s'attachent sur les faces de l'âme de la membrure (fig. 217).

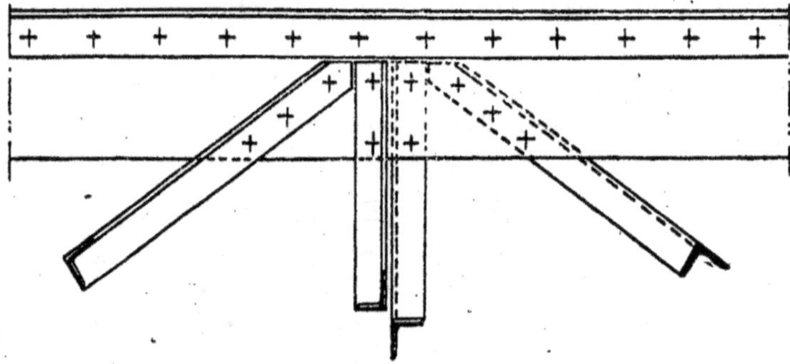

Fig. 217

La troisième règle de construction n'est pas observée.

On améliore l'attache en ajoutant une cornière d'attache au dos de la dia-

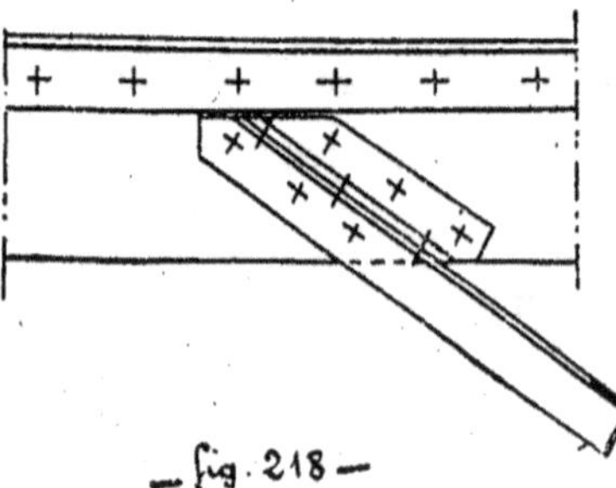

Fig. 218

gonale (fig. 218). On peut le faire simplement pour les barres les plus chargées ;

b) Diagonales en T (fig. 219, 220, 221). La troisième règle de construction n'est encore pas observée ;

c) Diagonale en U (fig. 222, 223). Même observation que ci-dessus, mais on peut encore améliorer l'attache à l'aide de cornières latérales rivées sur les côtés des barres (fig. 224). Mais s'il y a un montant au nœud, ce procédé de renforcement de l'attache n'est plus applicable ;

5° Membrure à âme double, diagonales en double T.

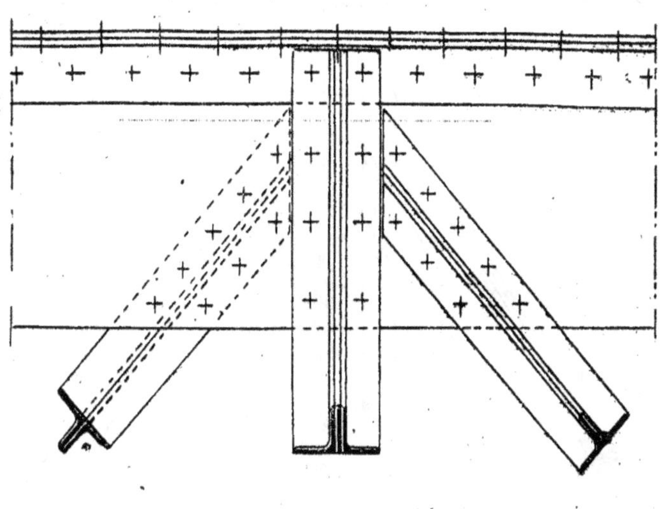

— fig. 219 —

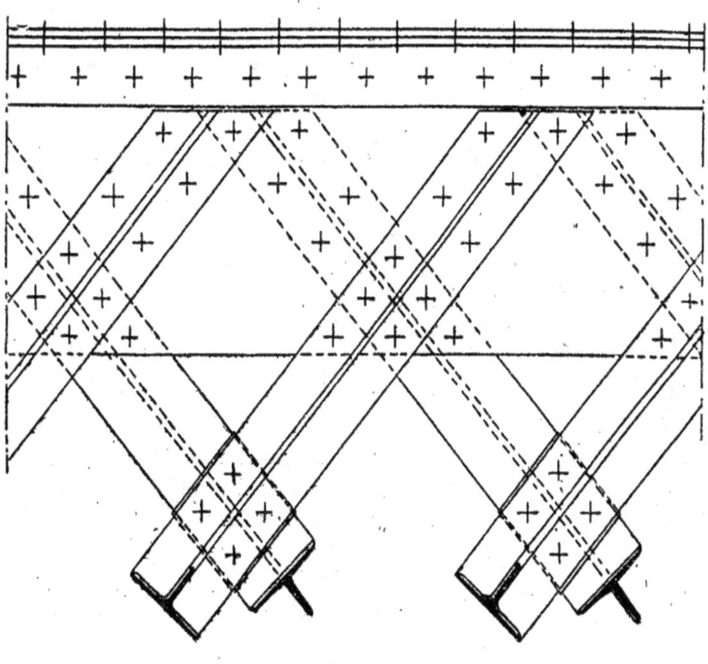

— fig. 320. —

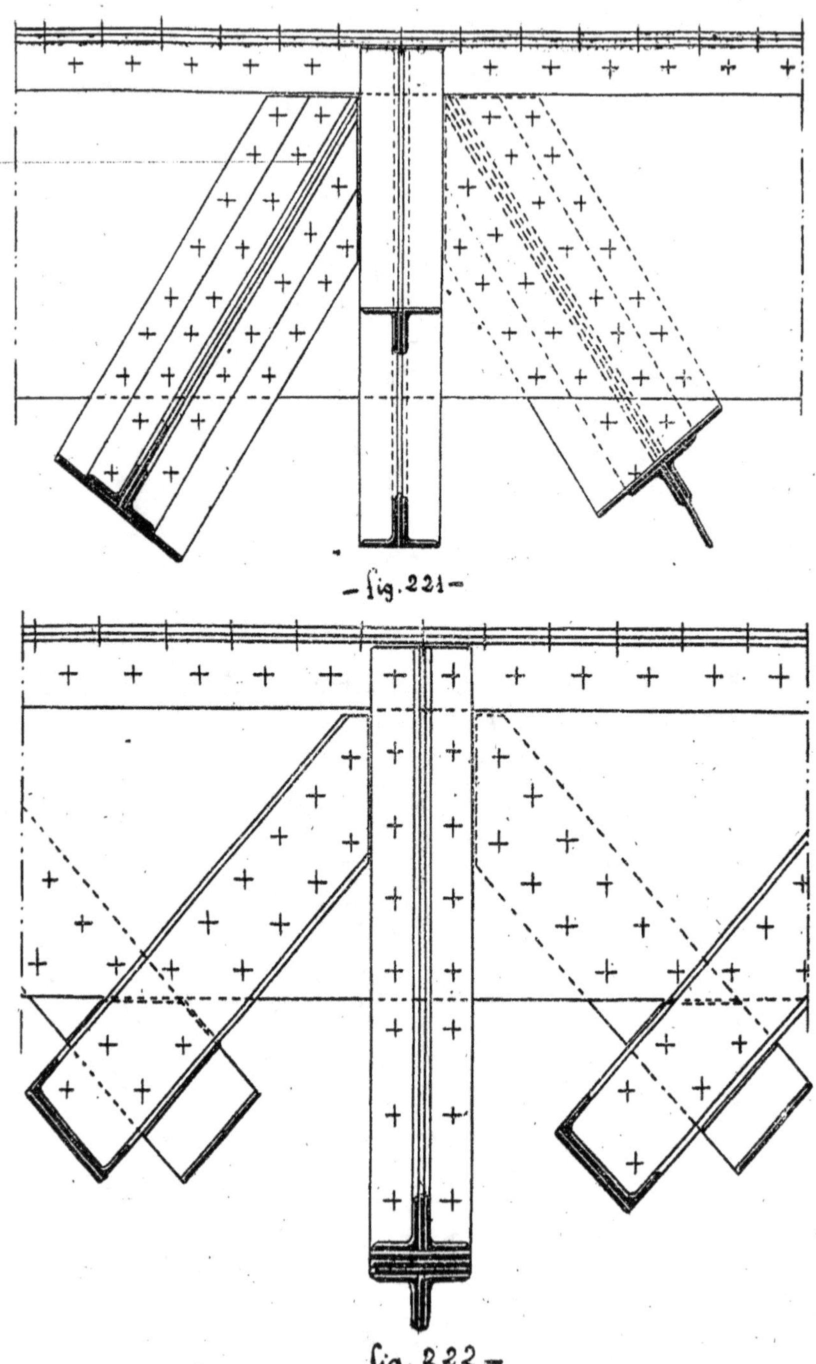

— fig. 221 —

— fig. 222 —

La figure 225 représente l'attache d'un nœud de treillis en croix de Saint-André sur une membrure à âme double.

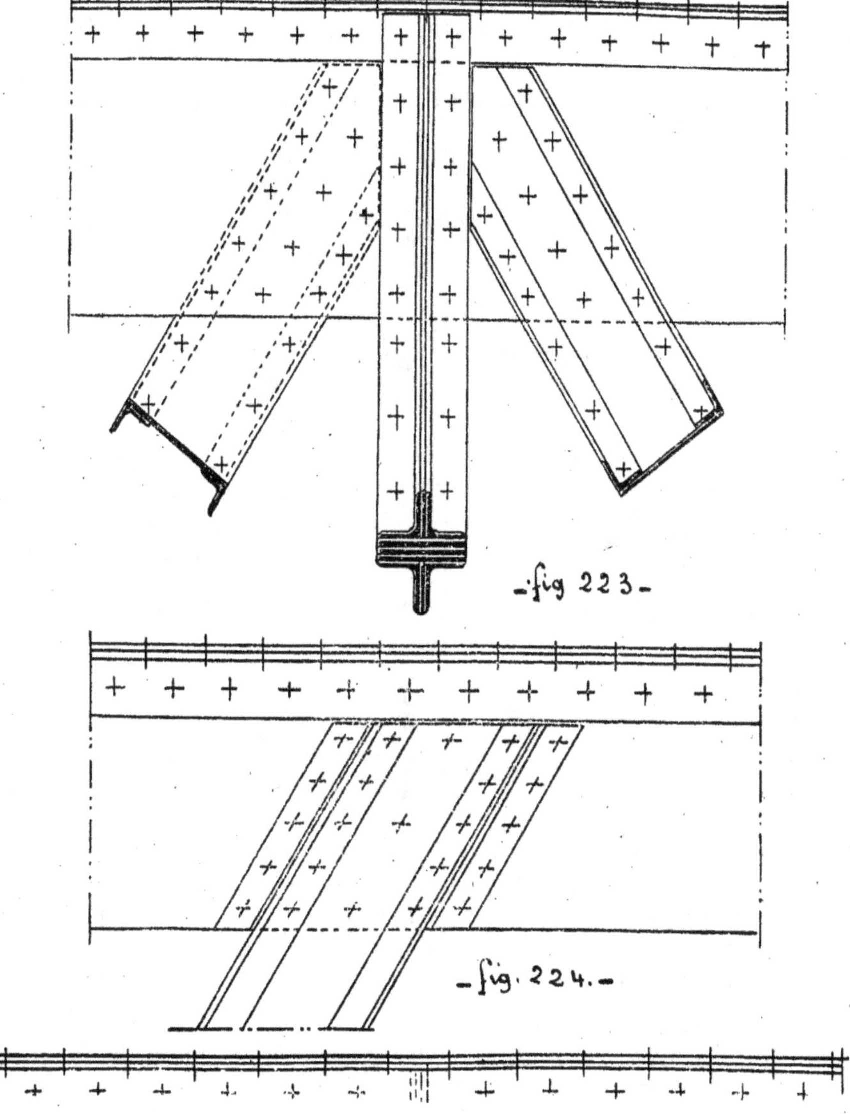

La troisième règle de construction n'est toujours pas observée. Le renforcement par cornières latérales n'est plus applicable.

On voit, par les exemples qui précèdent, que si l'âme de la membrure est de hauteur constante sur toute la longueur de la poutre et que la forme de la section des diagonales ou leur disposition par rapport aux montants ne se prête pas au renforcement des attaches par des cornières latérales, il faudrait soit choisir une hauteur d'âme assez grande pour qu'on puisse attacher directement les diagonales les plus chargées, soit faire varier cette hauteur d'après la grandeur des efforts qui s'exercent dans les barres.

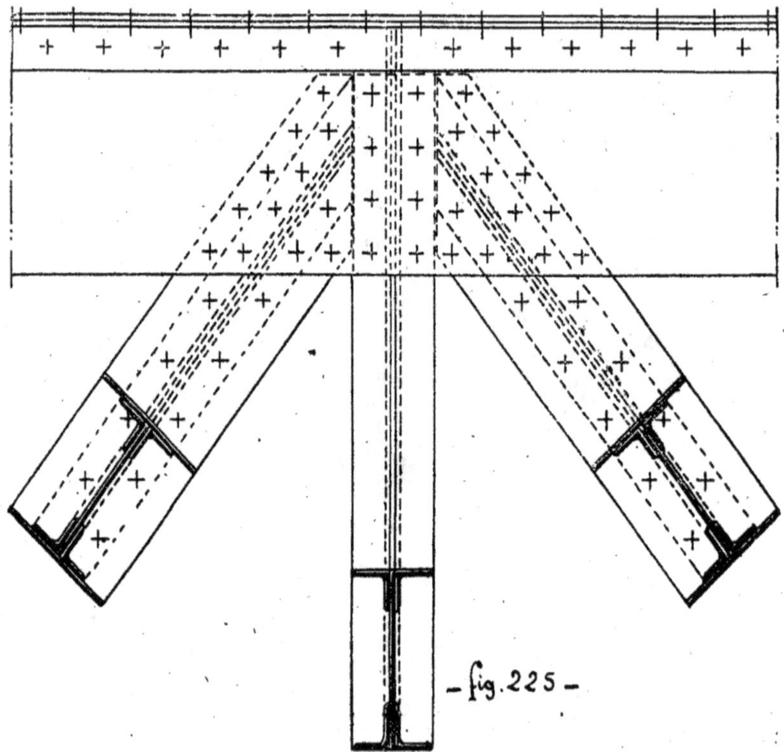

— fig. 225 —

Le second procédé est plus logique que le premier au point de vue de l'utilisation du métal, mais il complique l'exécution; par contre, lorsque la hauteur de l'âme est constante, on est conduit à placer, dans les barres les moins chargées, plus de rivets qu'il n'est nécessaire.

On est amené à rechercher d'autres moyens de renforcer les attaches.

Renforcement des attaches à l'aide de fourchettes. — Ce mode de renforcement n'est applicable qu'aux barres dissymétriques pour les membrures à une seule âme. Il consiste à compléter l'attache par un plat rivé à la fois au dos de la barre avec interposition d'une fourrure, et sur l'âme de la membrure. Ce plat attache se nomme fourchette.

Le nombre des rivets d'attache de la fourchette doit être le même sur la barre et sur l'âme. Si on désigne par m le nombre des rivets attachant la barre directement sur l'âme, et p le nombre des rivets communs à la barre, à l'âme de la membrure et à la fourchette, celle-ci fait travailler ces *p* rivets à double section, et le nombre des sections d'attache est (m + *p*) (fig. 226).

La section de la fourchette se calcule d'après le nombre des rivets.

Si *s* est la section d'un rivet, *r* la limite du travail des rivets au cisaillement, R la limite du travail du métal de la fourchette, S la section nette de celle-ci, on doit avoir

$$S \geqq p \frac{r}{R} \omega.$$

Si l'on trouve pour S une valeur trop forte, on constitue la fourchette par plusieurs plats superposés.

La fig. 227 représente l'attache de diagonales en U laminés à l'aide de fourchettes.

Ce mode d'attache laisse encore subsister une certaine dissymétrie dans la répartition des efforts.

Renforcement des attaches à l'aide de goussets. — L'attache par goussets est employée dans deux cas :

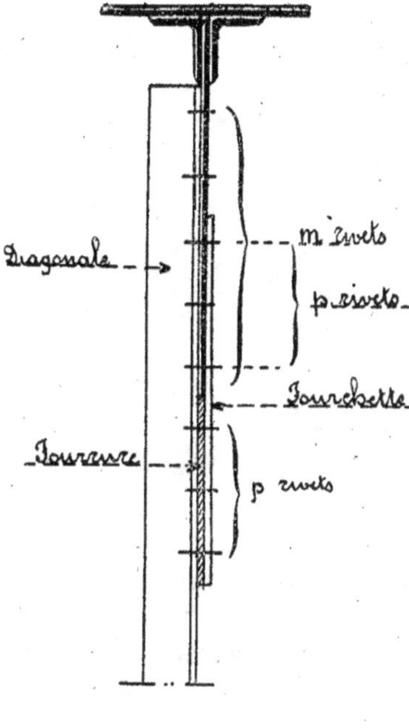

— fig. 226 —

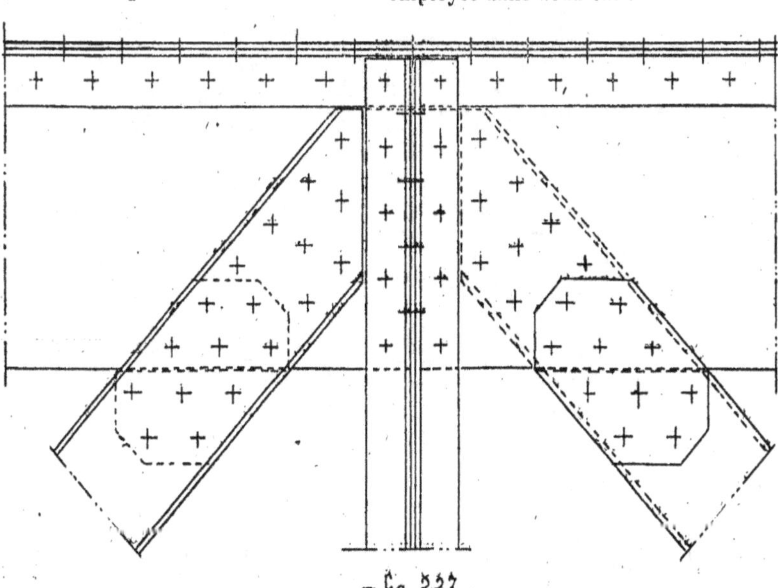

— fig. 227 —

1º Lorsque la membrure ne comporte pas d'âme et qu'on ne peut attacher la barre entre les cornières membrures par un nombre assez grand de rivets.

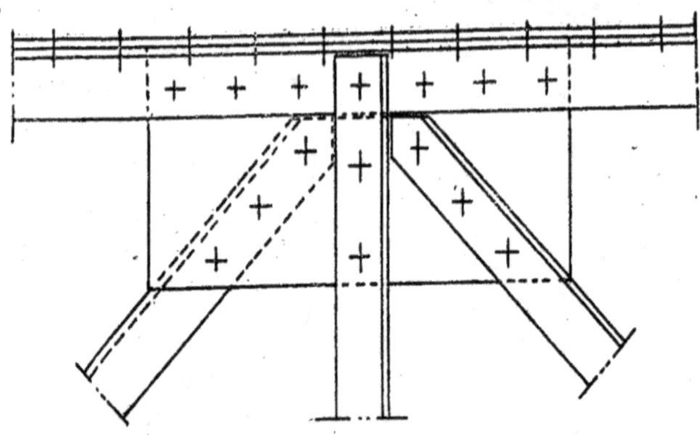

On intercale alors entre les deux cornières un gousset qui est en réalité une âme partielle et dont la hauteur permet de réaliser l'attache (fig. 228) ;

2º Lorsque la hauteur à donner à l'âme des membrures pour attacher directement les barres les plus chargées est exagérée, on remplace l'âme sur une

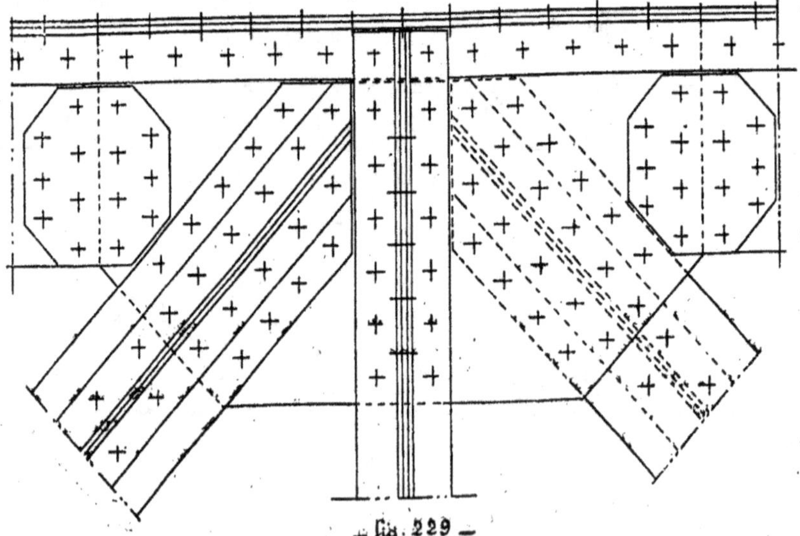

partie de sa longueur par une âme plus haute qui permet de réaliser l'attache. Ces âmes partielles ou goussets s'assemblent avec l'âme des membrures par des couvre-joints (fig. 229).

Lorsque la membrure est à âme double, on peut aussi employer cette disposition, mais on préfère fréquemment rapporter des goussets sur les âmes des membrures, ces âmes n'étant pas interrompues (fig. 230).

La hauteur des goussets est déterminée par l'importance des attaches, elle peut être variable à chaque attache.

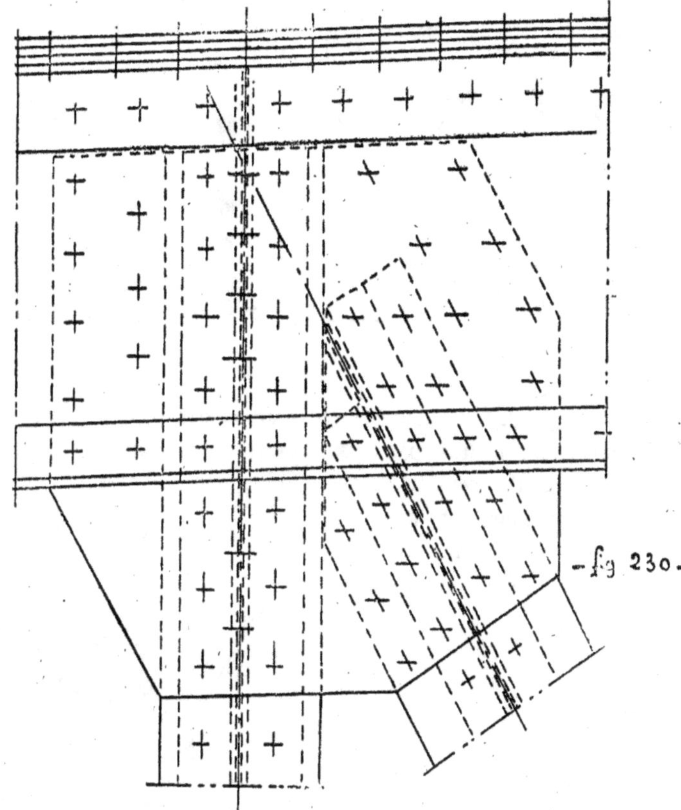

Dans certains cas, pour réduire la hauteur des goussets, on est amené à renforcer l'attache sur goussets par une fourchette.

Si la membrure est à une seule âme, il faut pour cela que les barres soient dissymétriques; si la membrure est double, l'emploi de la fourchette reste évidemment possible pour des barres symétriques placées soit à l'intérieur, soit à l'extérieur.

Attache des montants. — L'assemblage des montants sur les membrures s'effectue comme celui des renforts des poutres.

Lorsque les montants sont constitués par une simple cornière et que les membrures ont une âme, on assemble le montant non seulement sur l'âme, mais aussi sur les cornières, à la différence de ce qui a été dit pour les diagonales (fig. 231). On augmente ainsi la rigidité transversale.

ASSEMBLAGE MUTUEL DES BARRES DE TREILLIS

1º *Croisement des diagonales*. — Les diagonales peuvent se toucher par leur face ou être séparées l'une de l'autre. Le premier cas correspond aux diagonales en plats de poutres légères. Les plats sont infléchis et rivés à leur

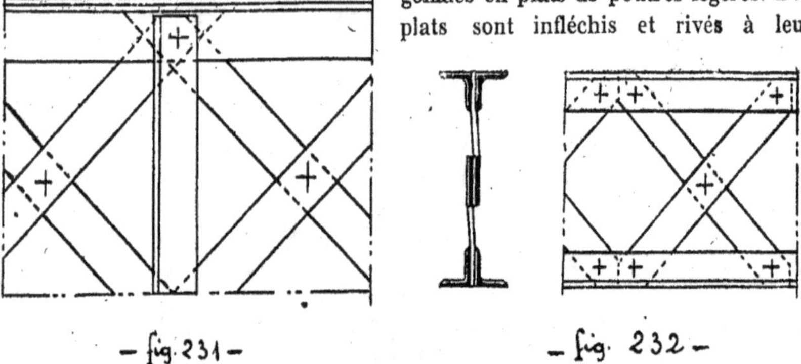

— fig. 231 —   — fig. 232 —

croisement (fig. 232). L'épaisseur des plats ne doit pas être excessive, de façon que la déformation n'altère pas outre mesure la résistance du métal.

Si les diagonales sont en cornières, elles sont séparées par un vide. On interpose au croisement une simple rondelle (fig. 233). Ces rondelles sont obtenues au moyen d'un seul poinçon.

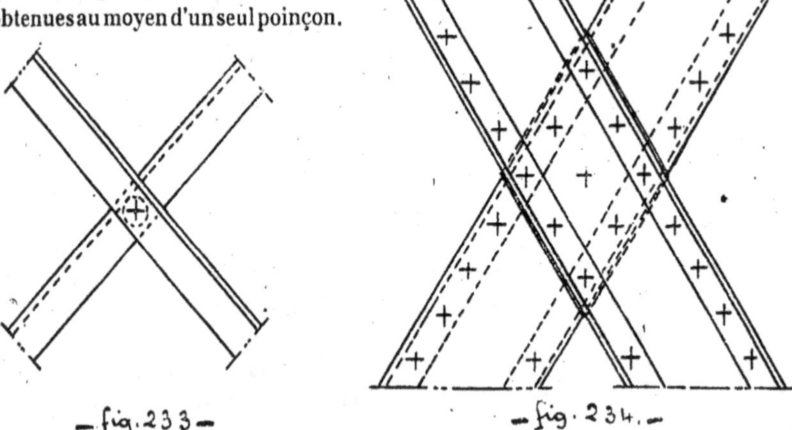

— fig. 233 —   — fig. 234 —

Si les diagonales sont plus larges (section en T ou en U), on interpose une fourrure et on les réunit par le nombre de rivets nécessaire pour garnir convenablement leur surface commune (fig. 234).

Les diagonales peuvent se couper. C'est le cas pour les treillis multiples dont les barres sont symétriques.

On interrompt l'une des deux barres à sa rencontre avec l'autre et on rétablit sa continuité par un gousset de chaque côté (fig. 235). On coupe de préférence la barre tendue.

Les dimensions du gousset et son attache sont faciles à déterminer.

Si F est l'effort qui s'exerce dans la diagonale interrompue, la section totale S des deux goussets suivant ab devra satisfaire à la condition

$$S \geq \frac{F}{R}.$$

Le nombre m des rivets assemblant chaque tronçon de diagonale sur les goussets sera déterminé par l'inégalité suivante :

$$m \geq \frac{F}{\omega r}.$$

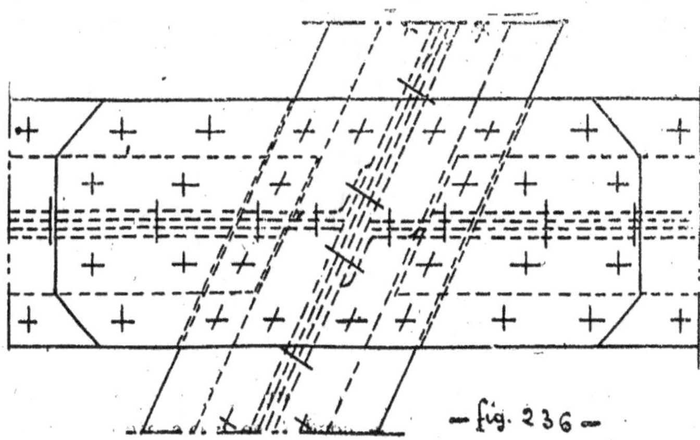

— fig. 235. —

Dans l'assemblage représenté sur la figure 235, la diagonale coupée est arrêtée contre l'autre. Souvent, on assemble directement entre elles les deux

— fig. 236 —

diagonales. En outre, pour ne pas changer l'aspect des croisements de barres, on remplace les goussets élargis par des plats ayant exactement la largeur des diagonales. On emploie au besoin plusieurs plats superposés (fig. 236).

2° *Croisement des diagonales et des montants.* — Le mode d'assemblage dépend de la section des barres.

Lorsque les diagonales sont en plats, elles sont rivées directement sur le montant à leur croisement avec celui-ci, avec interposition des fourrures nécessaires (fig. 237).

Si le montant a une section en double T, on ménage un évidement dans le montant, si celui-ci est à âme pleine. S'il est à treillis, on intercale, dans le treillis du montant, une âme partielle avec une fenêtre pour laisser passer les diagonales de la poutre. Celles-ci sont assemblées sur le montant par un gousset, ou par des cornières, ou par U laminés (fig. 238, 239, 240).

EFFORTS SECONDAIRES DUS A L'EXCENTRICITÉ DES BARRES DE TREILLIS

La dissymétrie des barres de treillis détermine, dans ces barres elles-mêmes et dans les membrures, des efforts d'ordre secondaire.

Ces efforts ne peuvent être calculés rigoureuse-

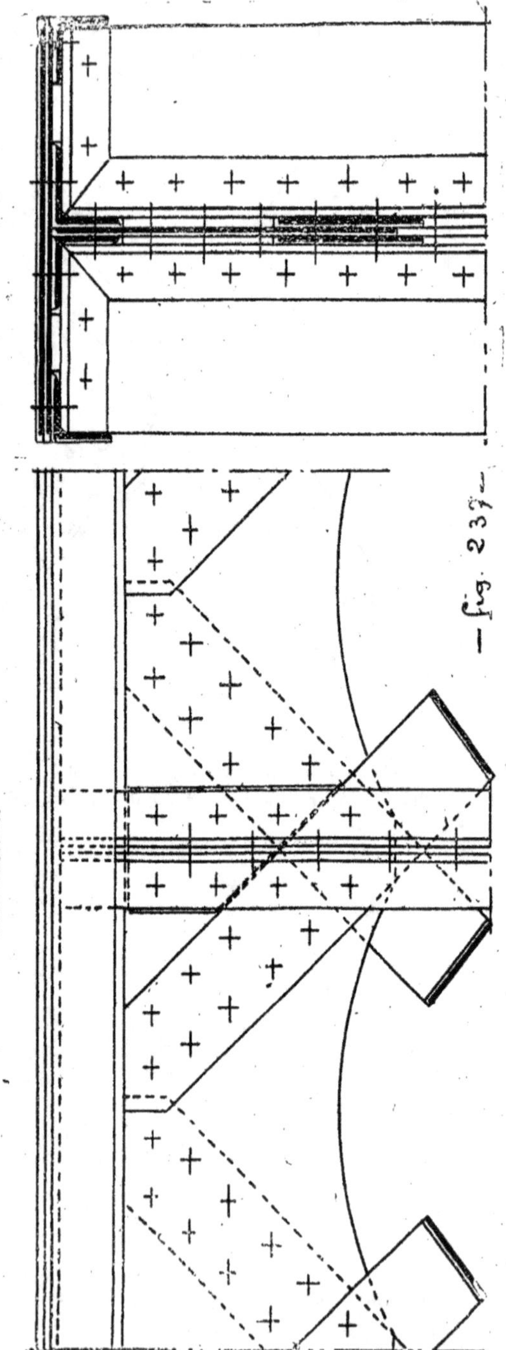

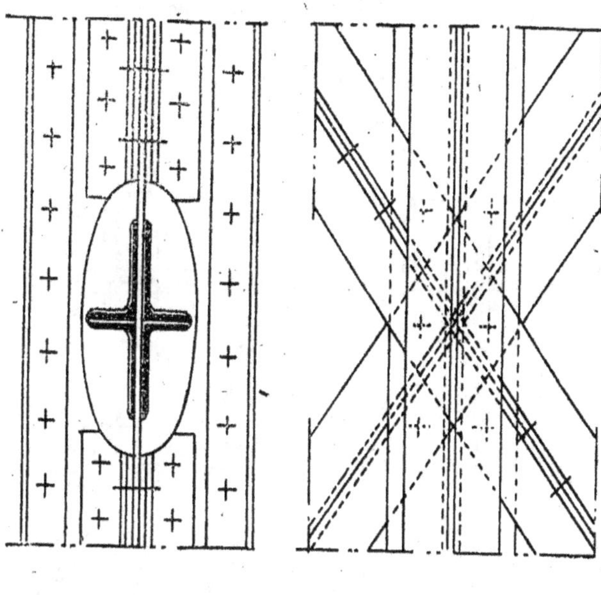

— fig. 238 —

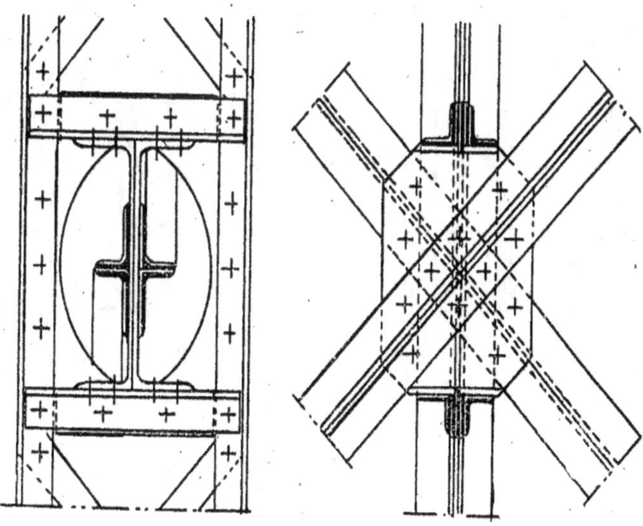

— fig. 239 —

ment, parce qu'on ne sait pas comment ils se répartissent entre les membrures et le treillis.

On peut toutefois obtenir des limites supérieures de ces efforts.

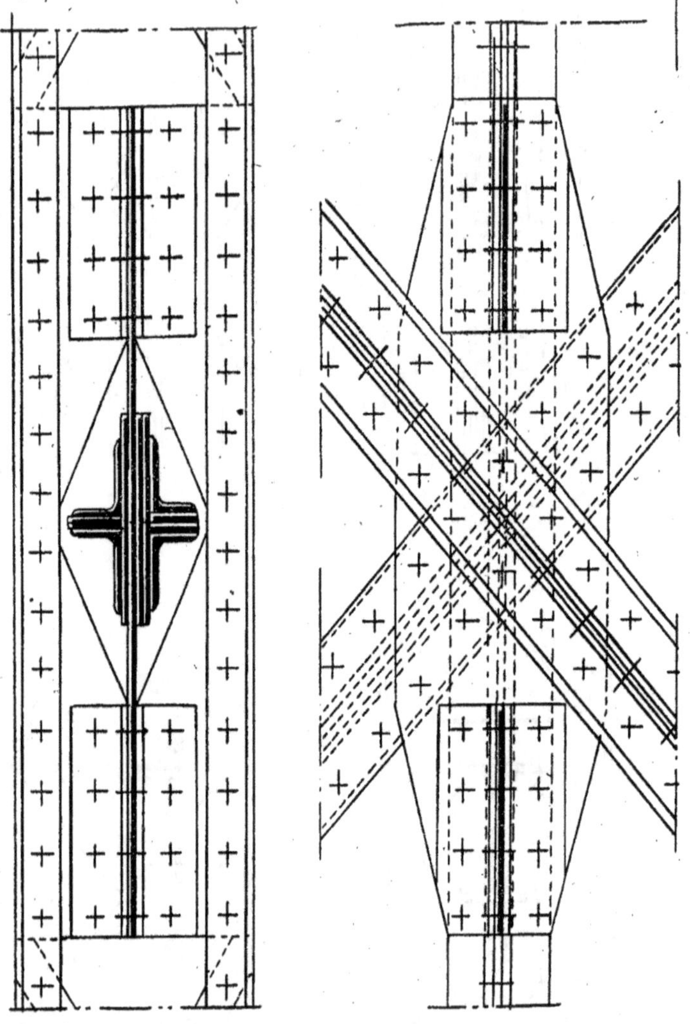

— Fig. 240 —

1° Pour les treillis, en supposant que les efforts secondaires sont nuls dans les membrures ;

2° Pour les membrures, en supposant que les efforts secondaires sont nuls pour les treillis.

1re hypothèse. — Les barres de treillis supportent tout l'effort de l'excentricité.

Soit XX la trace du plan moyen de la poutre et AB la ligne moyenne d'une barre (fig. 241).

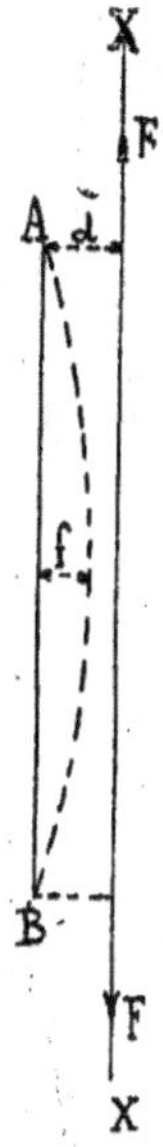

La distance d mesure l'excentricité de la barre.

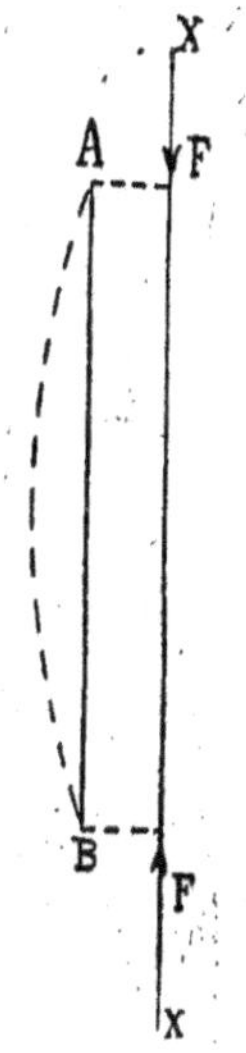

Soit F l'effort transmis à la barre, par exemple une tension. Par hypothèse, cet effort est appliqué dans le plan moyen de la poutre.

Il y aura inflexion de la barre suivant la courbe en pointillé. Si l'effort F est une compression, l'inflexion se produit en sens inverse (fig. 242).

Soit f la flèche.

L'effort F transmis à la barre donnera lieu à un moment de flexion secondaire m :

$$m = F(d - f) \quad \text{barre tendue;}$$
$$m = F(d + f) \quad \text{barre comprimée.}$$

L'effort élastique dans la barre est donc égal à

$$\frac{F}{\Omega} + \frac{m}{\dfrac{I}{v}}.$$

Le maximum de m est aux points d'attache pour les barres tendues et au milieu pour les barres comprimées.

Ce maximum a pour valeur Fd pour les barres tendues. Pour les barres comprimées, on trouve, pour expression du maximum :

$$\frac{Fd}{\cos\left|\sqrt{\dfrac{F}{EI}\dfrac{l}{2}}\right|},$$

l étant la longueur de la barre.

Donc, l'excentricité est plus nuisible aux barres comprimées qu'aux barres tendues.

2e hypothèse. — Les membrures supportent tout l'effet de l'excentricité.

Considérons deux barres aboutissant à un même nœud (fig. 243), et que nous supposons coupées en leur appliquant la résultante des forces intérieures F'F''.

Soient $d'd''$ l'excentricité de ces deux barres.

Les projections horizontales de F'F'' sont :

$$F'\sin\alpha' \quad \text{et} \quad F''\sin\alpha''.$$

Les projections verticales de F'F" sont:

$$F' \cos \alpha' \quad \text{et} \quad F'' \cos \alpha''.$$

Si on transporte F'F" au nœud A, on obtient une résultante de translation qui donne les efforts habituels du calcul. Il faut, en outre, ajouter les couples suivants:

Un couple à **axe horizontal**:

$$m_h = F'' d'' \sin \alpha'' - F' d' \sin \alpha';$$

Un couple à **axe vertical**:

$$m_v = F'' d'' \cos \alpha'' + F' d' \cos \alpha'.$$

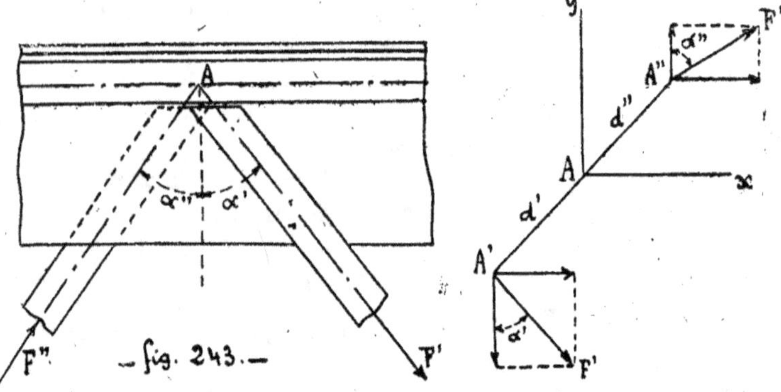

Le couple horizontal produit une ondulation horizontale de la membrure ; le couple vertical, une torsion de la membrure. Ce dernier effet est de beaucoup le plus nuisible.

L'addition de montants permet d'y résister.

COMPARAISON DES DIFFÉRENTS SYSTÈMES DE TREILLIS AU POINT DE VUE DE L'EXCENTRICITÉ DES BARRES

1° *Treillis simple*. — Le treillis simple permet de disposer les barres symétriquement et, par conséquent, de supprimer l'excentricité et les efforts qui en découlent ;

2° *Treillis multiple*. — a) Treillis en N. Il est possible de supprimer l'excentricité des barres, à condition de donner aux montants une largeur suffisante pour qu'on puisse y ménager un évidement permettant de laisser passer les diagonales ;

b) *Treillis multiple* en V ou en croix de Saint-André. Si la membrure a une section en T, on ne peut supprimer l'excentricité des barres.

Pour qu'il en fût autrement, il faudrait qu'une des deux diagonales fût interrompue dans chaque panneau, ce qui n'est pas à recommander pour les barres les plus chargées.

Par contre, si la membrure est à âme double, ou en double T à plat, on peut avoir toutes les barres symétriques en mettant le système comprimé à l'intérieur, et le système tendu à l'extérieur.

L'importance et le signe des efforts dus à l'excentricité dépendent de la disposition adoptée pour les diagonales.

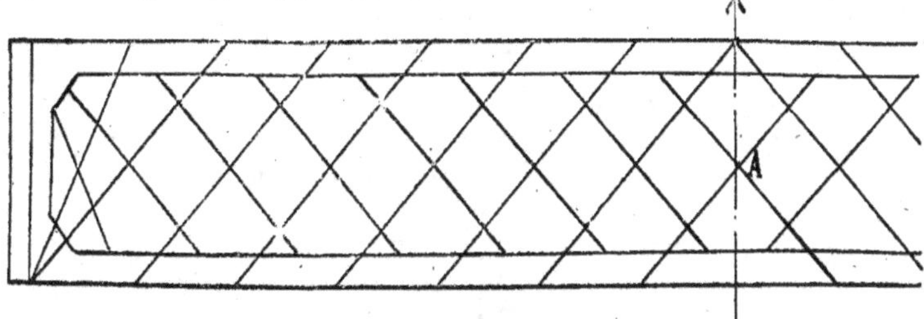

— fig. 244 —

On a commencé par placer les barres tendues d'un côté, les barres comprimées de l'autre côté de la poutre (fig. 244). L'inconvénient est qu'au milieu les barres sont en deux tronçons et que leur assemblage en A est difficile à réaliser.

On peut placer d'un même côté de la poutre toutes les barres ayant la même inclinaison (fig. 245).

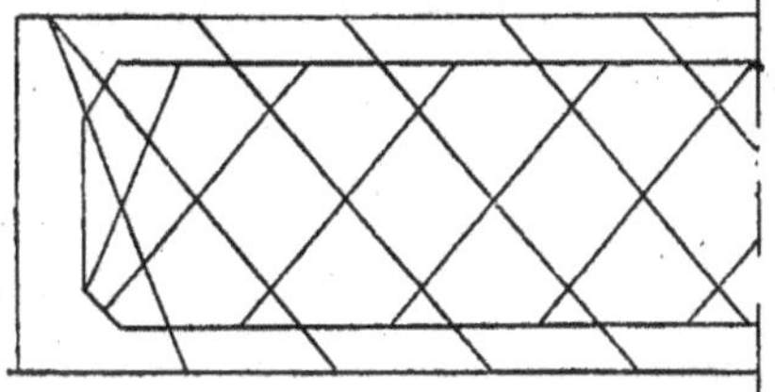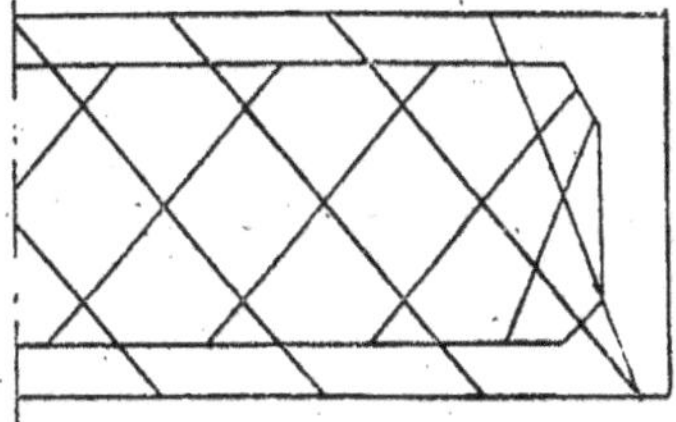

— fig. 245 —

On peut enfin placer d'un côté un certain nombre de systèmes de treillis, et les autres systèmes sur l'autre face de la poutre. Cette disposition va bien,

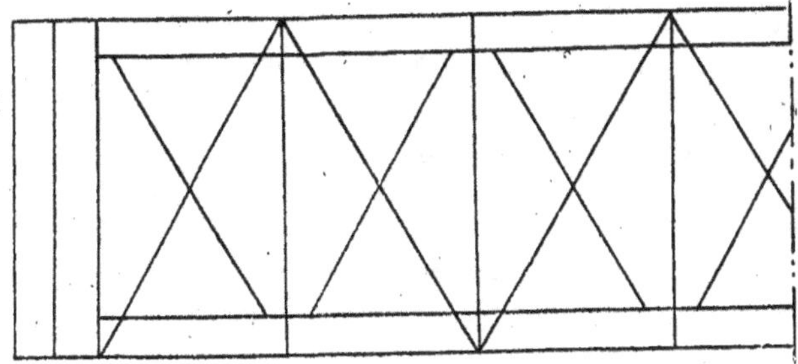

— fig. 246 —

à condition que le degré de multiplicité soit pair. C'est le procédé actuel, aussi n'emploie-t-on jamais de treillis d'ordre impair (fig. 246).

EFFORTS SECONDAIRES DUS A L'EXCENTRICITÉ DES ATTACHES

Considérons un nœud de treillis (fig. 247) et supposons que les lignes moyennes des barres se coupent au point A, au lieu de se couper au point A' sur la ligne moyenne de la membrure. L'excentricité de l'attache peut se mesurer par la distance du point A à cette ligne. Soit d cette distance.

On peut supposer la membrure coupée de part et d'autre du nœud, à condition d'appliquer à chaque section les efforts résultant des forces élas-

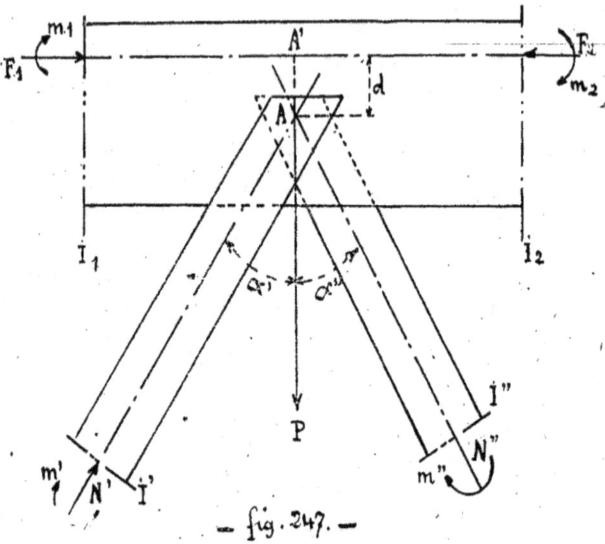

— fig. 247. —

tiques.. Soient F et F les résultantes de translation et $m_1 m_2$ les moments de flexion.

Supposons de même les barres de treillis coupées au-dessous de leur attache en appliquant les résultantes N' et N'' et les moments $m'm''$ équivalents aux forces élastiques.

Il peut y avoir, en outre, une force extérieure appliquée au nœud. Soit P cette force.

Toutes ces forces se font équilibre.

Ecrivons que les projections sur un axe vertical et un axe horizontal sont nulles :

$$(1) \qquad N' \cos \alpha' - N'' \cos \alpha'' = P ;$$
$$(2) \qquad N' \sin \alpha' + N'' \sin \alpha'' = F_2 - F_1.$$

Prenons les moments par rapport à A' :

$$(3) \qquad (N' \sin \alpha' + N'' \sin \alpha'') d = m_1 + m_2 + m' + m'' = m.$$

Si l'excentricité est nulle, $m = 0$. Donc, les couples de flexion d'axes m', m'', m_1, m_2, sont les couples secondaires dus à l'excentricité de l'attache.

L'équilibre statique ne donne qu'une équation pour déterminer quatre inconnues.

Pour lever l'indétermination, il faut avoir recours à l'étude des déformations.

On peut, par exemple, supposer que les moments sont proportionnels aux moments d'inertie respectifs des sections I_1, I_2, I', I'' :

$$\frac{m_1}{I_1} = \frac{m_2}{I_2} = \frac{m'}{I'} = \frac{m''}{I''},$$

ce qui fournit trois équations nouvelles permettant de calculer les quatre moments.

Si la poutre a un treillis d'un degré de multiplicité élevé, les barres de

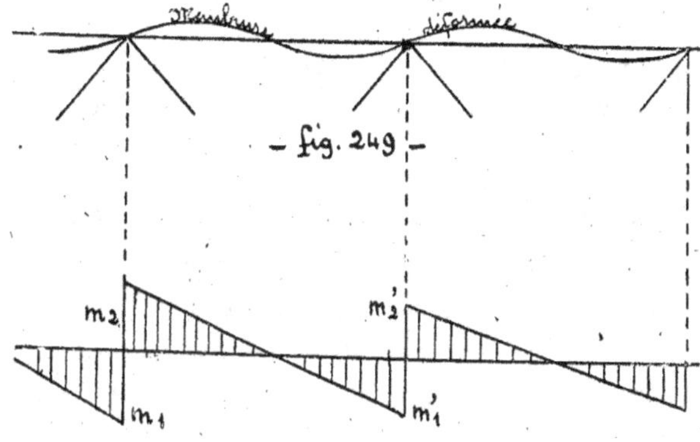

- fig. 249 -

- fig. 248. -

treillis sont grêles ; au contraire, la membrure est beaucoup plus rigide, et on peut admettre que I' et I'' sont négligeables par rapport à $I_1 I_2$, ce qui revient à poser $m' = m'' = 0$.

On a, par suite :

$$\frac{m_1}{I_1} = \frac{m_2}{I_2} = \frac{m_1 + m_2}{I_1 + I_2} = \frac{m}{I_1 + I_2} ; \qquad \text{Si} \quad I_1 = I_2, \quad m_1 = m_2 = \frac{m}{2}.$$

Entre deux attaches successives, le moment varie linéairement, d'après l'équation (3). La ligne représentative des moments se compose donc d'une série de droites (fig. 248), et la déformation de la membrure qui en résulte se fait suivant une ligne sinueuse (fig. 249).

Pour éviter l'excentricité, il faut réaliser la condition :

$$d = 0.$$

Lorsqu'on a une poutre à hauteur constante, la section des membrures varie par échelons, et la ligne moyenne à une forme identique (fig. 250).

On serait donc conduit à faire varier l'inclinaison des diagonales, ce qui entraîne une petite complication dans l'exécution. En pratique, on admet une position moyenne pour la ligne des centres de gravité et on y fait concourir les axes des barres.

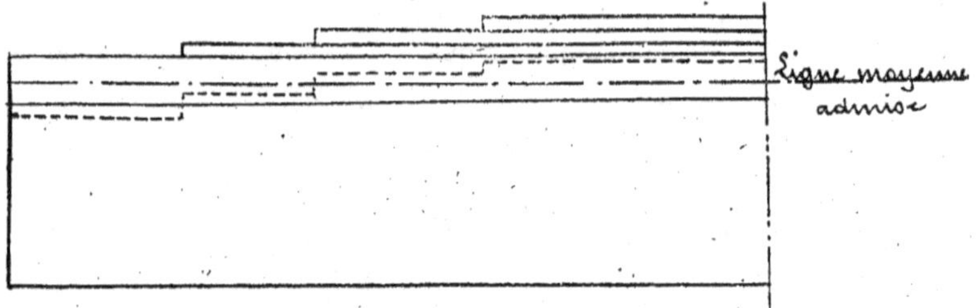

— fig. 250 —

Si la poutre est de hauteur variable, on peut alors faire concourir les axes des barres exactement au centre de gravité de la membrure, puisque les diagonales ont des inclinaisons variables.

Nature du métal des ames des membrures et des goussets

Les âmes des membrures et les goussets d'attache des barres de treillis étant soumis à des efforts obliques sont toujours en tôle. La tôle, en effet, au début du laminage, subit des passes dans les deux sens ; la structure dú métal est ainsi moins orientée que dans les larges plats, laminés uniquement dans le sens de leur longueur. Nous avons déjà signalé que la différence de résistance en long et en travers est moindre pour les tôles que pour les larges plats.

Les couvre-joints des âmes et des goussets seront également en tôle.

Epaisseur des ames des membrures d'après le diamètre des rivets d'attache des treillis

Il est évident *a priori* qu'il ne faut pas attacher des barres par des rivets gros sur des âmes trop minces. Mais on ne possède pas d'indication très précise à ce sujet.

On peut cependant s'en faire une idée en admettant, comme pression du rivet sur les parois du trou, les 2/3 de la limite d'élasticité, soit en chiffres ronds, 16 kgs pour l'acier, et, pour travail au cisaillement des rivets, 8 kgs par millimètre carré.

Soit e l'épaisseur de l'âme, d le diamètre des rivets d'attache. On aura

$$8\,\mathrm{kgs} \times \frac{\pi d^2}{4} = 16\,\mathrm{kgs} \times d \times e;$$

d'où
$$e = \frac{\pi}{8}d = 0{,}39\,d;$$

soit, sensiblement :
$$e = 0{,}4\,d.$$

Ces données, qui sont admissibles, conduisent aux résultats suivants ;

$$d = 18^{m/m}, \qquad e = 7{,}2^{m/m}, \quad \text{soit } 7^{m/m},$$
$$d = 20 \qquad e = 8$$
$$d = 22 \qquad e = 8{,}8 \qquad \text{soit } 9^{m/m}.$$

Remarque au sujet des montants sur appuis

Les montants situés au droit des appuis doivent être calculés pour résister aux actions des appuis. Ils doivent avoir une section très rigide, et on est toujours conduit à leur donner une importance relative plus grande qu'aux montants intermédiaires.

Il seront en somme constitués comme un panneau d'appui de poutre à âme pleine, avec âme verticale continue renforcée par des nervures rigides.

Quand on a affaire à un montant d'appui situé en même temps à l'extrémité de la poutre (travée indépendante ou montants extrêmes d'une poutre à travées continues), il est d'usage, comme pour les poutres à âme pleine, de retourner verticalement les cornières membrures et la première semelle, si celle-ci règne jusqu'au bout de la poutre.

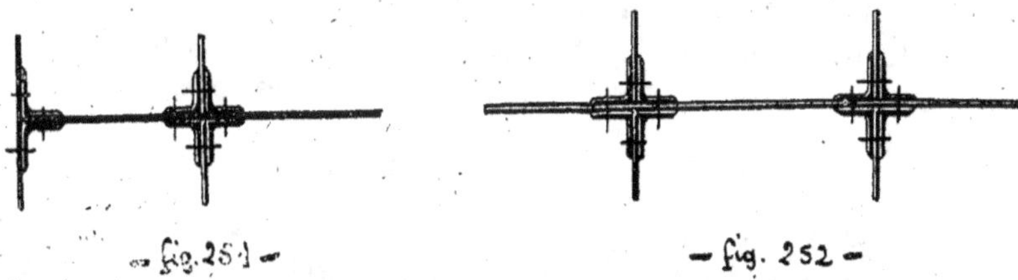

Les figures 251, 252, 253 donnent des exxemples de section de montants sur appuis :

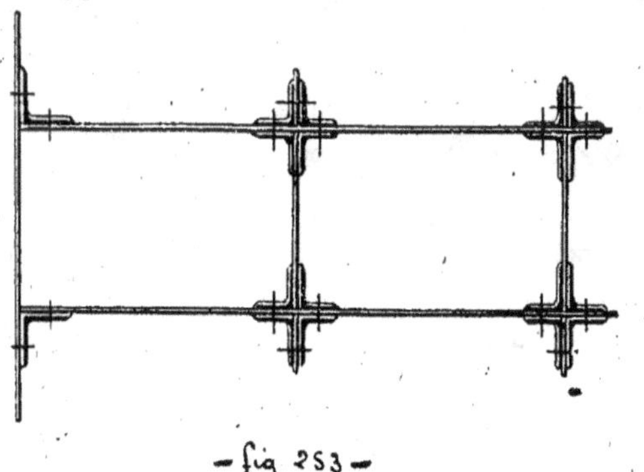

Eig. 251, montant d'extrémité ;

Fig. 252, montant d'appui intermédiaire d'une poutre à travée continue ;

Fig. 253, montant d'extrémité d'une poutre à âme double.

Pour ce dernier, il y a lieu de ménager des trous dans les âmes transversales des nervures, afin de pouvoir poser les rivets et, ultérieurement, de refaire la peinture. Ces ouvertures peuvent être d'ailleurs fermées par des plaques de tôle boulonnées sur l'ossature.

L'assemblage des montants sur appuis avec membrures se fait habituellement en prolongeant les membrures et en arrêtant l'âme verticale du montant contre les âmes des membrures. On assemble ces âmes à l'aide de couvre-joints (fig. 254).

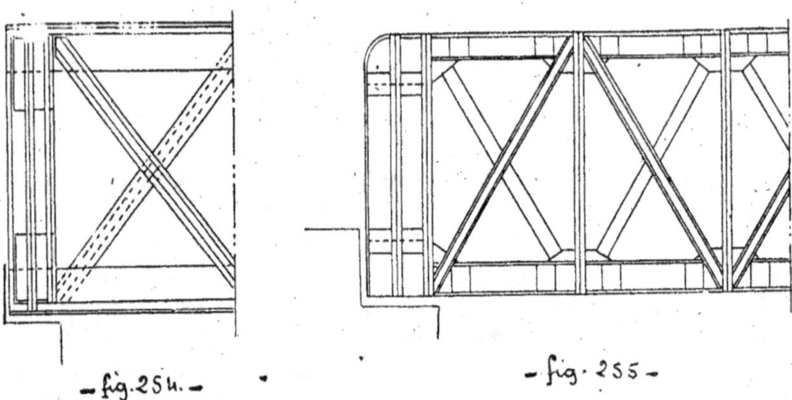

On peut également interrompre toutes les âmes contre les goussets d'angle qui servent à attacher les treillis (fig. 255).

On trouve quelques exemples de poutre ou les âmes des membrures sont arrêtées contre celle du montant. Cette disposition n'est plus employée.

ABOUTISSEMENT DES BARRES DE TREILLIS SUR APPUIS

Il y a deux dispositions possibles, suivant que des diagonales aboutissent en des points intermédiaires du montant ou seulement aux extrémités (fig. 256 et 257).

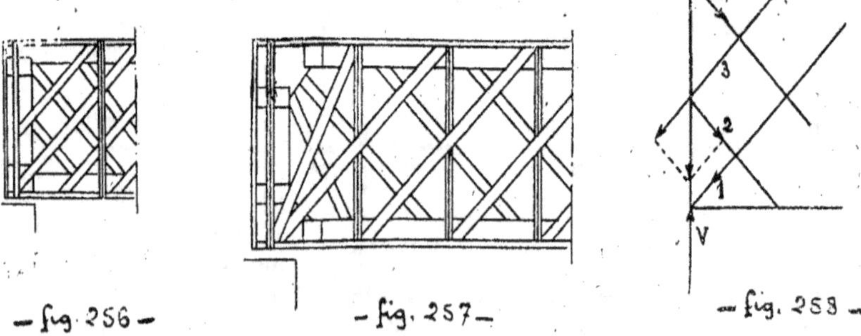

La première disposition est plus simple comme exécution. La seconde est meilleure au point de vue de la résistance.

Supposons que, dans le premier cas, chaque système simple de treillis soit également chargé. La résultante des efforts dans les barres est en réalité légèrement oblique, d'où une petite flexion du montant (fig. 258).

Soit V la réaction d'appui. Le montant, dans sa moitié inférieure, transmet aux barres $3\dfrac{V}{4}$.

Dans le deuxième cas, les diagonales aboutissent au pied du montant résistant à V; donc, le montant n'a plus à transmettre, aux diagonales supérieures, que $\dfrac{V}{2}$.

Cette réduction d'un quart est un avantage sérieux lorsque les charges sont fortes.

Les montants d'appui étant fortement chargés, il faut soigner l'ajustage de la base du montant contre les faces horizontales de la membrure.

Au besoin, si la rivure courante est à larges espacements, on serre les rivets de la membrure inférieure au droit du montant.

RIVURE DES POUTRES A TREILLIS

La rivure longitudinale des cornières sur l'âme et sur les semelles des membrures se calcule comme pour une poutre à âme pleine.

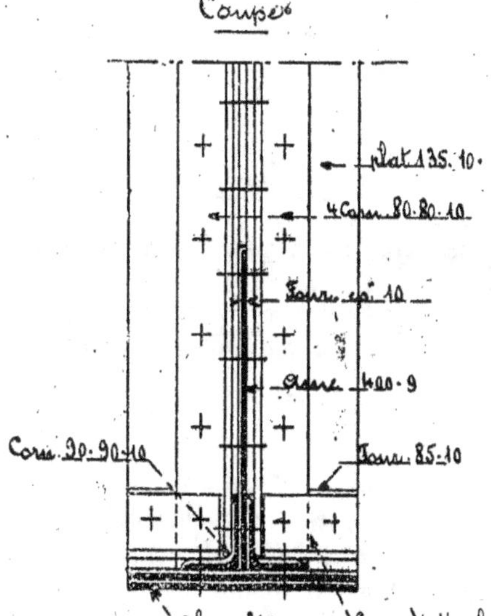

— fig. 259 —

Dans la grande majorité des cas, les espacements maxima qu'on déduit du calcul de l'effort de glissement longitudinal sont bien supérieurs aux espacements pratiques adoptés.

Ce sont donc les règles pratiques formulées au début du Cours sur l'écartement des rivets, qui serviront à déterminer la rivure courante.

On adopte généralement une division constante sur toute la longueur de la poutre. Cependant, lorsque l'attache des barres de treillis se fait à l'aide de goussets intercalés dans l'âme des membrures, on serre les rivets d'assemblage des cornières membrures sur le gousset, a cause de la transmission de l'effort ($F_2 - F_1$) (efforts secondaires dus à l'excentricité des attaches, équation 2).

La division de rivure courante est fréquemment un sous-multiple de l'écartement des nœuds de treillis.

Deux procédés sont alors employés pour placer cette rivure. Nous allons les exposer pour un cas concret.

Soit une poutre à treillis en croix de Saint-André, dont les montants sont espacés de 2m20. Les membrures ont une section en T représentée par la figure 259.

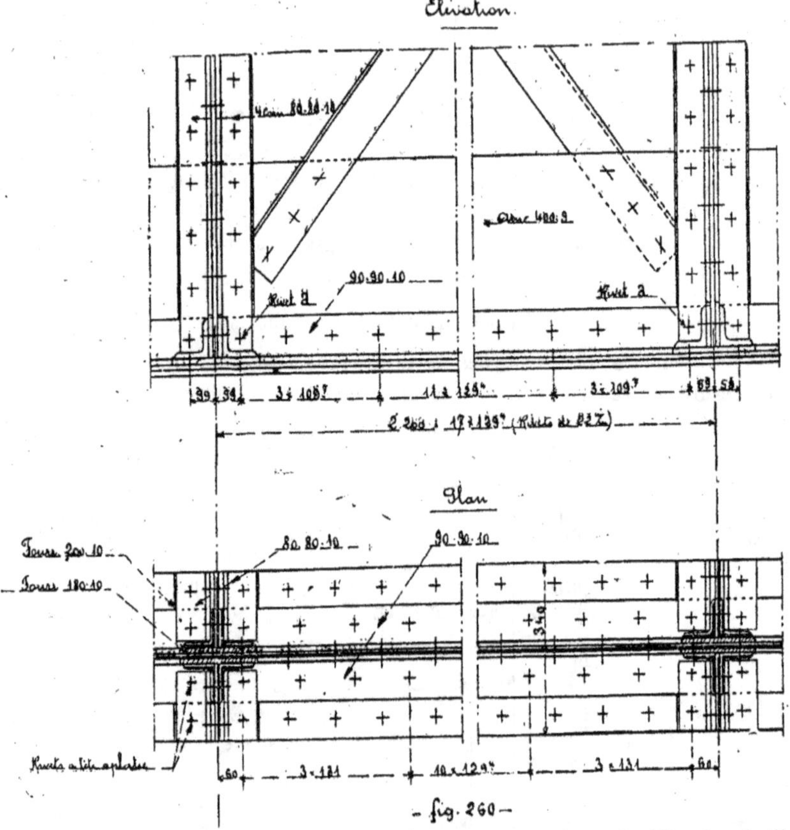

Les cornières étant en 90 × 90, on emploiera des rivets de 22 m/m de diamètre. Supposons que, par une vérification préalable du glissement longitudinal, on ait reconnu qu'on peut adopter des divisions de rivure supérieure à 6D. On se limitera donc à l'espacement pratique maximum de 6D, soit 132 m/m, ou à une division s'en rapprochant autant que possible.

Or,
$$\frac{2^{m}200}{0^{m}132} = 16,7.$$

On adoptera 17 divisions égales par panneau de 2m200. La valeur de la division courante sera

$$\frac{2^{m}200}{17} = 129,4 \text{ m/m}.$$

Représentons une des membrures en élévation et en plan (fig. 260). Les montants ont une section en croix formée de quatre cornières avec plats interposés.

1ᵉʳ procédé. — On part de la rivure en élévation des cornières sur l'âme. Les 17 divisions sont comptées d'axe en axe des montants, mais les rivets sur l'axe sont remplacés par les rivets assemblant les cornières des montants sur les cornières membrures (rivets *a*). Comme ceci conduirait à avoir entre un rivet *a* et le rivet voisin une division trop faible, on remplace cette division et un certain nombre des suivantes par des divisions égales.

Dans l'exemple donné, les rivets sur l'axe des montants sont remplacés par les rivets *a* à 59 m/m de l'axe. Il resterait donc 129,4 m/m — 59 m/m = 70,4 m/m entre un rivet *a* et le suivant. On a remplacé cette division de 70,4 et deux divisions de 129,4 m/m par trois divisions égales de 109,7 m/m :
$$70,4 + 2 \times 129,4 = 3 \times 109,7.$$

Les rivets en plan sont chevauchés avec ceux en élévation, sauf les rivets dont la place est imposée, et qu'on nomme rivets de sujétion : par exemple, les rivets de fixation des cornières d'attache du montant sur la membrure.

On peut être également amené à troubler la rivure courante sur une certaine longueur, suivant le même principe, en évitant que les rivets ne se trouvent en regard dans les ailes d'une même cornière.

2ᵉ procédé. — On part de la rivure en plan des cornières sur l'âme, mais le rivet sur l'axe d'un montant n'est pas déplacé ; il est fraisé, afin de supprimer la saillie de la tête. Les cornières d'attache du montant sont coupées comme l'indique la figure 261. On peut alors avoir les divisions de 129,4 m/m dans tout le panneau.

En élévation, les rivets sont chevauchés avec ceux en plan.

Suivant le mode d'assemblage des montants, l'un ou l'autre procédé peut être plus pratique.

Dans l'exemple étudié, la deuxième disposition est préférable, parce qu'elle évite l'accumulation, dans les cornières d'attache des montants sur la membrure, de rivets trop rapprochés, dont quelques-uns doivent avoir la tête aplatie pour permettre de poser les autres.

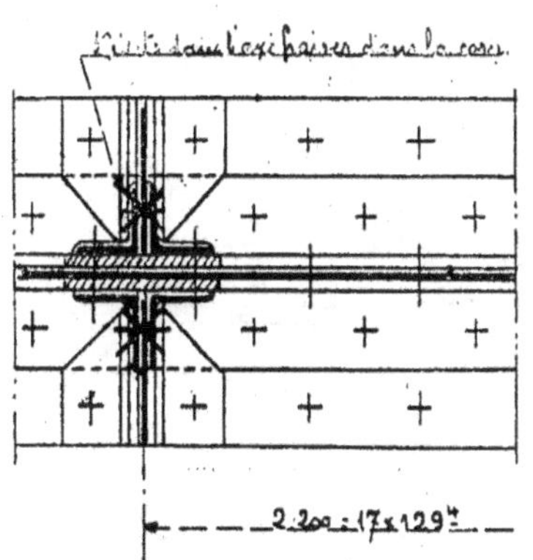

— *fig. 261* —

Lorsque l'attache des diagonales se fera par goussets avec couvre-joints d'âme et de goussets, l'âme des membrures sera interrompue entre deux rivets.

TRONÇONNEMENT DES MEMBRURES. — JOINTS

Le tronçonnement des membrures d'une poutre à treillis est imposé par les mêmes considérations que pour une poutre à âme pleine; limitation du poids et de la longueur.

Les joints des membrures s'étudient exactement de la même façon que ceux des poutres à âme pleine. La seule différence est que, pour ces dernières, on admet assez souvent que l'âme ne résiste qu'à l'effort tranchant, ce qui conduit à donner la même valeur à R et r (résistance du métal de l'âme et des rivets au cisaillement).

Pour les joints des âmes des membrures, au contraire, R représente la résistance à la traction et r la résistance au cisaillement. L'effort dans les membrures est un effet, une traction ou une compression.

La position relative des joints des éléments des membrures est la même que pour les poutres à âme pleine.

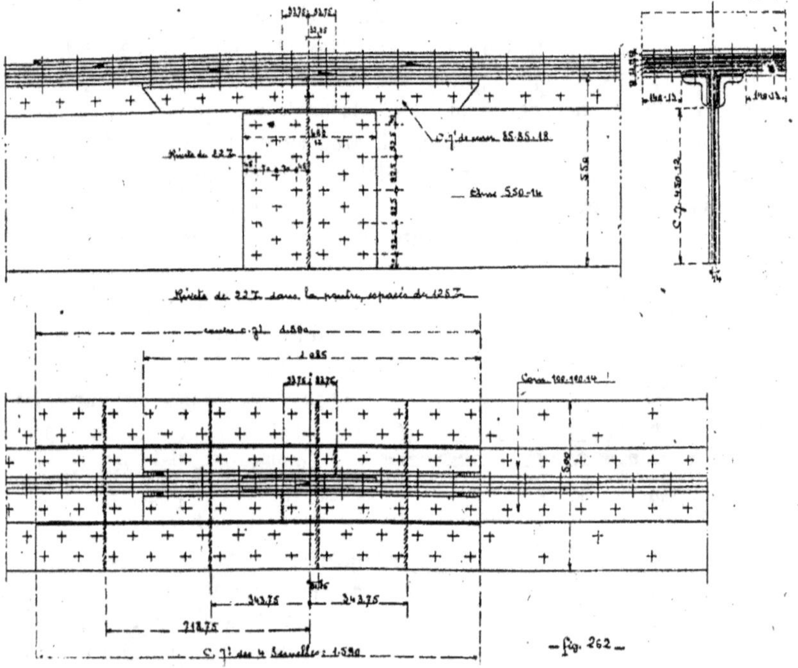

— fig. 262 —

La figure 262 représente un joint croisé de membrure. Dans cet exemple, emprunté à une membrure de poutre d'un pont existant, les couvre-joints de cornières sont d'une épaisseur exagérée; il n'y a qu'un seul rivet entre les joints des cornières dans les ailes verticales, ce qui peut être théoriquement suffisant, mais ne l'est pas pratiquement. Ce rivet unique peut être mauvais, d'où diminution sérieuse de la résistance du joint. Il faut toujours en avoir au moins deux.

Lorsque la hauteur des poutres devient grande, les barres de treillis doivent être également tronçonnées pour réduire leurs longueur.

Les joints pourront, dans bien des cas, se calculer comme il a été exposé dans l'étude des assemblages à couvre-joints. On évite, comme pour les membrures, de couper plusieurs éléments dans un même plan, de façon à ne pas avoir des couvre-joints d'épaisseur exagérée, et pour diminuer le moins possible la résistance du joint.

Si la section des barres ne permet pas le calcul direct, on a recours au principe de l'équivalence.

CHAPITRE IV

APPUIS DES POUTRES

Entre les poutres et leurs supports, métalliques ou en maçonnerie, on interpose des pièces spéciales appelées appareils d'appui.

Les appareils d'appui doivent satisfaire aux conditions suivantes:

1º Ils doivent répartir la pression totale sur une étendue suffisante, en égard aux qualités de résistance des matériaux employés ;

2º Ils doivent permettre la libre dilatation ou contraction des poutres sous l'influence des variations de température.

3º Ils doivent laisser les poutres s'infléchir librement sous l'action de leur propre poids et des charges qu'elles sont appelées à supporter ;

4º Ils doivent pouvoir s'opposer au déplacement transversal des poutres sous l'action d'efforts horizontaux.

La transmission des pressions a lieu par contact de surfaces.

Ces surfaces peuvent être planes, cylindriques ou de révolution. Les limites admises, dans ces différents cas, pour la pression unitaire, sont différentes, et nous allons préalablement les exposer.

Limites des pressions unitaires dans la transmission des pressions par surfaces en contact

1º Les surfaces en contact sont planes (fig. 263).

On ne connaît pas la loi exacte de répartition de la pression.

En pratique, on évalue la pression moyenne $\frac{P}{S}$.

La limite de $\frac{P}{S}$ est comprise entre 4 et 5K par m/m²,

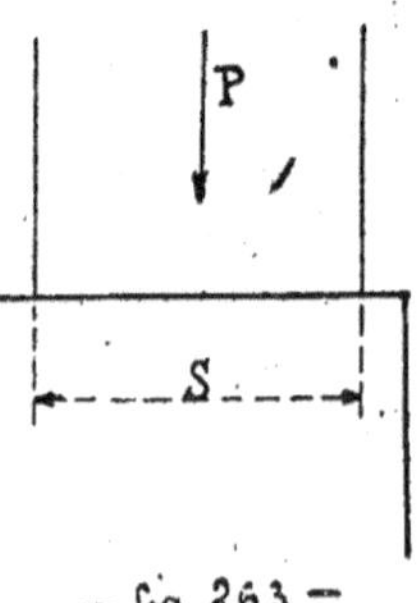

suivant la grandeur de S. Si la surface de contact est petite, on admet 5 K, parce que la répartition de la pression est plus uniforme ; si cette surface est grande, on s'en tient à 4K.

Les surfaces en contact doivent être soigneusement ajustées, pour que le contact soit aussi parfait que possible ;

2º Les surfaces en contact sont courbes et jointives (fig. 264).

Soient:

P la pression sur le solide supérieur;

S la projection de la surface de contact sur un plan perpendiculaire à P.

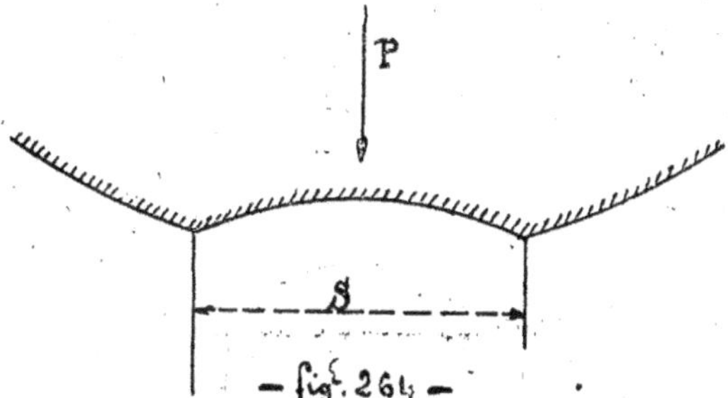

La limite de la pression unitaire varie avec la courbure de la surface.

Plus la flèche est grande par rapport à la corde, moins la pression est bien répartie, et plus la pression unitaire admise est faible.

Faible flèche: 3 à 4 kgs par m/m² ;

Grande flèche: 2 à 2,5 kgs par m/m².

Ces limites sont indépendantes de la forme de la surface de contact ;

3º Les surfaces en contact sont courbes et non jointives (fig. 265).

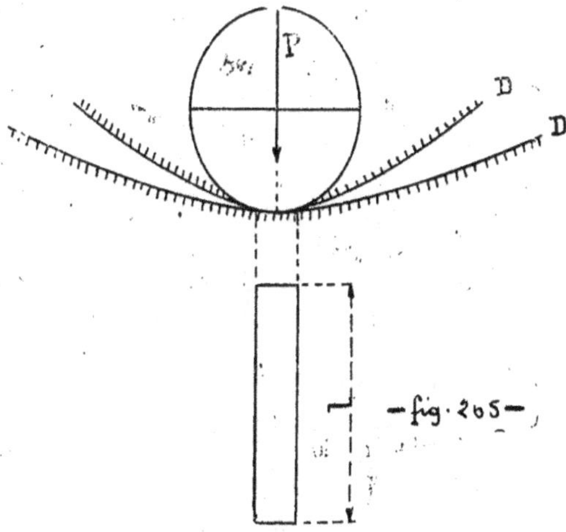

Sous l'action de la charge, il y a déformation des surfaces, et la ligne de contact est remplacée par une surface de faible largeur, dont l'aire est par conséquent extrêmement faible. La plus grande fatigue du métal se produit au milieu de la zone du contact. Supposons les surfaces cylindriques et soit n cette fatigue maxima. Désignons par DD' les diamètres de courbures, EE' les coefficients d'élasticité, l la longueur de contact.

Supposons $D < D'$.

On a, entre ces diverses quantités et la charge P, la relation suivante:

$$\frac{P}{ld} = \frac{4}{3} n \sqrt{\frac{n}{2\left(1 - \frac{D}{D'}\right)} \left(\frac{1}{E} + \frac{1}{E'}\right)}.$$

Posons

$$\frac{P}{ld} = p.$$

C'est la pression diamétrale unitaire sur le cylindre osculateur à la surface D.

En supposant $E = E'$, on a:

$$p = \frac{4}{3} n \sqrt{\frac{n}{E\left(1 - \frac{D}{D'}\right)}}.$$

Cette formule est peu commode pour déterminer p.

En introduisant la valeur limite de n et la valeur de E correspondant aux différents métaux employés, on a:

Solides en fonte:

$$E = 9 \times 10^9, \qquad n = 7{,}5 \, \text{kgs} \times 10^6 \text{ par mètre carré,}$$

$$p = 10^6 \times 0{,}29 \, \text{kgs} \sqrt{\frac{1}{1 - \frac{D}{D'}}} \, ;$$

Acier moulé:

$$E = 20 \times 10^9, \qquad n = 12 \, \text{kgs} \times 10^6,$$

$$p = 10^6 \times 0{,}4 \, \text{kgs} \sqrt{\frac{1}{1 - \frac{D}{D'}}} \, .$$

On vérifie que cette limite n'est pas dépassée pour la charge P donnée.

Dans les appareils d'appui, on a presque toujours affaire au contact d'un cylindre et d'un plan.

Dans ce cas particulier,

$$D' = \infty.$$

On admet alors pour p les limites suivantes:

Fonte: $p = 0{,}3$ kgs par m/m² de section diamétrale;

Acier moulé: $p = 0{,}4$ kgs   —   —

Quand le cylindre est en acier forgé, on élève même la valeur de p jusqu'à 0,5 kg ;

4º Les surfaces en contact sont de révolution (fig. 266).

Quand il n'y a aucune charge, la surface de contact se réduit à un point. Sous l'action d'une charge P appliquée au solide supérieur, il y a déformation du métal des deux pièces, et le point devient un cercle de contact de rayon excessivement petit.

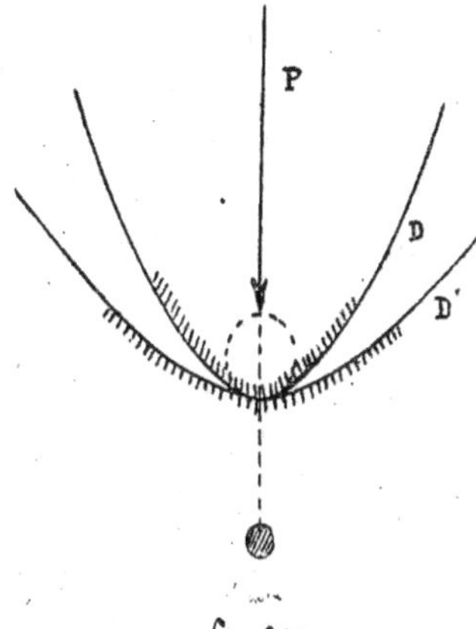

La pression diamétrale unitaire p' de la sphère osculatrice à la surface supérieure, a pour expression

$$p' = \frac{P}{\frac{\pi D^2}{4}} = \frac{n^2}{1 - \frac{D}{D'}} \cdot \left(\frac{1}{E} + \frac{1}{E'} \right).$$

Les lettres ayant même signification que précédemment, si $E = E''$, on a

$$p' = \frac{2n^2}{E \left(1 - \frac{D}{D'} \right)}.$$

Les limites de p' correspondant aux limites de n sont les suivantes:

Fonte: $E = 9 \times 10^9$, $\quad n = 7{,}5$ kgs par m/m²,

$$p' = \frac{0{,}013}{1 - \frac{D}{D'}} \times 10^6;$$

Acier: $E = 20 \times 10^9$, $\quad n = 12$ kgs par m/m², $\quad p' = \dfrac{0{,}0144}{1 - \frac{D}{D'}} \times 10^6$,

$$n = 40 \quad - \quad p' = \frac{0{,}16}{1 - \frac{D}{D'}} \times 10^6,$$

$$n = 60 \quad - \quad p' = \frac{0{,}36}{1 - \frac{D}{D'}} \times 10^6.$$

Il y a, par conséquent, intérêt à employer du métal très dur;

4º Pression sur les maçonneries d'appui des poutres.

Une poutre repose sur un sommier en pierre de taille avec interposition de l'appareil d'appui.

Si le sommier est en pierre tendre, la pression admissible est de 10 à 25 kgs par centimètre carré.

Avec un sommier en pierre dure, on peut aller jusqu'à 25 et 30 kgs, et atteindre 60 kgs pour les sommiers en granit.

Les dimensions du sommier doivent être calculées pour que la pression sur la maçonnerie ne dépasse pas 8 à 10 kgs par c/m².

Si on est conduit ainsi à donner au sommier des dimensions exagérées, on dispose au-dessous plusieurs assises en pierre de taille allant en s'élargissant, jusqu'à ce qu'on atteigne une pression admissible.

Il faut que la surface supérieure au sommier soit aussi unie que possible. Comme, malgré tout, elle est toujours un peu rugueuse, on interpose, entre la plaque inférieure de l'appareil d'appui et le sommier, une feuille de plomb de 5 à 10 m/m d'épaisseur, pour bien répartir la charge.

On peut remplacer le plomb par un coulis de ciment pur gâché clair avec de l'eau très pure, auquel on donne 2 à 3 m/m d'épaisseur. Dans ce cas, il faut faire une entaille de la même profondeur dans le sommier, de façon que le ciment effleure sa surface supérieure.

Quelquefois même, l'entaille est plus profonde et la plaque inférieure de l'appareil d'appui est encastrée de quelques centimètres dans le sommier.

Quand on a de la difficulté à se procurer de la pierre de taille, on peut parfaitement remplacer celle-ci par le béton armé ou non, suivant l'importance des charges.

Dilatation ou contraction des poutres sous influence de la température

Il est d'une nécessité absolue que les poutres exposées à de grandes variations de température puissent se dilater et se contracter librement.

Supposons en effet qu'une poutre de longueur l soit ancrée à ses extrémités sur des supports en maçonnerie.

Si la température augmente de t degrés, l'allongement Δl que prendrait la poutre, si elle était libre, ne peut se produire et il en résulte un effort de compression F. Si S est la section transversale de la poutre, E le coefficient d'élasticité du métal, on a

$$\frac{F}{S} = E \frac{\Delta l}{l}.$$

Or, le coefficient de dilatation étant α :

$$\Delta l = \alpha l t,$$

d'où

$$\frac{F}{S} = E \alpha t.$$

Exemple: supposons la poutre en acier et une variation de température de 30° par rapport à la température à laquelle la poutre a été ancrée:

$$E = 22 \times 10^9,$$
$$\alpha = 0,000.012,$$
$$\frac{F}{S} = 22 \times 10^9 \times 0,000.012 \times 30 = (7,92 \times 10^6) \text{ kgs par m}^2 \quad \text{ou} \quad 7,92 \text{ kgs par m/m}^2.$$

Ce travail unitaire, comparable à celui produit par les charges, est donc inadmissible.

En outre, sous l'effet de ces efforts de compression, la poutre aurait tendance à se voiler latéralement.

Enfin, pour un abaissement de température, l'effort serait une traction. Ces alternatives d'efforts de sens contraires, sur les encrages, finirait par amener la dislocation des maçonneries.

Inflexion des poutres sur leurs appuis

Soit θ l'angle d'inclinaison sous l'action des charges (fig. 267).

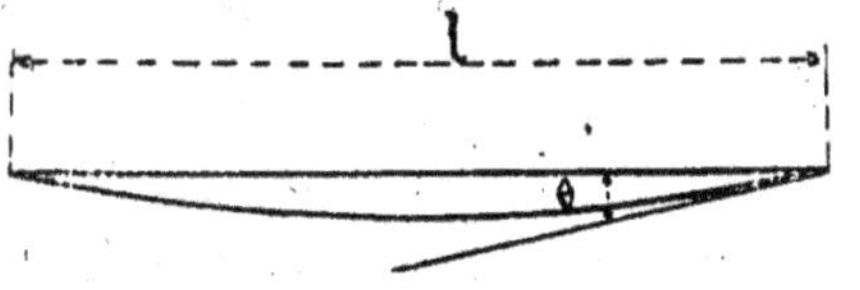

— fig. 267 —

Si la charge est uniformément répartie, on a

$$tz\,\theta = \frac{pl^3}{24EI}.$$

Par conséquent, elle augmente rapidement, lorsque croît la portée.

Si la poutre repose directement sur la maçonnerie, la pression sera d'autant plus mal répartie que la portée sera grande, le maximum de la pression sera produit du côté du bord libre de l'appui en maçonnerie, et il pourra y avoir écrasement de celle-ci ou épaulement des arrêts du sommier (fig. 268).

Il est donc nécessaire que les poutres puissent s'infléchir librement. Dans tous les cas, les contours de la surface d'appui d'une poutre ou de ses appareils d'appui, sur des supports en maçonnerie, ne doivent pas être trop rapprochés des arêtes de ces supports.

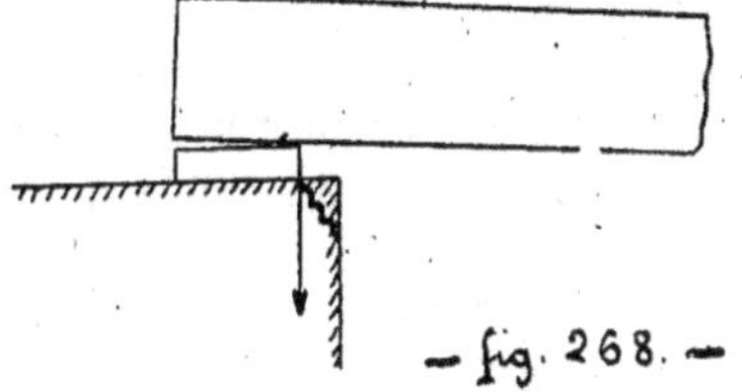

— fig. 268. —

La distance à ménager dépendra de la dureté des sommiers et de l'importance des poutres, c'est-à-dire de leur poids. Elle varie de 0m05, pour les poutres faiblement chargées, à 0m20 pour les poutres fortement chargées et pour une pierre de bonne dureté.

Déplacement transversaux des poutres

Les forces qui tendent à produire ces déplacements sont les efforts du vent soufflant avec une direction voisine de l'horizontale.

La tendance au déplacement transversal est, la plupart du temps, largement neutralisée par la résistance de frottement dû au poids de la poutre. Le coefficient de frottement varie de 0,15 à 0,20.

Toutefois, pour des poutres offrant beaucoup de prise au vent et faiblement chargées, il peut arriver qu'on n'ait pas une marge de sécurité suffisante.

On emploie alors des dispositions particulières extrêmement simples que nous examinerons pour les différents types d'appareils d'appui.

Appuis des poutres de très faible portée

Les poutres reposent directement sur les sommiers. Sous chaque about de poutre est rivée une platine en acier de forte épaisseur: 15 à 20 m/m. Les rivets de fixation sont fraisés dans la platine. On interpose une feuille de plomb logée dans une entaille du sommier (fig. 269).

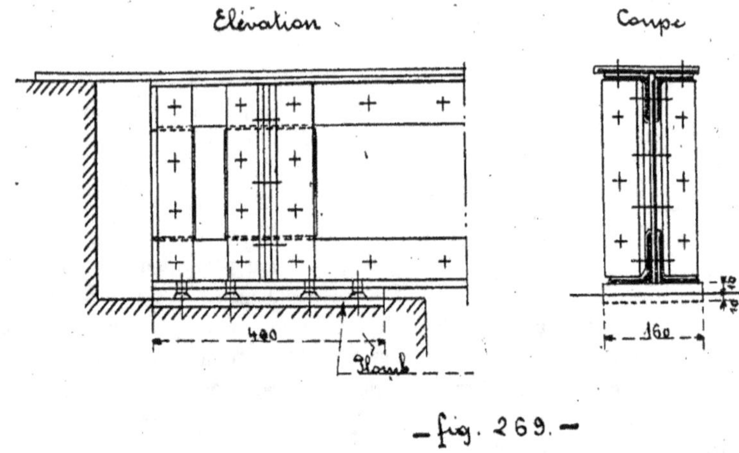

— fig. 269. —

On compte uniquement sur le frottement pour résister au déplacement transversal. Il est préférable d'interposer, entre la poutre et le sommier, une

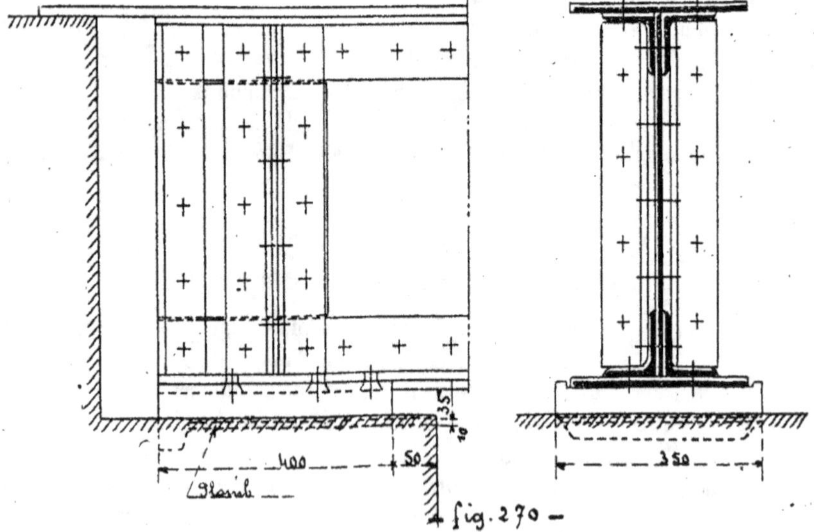

— fig. 270 —

plaque d'appui en fonte ou en acier moulé. Cette plaque est munie de rebords pour s'opposer au déplacement transversal (fig. 270).

L'épaisseur des plaques d'appui varie de 0,1 à 0,2 de leur dimension transversale.

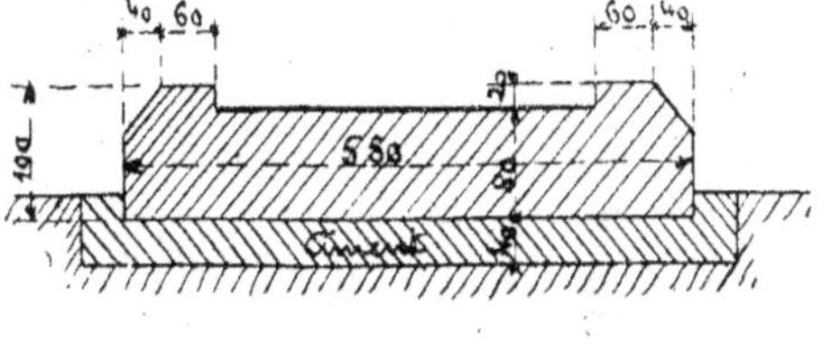

-fig. 271 -

Elles sont munies d'un talon pour assurer leur position sur le sommier, ou partiellement encastrées dans ce sommier.

On peut interposer une feuille de plomb ou faire un joint au ciment, comme il a été exposé précédemment (fig. 271).

Ces dispositions sont admissibles jusqu'à 6 mètres de portée.

Appuis des poutres de faible portée

On dispose, à une extrémité de la poutre, un appui fixe et, à l'autre, un appui mobile.

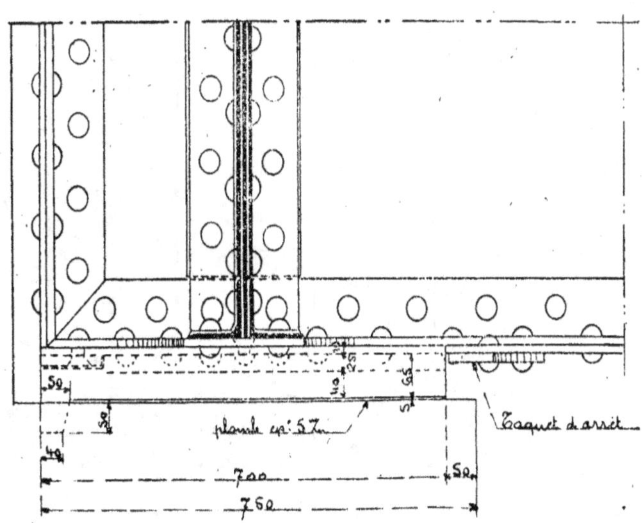

-fig. 272 -

Ce sont des plaques comme précédemment. Du côté fixe, on empêche le déplacement de la poutre sur la plaque à l'aide d'un plat rivé à la partie inférieure et encadrant la plaque d'appui (fig. 272).

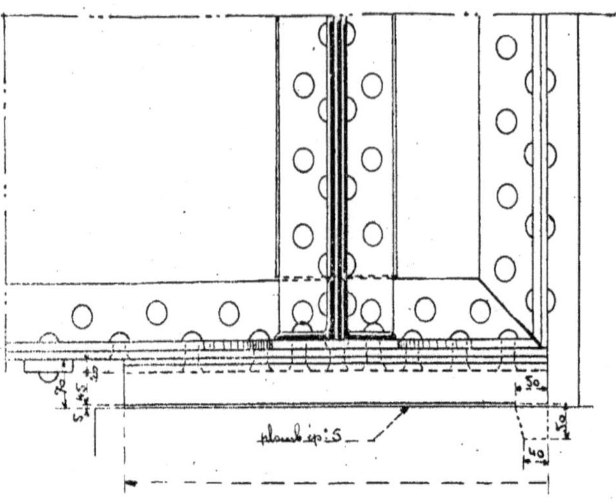

— fig. 273 —

Du côté mobile, ce plat est placé à une distance du bord de la plaque suffisante pour permettre la dilatation (fig. 273) et limiter la course.

Ce dispositif est applicable jusqu'à 12 mètres de portée.

La charge permanente est encore assez faible pour que la résistance de frottement puisse être vaincue par l'effort de dilatation.

Lorsqu'on veut éviter de fraiser les rivets au-dessus des plaques d'appui, on ménage dans celles-ci des rainures permettant d'y loger les têtes (fig. 274).

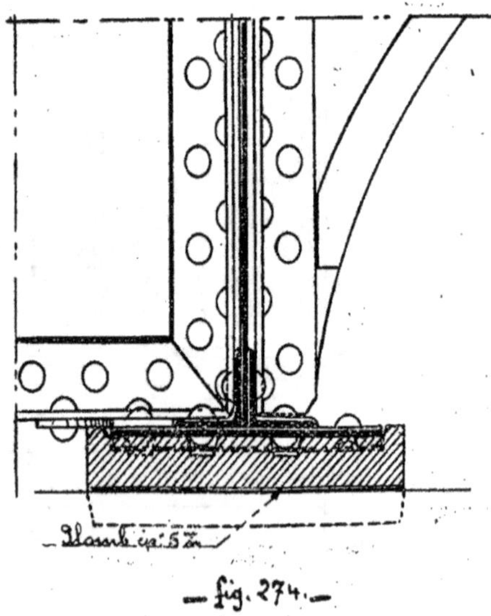

— fig. 274 —

Appuis des poutres de portée moyenne

La résistance de frottement de glissement devient trop considérable, on la remplace par le frottement de roulement.

La réaction horizontale due au frottement de roulement peut être estimée égale à

$$\frac{0,0015 \text{ à } 0,0020}{D} \times P,$$

P étant la charge totale sur l'appui et D le diamètre des galets. On prend toujours D compris entre 0,10 et 0,20.

APPAREIL MOBILE

L'appui mobile se compose de deux plaques comprenant entre elles des rouleaux accouplés par des bielles, dont le but est d'assurer un égal déplacement de tous les rouleaux (fig. 275).

Ceux-ci sont munis de rebords pour empêcher le déplacement transversal. Assez souvent, on ne met de rebord qu'à un rouleau sur deux.

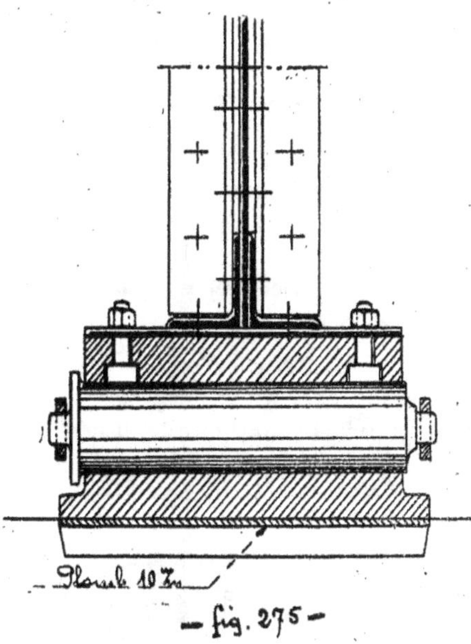

— fig. 275 —

Toutes les surfaces en contact doivent être soigneusement dressées.

Pour calculer les dimensions, on suppose la charge P uniformément répartie entre les n rouleaux : $\dfrac{P}{n}$ pour chaque rouleau.

On se donne le diamètre des rouleaux D et leur longueur l, et on cherche quel doit être leur nombre pour que $\dfrac{P}{nlD}$ soit inférieur aux limites données précédemment.

APPAREIL FIXE

On donne à l'appareil fixe même hauteur qu'à l'appareil à dilatation. Il est constitué par un sabot d'appui formé de deux tables reliées par des cloisons (fig. 276).

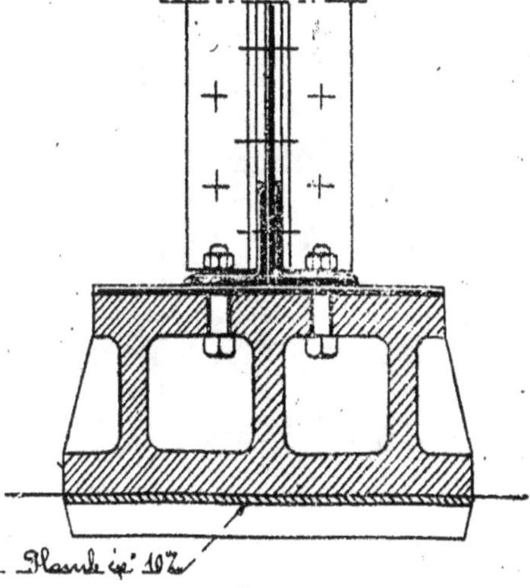

— fig. 276 —

La plaque supérieure de l'appui mobile et le sabot fixe sont fixés par des boulons sur la poutre. Ces boulons s'opposent au déplacement transversal.

Ce type d'appareil d'appui s'emploie pour des portées comprises entre 12 mètres et 25 mètres. Toutefois, la portée maximum sera réduite à 20 mètres pour des poutres appelées à recevoir des surcharges importantes.

Appuis des poutres de grande portée

Pour permettre l'inflexion des poutres, on emploie des appareils à balanciers, qui donnent en même temps une répartition uniforme de la pression.

APPAREIL A DILATATION

Ces appareils comportent un balancier supérieur reposant sur un balancier inférieur par l'intermédiaire d'une articulation.

Entre le balancier inférieur et la plaque d'appui est interposé le chariot de dilatation, établi ocmme il a été vu.

L'articulation entre les deux balanciers peut être constituée de plusieurs façons :

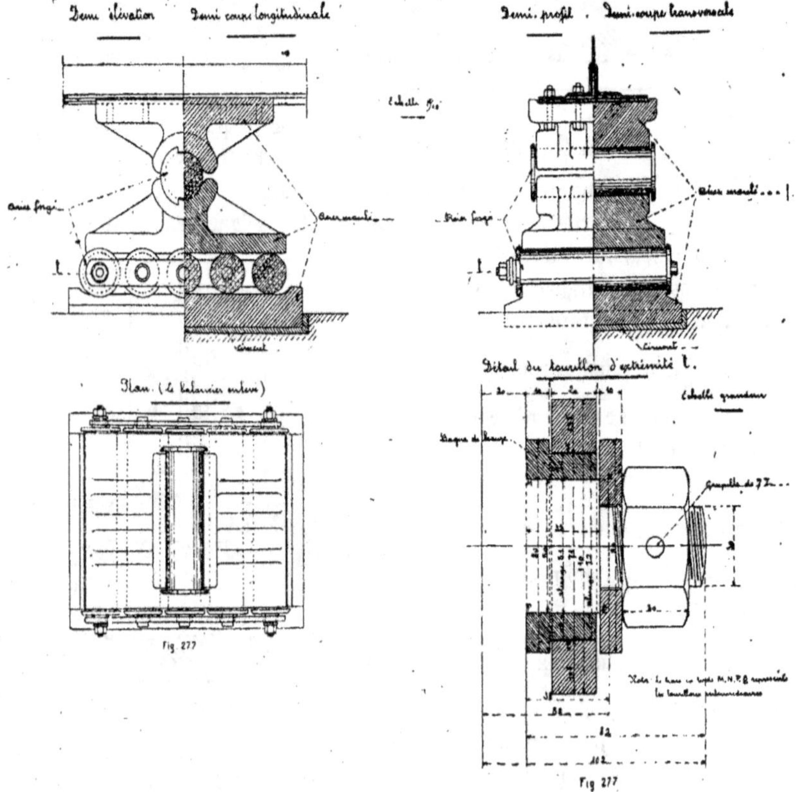

1° *Articulation à surfaces jointives.* — On intercale, entre les deux balanciers, un axe cylindrique ou rotule emboîté dans des évidements cylindriques de même diamètre (fig. 277) ; cette disposition est très employée.

Une autre solution consiste à munir le balancier inférieur d'un demi-cylindre venu de fonte avec ce balancier. Le balancier supérieur porte un évidement cylindrique correspondant. Cette solution est peu employée.

On empêche le déplacement transversal en munissant la rotule de rebords;

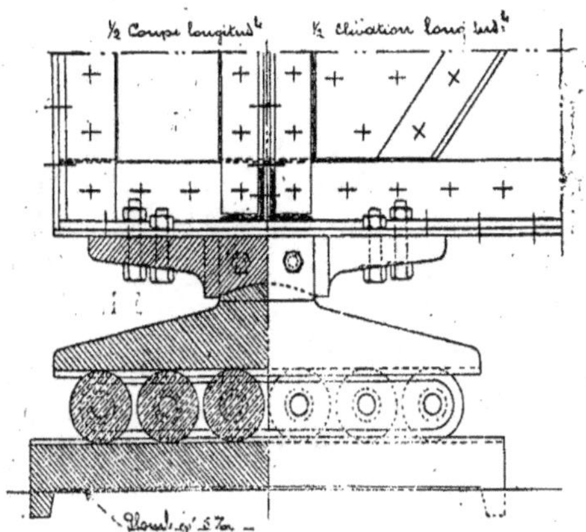

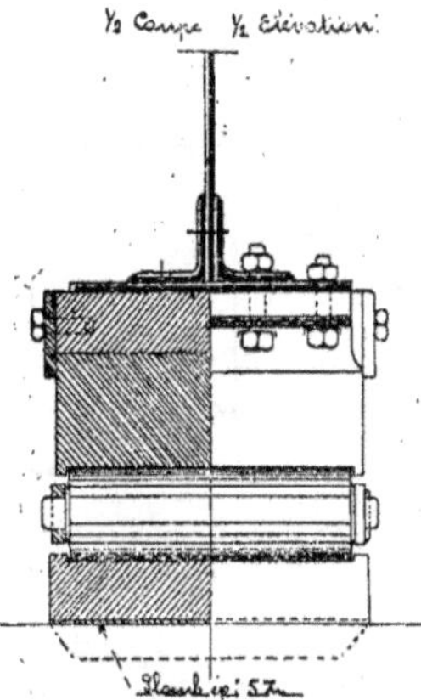

- fig. 278 -

2° *Articulation cylindrique.* — Le balancier inférieur se termine à la partie supérieure par une portée cylindrique de rayon assez grand. La surface concave du balancier supérieur, qui s'articule sur cette portée, a un rayon légèrement supérieur.

Ce type d'appareil permet de gagner de la hauteur, comparé à l'appareil à rotule complète.

Pour empêcher le déplacement transversal, on peut soit munir le balancier supérieur de rebords qui coiffent le balancier inférieur de chaque côté de l'articulation, ou remplacer ces rebords par des plats de forte épaisseur vissés.

La première disposition est celle de l'appareil représenté figure 279 ; la seconde est donnée par la figure 278.

Enfin, les rebords peuvent être portés par le balancier inférieur, qui emboîte alors le balancier supérieur ;

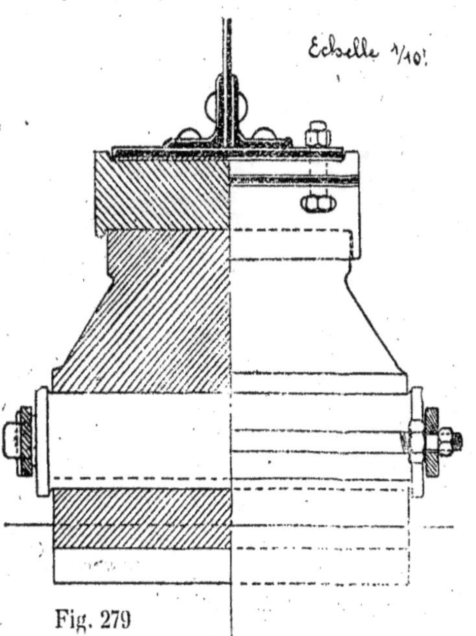

Fig. 279

3° *Articulation cylindrique réglable*. — L'axe d'articulation est constitué par une grosse clavette dont la face supérieure est cylindrique. Entre le dessous *b* de l'axe et le balancier inférieur, on intercale une clavette et une contre-clavette qui permettent un réglage (fig. 280).

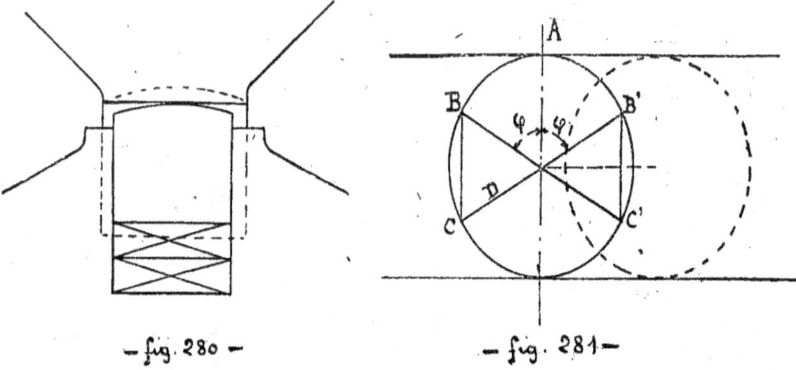

— fig. 280 —   — fig. 281 —

Chariots de dilatation à secteurs. — Considérons un rouleau cylindrique d'un chariot de dilatation (fig. 281). Supposons que la température varie de t à partir de la température moyenne. Si l est la portée, le déplacement horizontal de l'extrémité de la poutre est $\Delta l = l\alpha t$.

Pendant ce déplacement, le rouleau a tourné d'une angle φ et il a subi une translation représentée par $00'$.

L'arc de rotation $\varphi\dfrac{D}{2}$ est égal à la translation.

On a
$$00' = \varphi\frac{D}{2} = \frac{\Delta l}{2} = \frac{l\alpha t}{2}.$$

La génératrice initiale de contact A est venue en B.

Si la variation t est de sens contraire à la précédente, A viendra en B'.

Donc, ceci détermine la partie utile du rouleau et on peut supprimer les parties Bc, B'c' en les remplaçant par des faces planes.

L'arc utile à pour valeur :
$$2\varphi = \frac{2l\alpha t}{D}$$

Cette valeur est un minimum qu'il convient de dépasser notablement, de façon à avoir une marge de sécurité suffisante.

Cette disposition permet de rapprocher les rouleaux, et d'augmenter leur diamètre.

Dans les premiers appareils de ce genre, les rouleaux tronqués ou secteurs étaient entretoisés par deux bielles. Mais il est arrivé que, par suite d'inégalités dans le dressage des surfaces en contact, ou par la présence de poussières, certains galets ont cessé de porter et se sont couchés en entraînant tous les autres et en bloquant tout l'appareil.

Pour éviter cet inconvénient, on réunit les secteurs à chaque extrémité par deux bielles excentrées (fig. 282), qui rendent les rotations de tous les secteurs obligatoirement identiques.

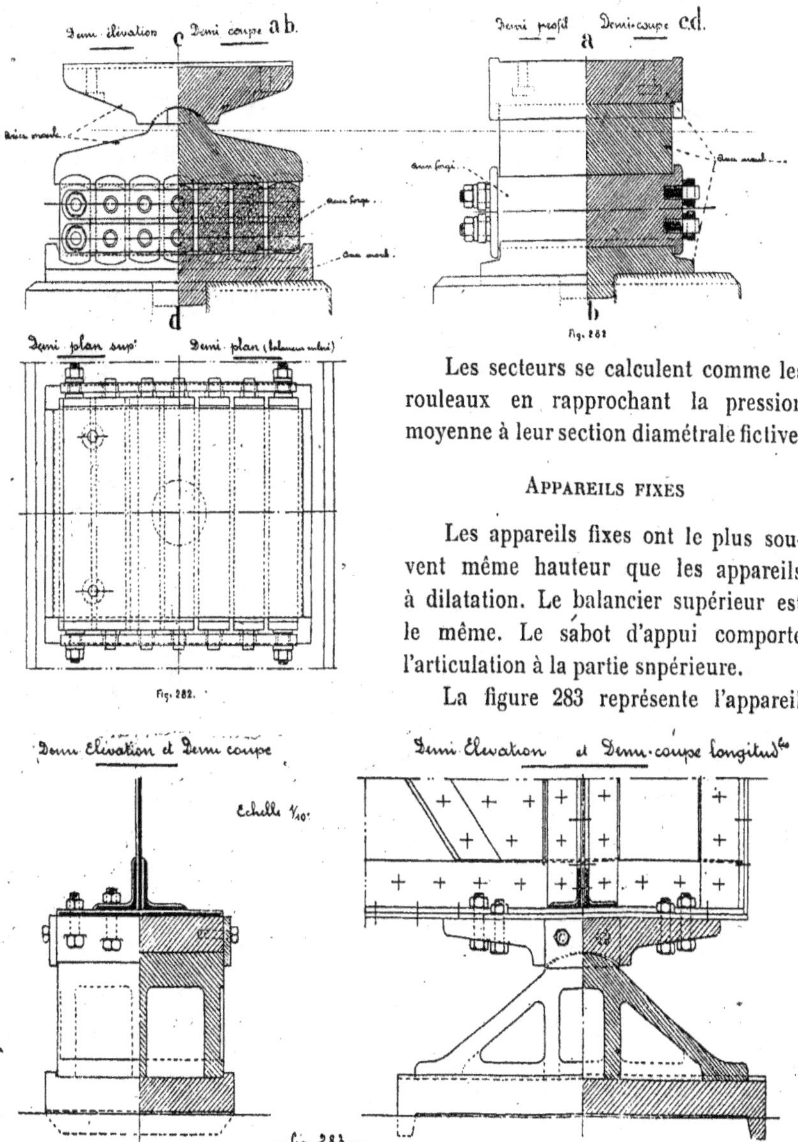

Les secteurs se calculent comme les rouleaux en rapprochant la pression moyenne à leur section diamétrale fictive.

APPAREILS FIXES

Les appareils fixes ont le plus souvent même hauteur que les appareils à dilatation. Le balancier supérieur est le même. Le sabot d'appui comporte l'articulation à la partie snpérieure.

La figure 283 représente l'appareil fixe correspondant à l'appareil mobile de la figure 278, celui de la figure 284 (l'appareil fixe) correspondant à l'appareil mobile de la figure 277.

CALCUL DES APPAREILS D'APPUI

Le calcul des articulations et des rouleaux de dilatation a été exposé précédemment.

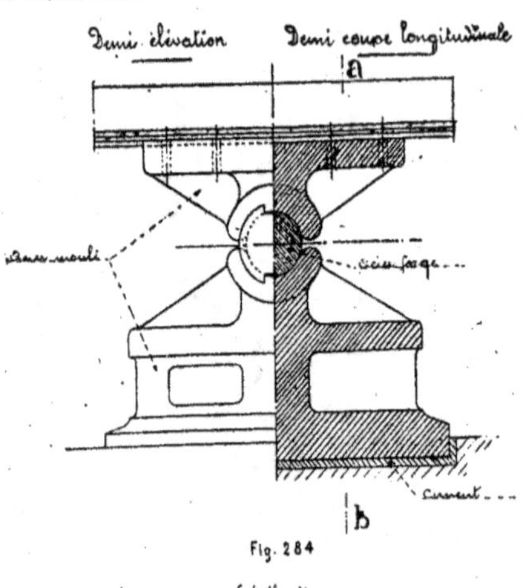

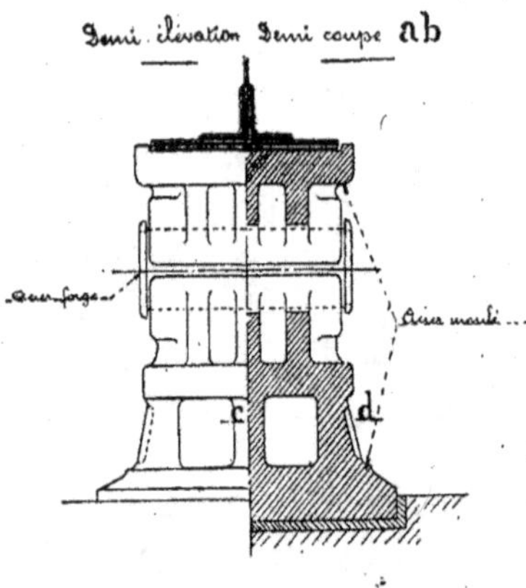

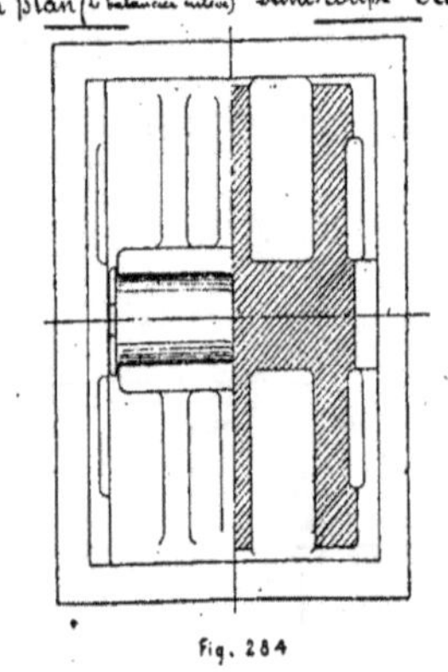

1° *Calcul du balancier supérieur.* — On admet que la charge de la poutre est uniformément répartie sur la face supérieure du balancier.

La section la plus fatiguée est toujours la section dans l'axe, si le balancier est à nervures (fig. 285).

Si P est la charge totale sur le balancier, le moment de flexion dans une section d'abcisse x a pour expression :

$$M = \frac{1}{2}\frac{P}{l}\left(\frac{l}{2} - x\right)^2.$$

En cherchant la valeur de $\dfrac{M}{\dfrac{I}{v}}$, on aura la fatigue unitaire maximum;

2° *Calcul du balancier inférieur.* — Chacun des n rouleaux transmet au balancier une réaction ascendante $\dfrac{P}{n}$; la charge transmise par le balancier supérieur est égale à P augmenté du poids du balancier, qu'on peut négliger.

Le balancier se comporte donc comme pièce encastrée en son milieu et ayant deux porte-à-faux symétriquement chargés.

La section la plus fatiguée sera soit la section médiane, si l'articulation est une rotule et que le balancier soit plein, soit la section *cd* si le balancier est évidé.

Pour la section *cd*, le moment de flexion aura pour expression :

$$M' = \frac{P}{n}\Sigma d.$$

En cherchant la valeur de $\dfrac{M'}{\dfrac{I}{v}}$, on aura la fatigue unitaire maximum.

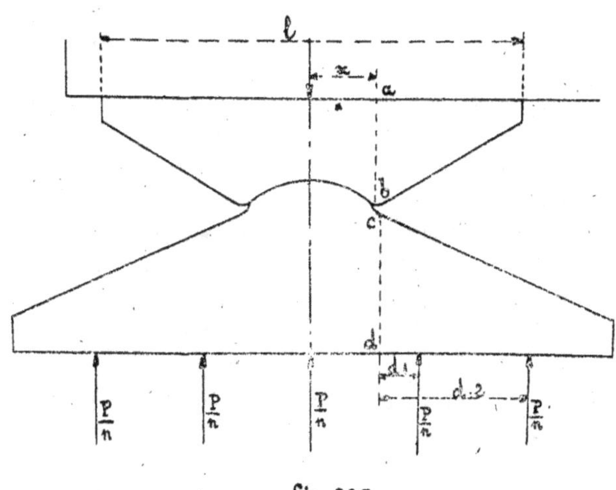

— fig. 285 —

3° *Calcul de la plaque inférieure.* — Ce calcul ne se fait guère souvent, car cette plaque a toujours un surcroît d'épaisseur. Cependant, pour des appareils de grandes dimensions, il sera bon de la vérifier à l'effort tranchant, en considérant la charge totale comme uniformément répartie sur sa face inférieure, et comme concentrée suivant les génératrices de contact des rouleaux sur l'autre face.

MÉTAUX EMPLOYÉS POUR LES APPAREILS D'APPUI

On a longtemps employé la fonte, qui est économique. Mais sa fragilité est un grave défaut qui la fait proscrire actuellement pour les poutres appelées à supporter des charges considérables en mouvement, telles que les poutres des ponts.

On lui préfère l'acier moulé.

Les rotules et les rouleaux sont même assez fréquemment exécutés en acier forgé, tout au moins dans les appareils importants.

La limite de travail de l'acier moulé pour les balanciers peut être prise égale à 10K; mais, pour le balancier inférieur, il est prudent d'abaisser cette limite à 8K pour avoir une répartition uniforme de la charge sur tous les rouleaux.

CHAPITRE V

SUPPORTS VERTICAUX

Les supports verticaux des poutres peuvent être rangés en deux catégories bien distinctes : 1° les supports en fonte ou en acier moulé, qu'on désigne généralement par le nom de colonnes ; 2° les supports en fer ou en acier laminé, qui sont constitués par les éléments, plats, larges plats, tôles, cornières, etc., entrant dans la confection des charpentes rivées, et qu'on appelle piliers ou poteaux.

La construction des premiers relève de l'industrie du fondeur. Nous étudierons leurs conditions d'établissement pour leur emploi dans les constructions et les modèles les plus couramment employés.

Les seconds ne sont autres que des poutres verticales et, comme tels, ils sont soumis aux règles d'exécution, d'assemblage et de rivure communes à toutes les charpentes rivées. Nous passerons en revue les sections qu'il convient de leur donner dans les différents cas, et la façon d'assurer leur appui sur le sol. L'emploi de ces supports étant presque uniquement limité à la construction des bâtiments, l'étude de leurs assemblages avec les poutres qu'ils supportent sera faite dans la II° partie (charpentes métalliques).

I. — Colonnes en fonte

Les premières colonnes employées étaient à section circulaire pleine.

Elles étaient coulées soient verticalement, soit horizontalement. Les premières offrent une résistance meilleure à la compression, parce qu'à la coulée, la hauteur de métal en fusion étant importante, celui-ci subit une compression sous son propre poids, d'où une structure plus serrée, plus homogène et, par suite, une résistance plus grande.

La résistance au voilement est également supérieure à celle des colonnes coulées horizontalement. Ces dernières, en effet, quelque précaution qu'on prenne, conservent toujours une flèche due au fléchissement du moule. Cette flèche initiale augmente par conséquent la tendance au flambage.

Cette différence entre les deux modes de fabrication subsiste d'ailleurs, quelle que soit la forme de la section.

La section circulaire pleine est peu avantageuse, parce que le moment d'inertie est faible pour une quantité de métal donné.

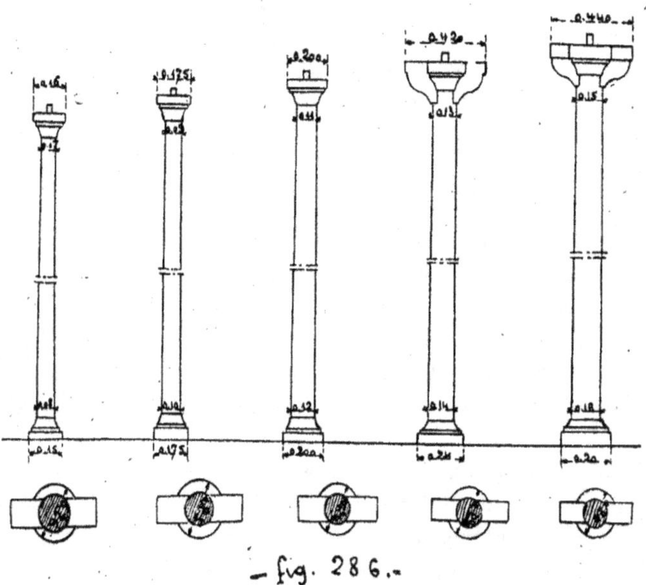

— fig. 286. —

En outre, s'il y a des défauts à l'intérieur, il est impossible de s'en apercevoir, en raison de la grande épaisseur du métal. Il peut y avoir, par exemple, une soufflure qui réduise de moitié la section en un endroit donné sans que rien puisse le déceler. Seul, un examen au son, en frappant la colonne avec un marteau, peut permettre dans quelques cas de découvrir ces vides intérieurs. On complète cet examen par un pesage précis qu'on compare avec le poids théorique calculé avec beaucoup d'exactitude.

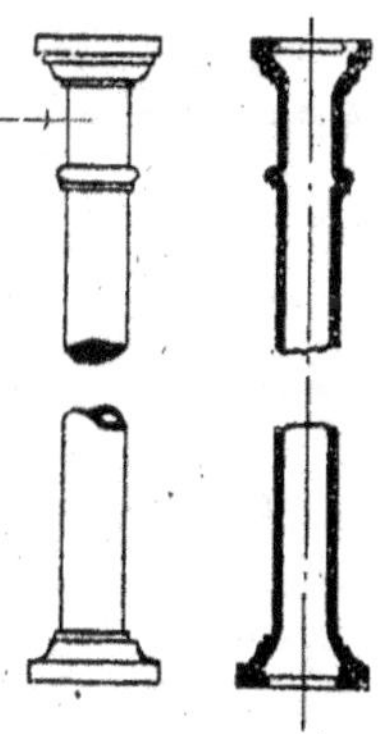

Mais ces procédés ne pourront révéler les soufflures de moindre importance.

On trouve dans le commerce des séries de colonnes à section circulaire pleine (fig. 286). Ce sont les moins chères, car leur fabrication nécessite les moules les plus simples.

Mais il est néanmoins préférable de ne pas exagérer leur diamètre.

— fig. 287 —

SECTION ANNULAIRE

Cette section est la plus rationnelle. Elle correspond au moment d'inertie maximum pour une quantité de métal donnée (fig. 287).

L'épaisseur de la paroi varie de 15 m/m à 50 m/m. On est beaucoup plus sûr de la qualité du métal, mais il est encore malaisé de s'apercevoir des défauts ou manque de matière à l'intérieur du vide.

On trouve également dans le commerce des séries de colonnes à section annulaire. Elles sont plus coûteuses, à poids égal, que les précédentes.

SECTION EN CROIX

On donne aux colonnes à section en croix la forme d'égale résistance, qui améliore leur résistance au voilement (fig. 288). Les ailes sont réunies de distance en distance par des nervures horizontales. Cette forme de section est simple, assez rigide, mais donne des colonnes qui ne se prêtent pas à la décoration comme les colonnes à section circulaire ou annulaire.

Leur emploi reste limité aux bâtiments à usage industriel ou aux bâtiments des gares.

L'épaisseur des ailes pourra varier de 15 à 50 m/m.

Il vaut mieux ne pas exagérer cette épaisseur, pour éviter les défauts non apparents du métal, toutefois, comme il n'existe pas de parties inaccessibles, comme dans les colonnes creuses la recherche des défauts est beaucoup plus facile.

BASES DES COLONNES

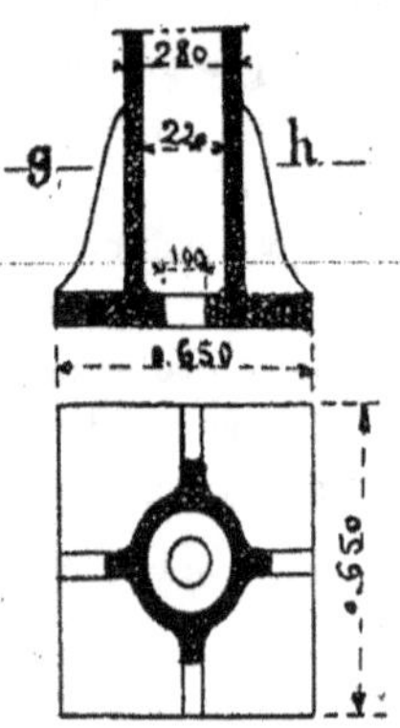

— fig. 289 —

— fig. 288. —

La base des colonnes se compose d'une partie élargie pourvue d'une mouluration (fig. 286) ou raccordée par de simples nervures avec le fût (fig. 289).

Lorsque la colonne est pleine, la base est également pleine et porte un ergot qui s'emboîte dans un évidement pratiqué dans une plaque de fonte sur laquelle repose la base de la colonne. Les dimensions de cette plaque sont calculées pour répartir la pression sur le libage en maçonnerie (fig. 290). L'ergot permet de centrer la colonne sur sa fondation.

Lorsque la colonne est creuse, la partie saillante pour le centrage est portée par la plaque d'appui. La base de la colonne est évidée en conséquence (fig. 287).

Lorsque la base a des dimensions importantes, on relie les parois au fond par des nervures (fig. 291).

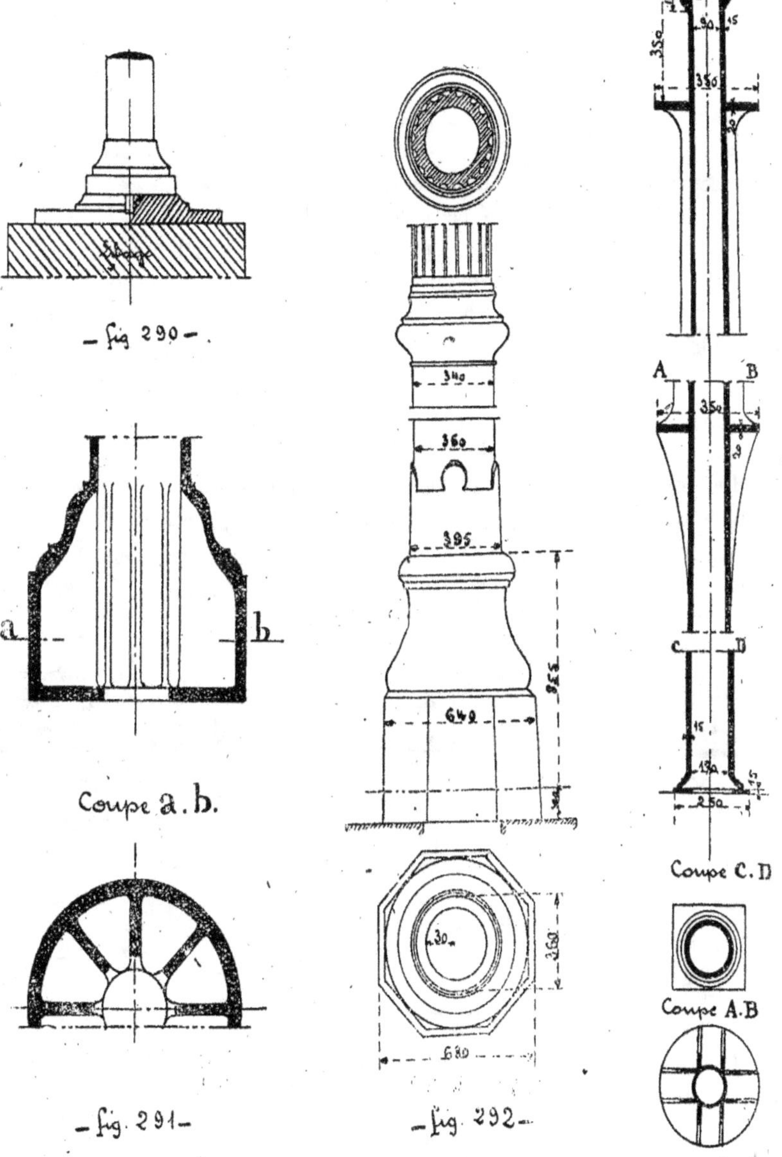

Enfin, la base des colonnes peut avoir des dimensions très importantes et devenir un véritable socle (fig. 292).

Si la colonne est de faible longueur (4 à 5 mètres), le socle pourra venir de fonte avec le fût. Sinon, il vaut mieux faire le socle séparément.

On a quelquefois employé des socles en fonte surmontés de piliers en fer ou acier laminé. Exemple : les supports verticaux des fermes de la halle à voyageurs de la gare Saint-Lazare, à Paris.

Fûts des colonnes

Nous laisserons de côté les fûts à section en croix qui se construisent toujours comme il a été vu. Les fûts des colonnes à section circulaire ou annulaire se font le plus souvent lisses et cylindriques.

On peut leur donner un léger fruit, ou même un galbe ou les orner de cannelures suivant l'aspect plus ou moins décoratif qu'on veut obtenir.

Pour certaines colonnes longues et minces, en vue d'améliorer leur résistance au flambage, on garnit le fût de nervures venues de fonte avec la colonne (fig. 293).

Cette solution est économique, mais les colonnes ainsi renforcées sont d'un aspect peu décoratif.

Chapiteaux des colonnes

La forme des chapiteaux des colonnes est déterminée par la disposition des poutres qu'ils sont appelés à recevoir. Lorsqu'il n'y a qu'une seule poutre, le chapiteau est un épanouissement plus ou moins mouluré terminé à la partie supérieure par une table d'appui avec rebords pour empêcher le déplacement transversal de la poutre (fig. 294).

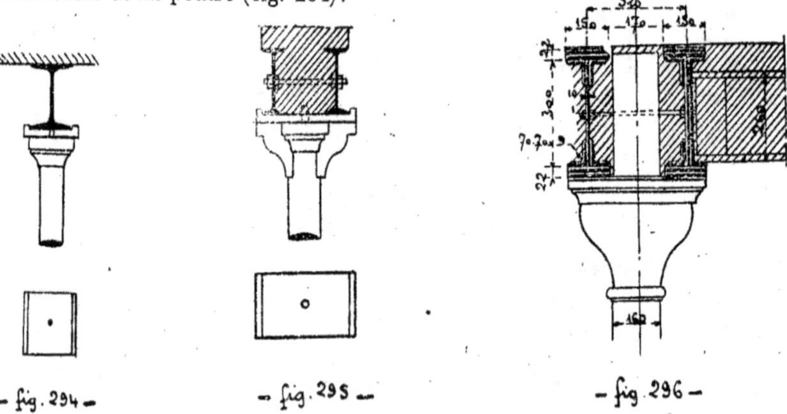

Lorsqu'il y a deux poutres, la table supérieure est élargie et supportée par des nervures formant consoles (fig. 295).

Lorsque les poutres sont un peu importantes, dans le but d'empêcher leur déversement et de s'opposer plus efficacement à tout glissement transversal sur le chapiteau, celui-ci porte une saillie à section carrée de la hauteur des poutres (fig. 296).

La figure 297 donne le détail d'un chapiteau de colonne pour l'appui de deux poutres.

Enfin, la colonne peut recevoir quatre poutres, le chapiteau porte alors quatre consoles. C'est la disposition représentée sur la figure 298.

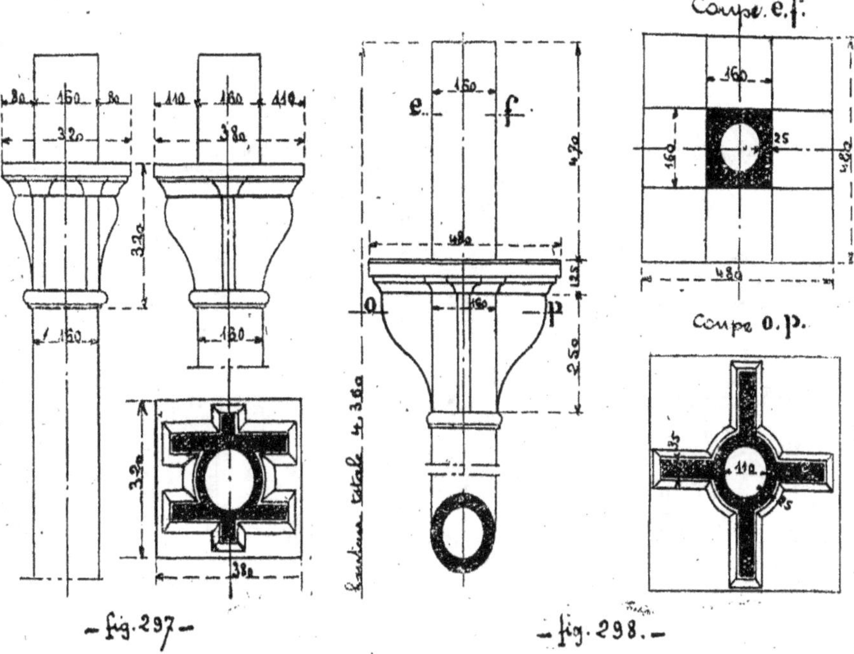

— fig. 297 —   — fig. 298. —

Il est facile de calculer les consoles des chapiteaux. Mais les modèles du commerce sont établis pour des charges données, et il suffit, dans la pratique, de choisir le modèle correspondant à la charge totale à supporter.

Les consoles support des poutres peuvent être plus ou moins ornementées. Les figures 299 et 300 représentent deux chapiteaux avec ornements venus de fonte.

Lorsque deux poutres parallèles et voisines reposent sur des colonnes, on peut remplacer la colonne simple à chapiteau élargi par deux colonnes jumelées (fig. 301). Les colonnes sont réunies dans le cours de leur hauteur par des colliers en fer plat de forte épaisseur qui, en les solidarisant, augmente leur résistance au voilement

COLONNES SUPPORTANT PLUSIEURS ÉTAGES DE POUTRES

C'est le cas des colonnes supportant des planchers de bâtiments.

Lorsqu'on a plusieurs étages de planchers reposant sur colonnes, on peut employer des colonnes d'un seul morceau portant des consoles de support correspondant à chaque étage, ou plusieurs colonnes superposées.

Les colonnes d'un seul morceau vont bien lorsque le nombre des étages est limité à deux (fig. 302). Au delà, on aurait des colonnes trop longues.

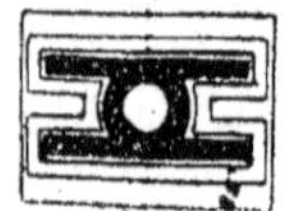

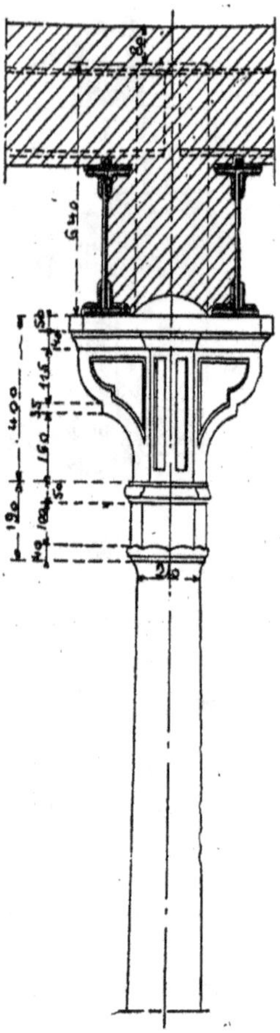

— fig. 300 —

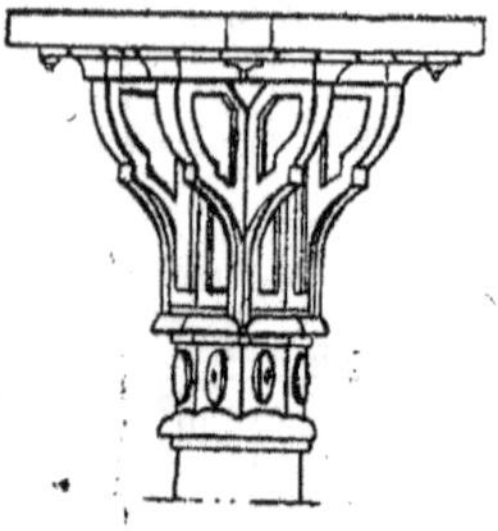

— fig. 299 —

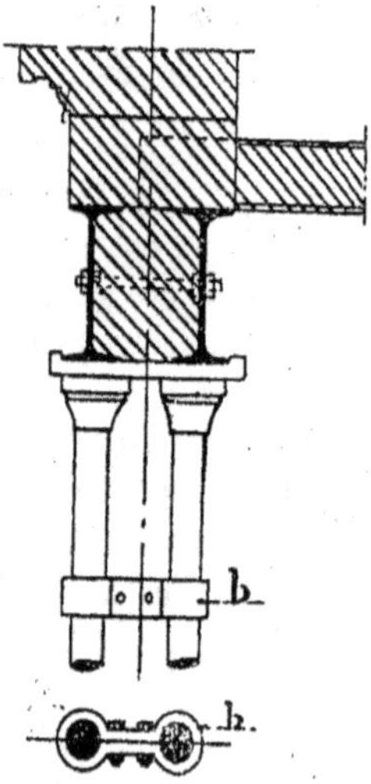

— fig. 301 —

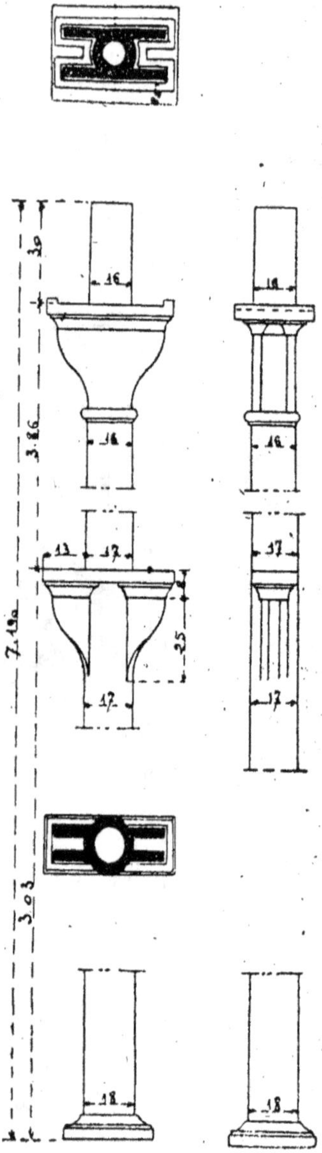

— fig. 302 —

On trouve dans le commerce des séries de colonnes à deux étages de consoles (fig. 303).

L'assemblage des colonnes superposées se fait soit par emboîtement (fig. 304

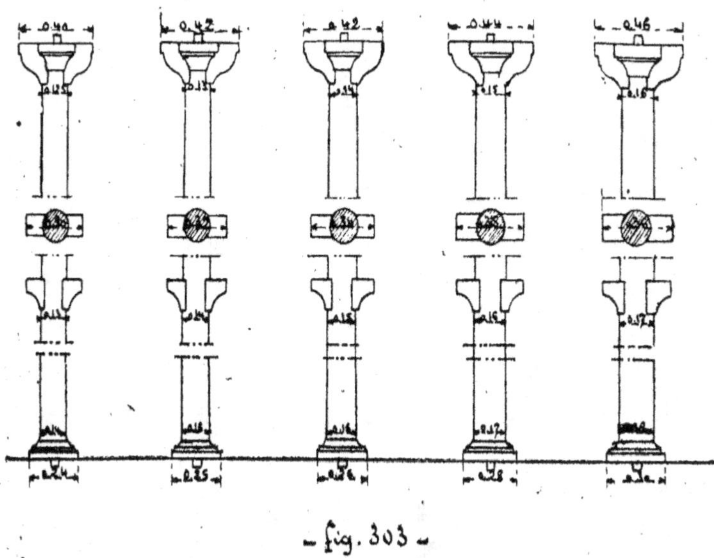

— fig. 303 —

et 305), la base des colonnes supérieures étant alors démunie de socle, soit par simple appui sur la saillie de la colonne inférieure (fig. 306).

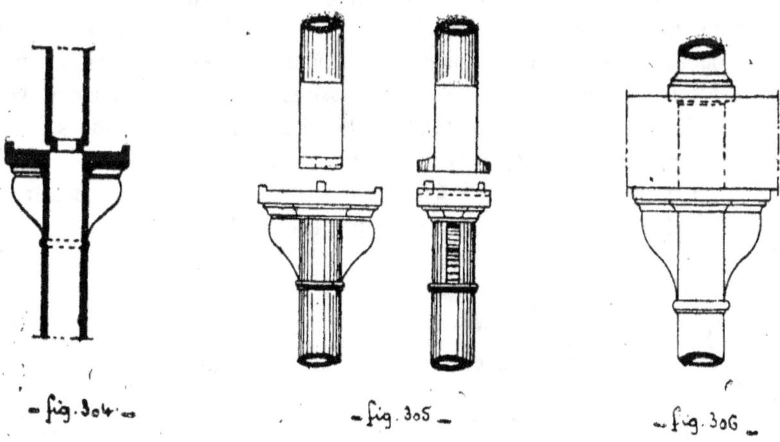

— fig. 304 —   — fig. 305 —   — fig. 306 —

La section des colonnes diminue au fur et à mesure de la décroissance des charges.

La figure 307 donne l'ensemble des colonnes employées dans un bâtiment à huit étages.

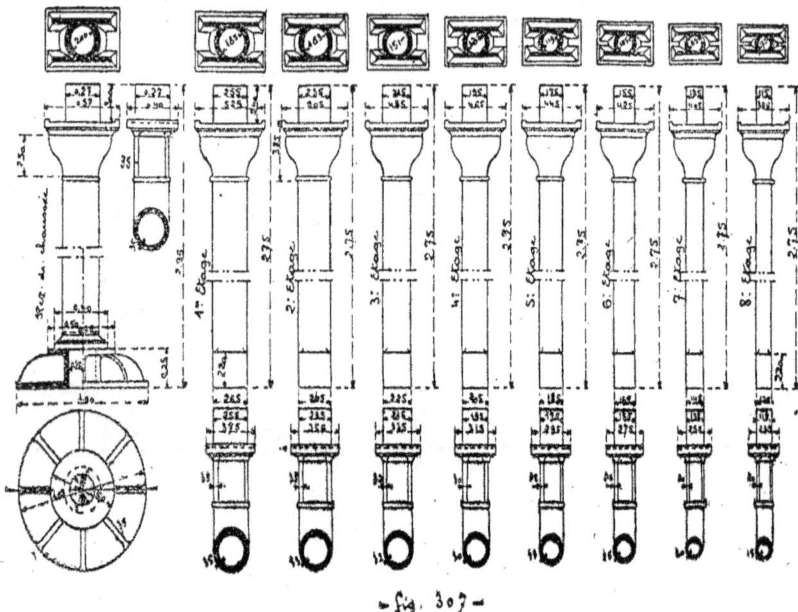

— fig. 307 —

COLONNES DÉCORATIVES

La fonte se prête bien à l'ornementation, et cette considération entre souvent en ligne de compte pour décider de l'emploi des supports en fonte.

Pour la décoration des colonnes, on s'inspire des ordres d'architecture.

C'est ainsi que, pour les colonnes massives et de faible hauteur, l'ordre dorique ou dorique composite convient le mieux, les ordres ioniques et corinthiens étant réservés pour les colonnes les plus élancées.

Nous n'entrerons pas plus dans le détail, cette partie de la construction relevant plutôt de l'art de l'architecte que de celui du constructeur.

RÉSISTANCE AU VOILEMENT DES COLONNES EN FONTE

Il y a deux cas à considérer :

1º Le rapport de la longueur libre l de la colonne au rayon de giration minimum r de la section transversale, est supérieur à 110 :

$$\frac{l}{r} \geqq 110.$$

On calcule la charge dangereuse par la formule d'Euler :

$$P = \pi^2 \frac{ES r^2}{l^2},$$

S étant l'aire de la section transversale, E le coefficient d'élasticité longitudinale.

En rapportant cette charge à l'unité de surface, on a

$$R_v = \frac{P}{S} = \frac{\pi^2 E}{\left(\dfrac{l}{r}\right)^2}.$$

La charge admissible s'obtient en admettant un coefficient de sécurité de 4 ou 5.

On admet généralement, pour simplifier, que

$$\pi^2 = 10;$$

2°
$$\frac{l}{r} < 110.$$

On se sert de la formule de Rankine.

Colonnes coulées debout :

$$R_v = \frac{R}{1 + 0,0002 \left(\dfrac{l}{r}\right)^2};$$

Colonnes coulées horizontalement :

$$R_v = \frac{R}{1 + 0,0006 \left(\dfrac{l}{r}\right)^2};$$

R, résistance unitaire lorsque la longueur l est très courte.

On peut prendre : R = 6 kgs à 7,5 kgs par millimètre carré. La longueur libre l à introduire au dénominateur, pour les colonnes à extrémités plates, est comprise entre la longueur totale l et la moitié de cette longueur. On prend assez souvent 0,7 l.

II. — Colonnes en acier moulé

En l'état actuel de l'industrie du moulage de l'acier, on peut obtenir toutes les formes de colonnes exécutées autrefois en fonte, en remplaçant celle-ci par l'acier moulé.

Celui-ci possède, sur la fonte, les avantages que nous avons examinés au début du Cours, savoir : une résistance plus grande, une moindre fragilité.

Les colonnes en fonte ne peuvent s'employer que pour résister à des charges verticales, car la fonte résiste mal à la flexion. Si l'on a besoin d'un support vertical recevant, par exemple, deux abouts de poutres à sa partie supérieure, et portant vers le milieu de sa hauteur une console donnant appui à une poutre intermédiaire fortement chargée, il y aura dans le support une compression normale et un moment de flexion. Il sera indiqué, de préférence, l'acier moulé à la fonte pour un pareil cas.

Par contre, l'acier moulé est plus coûteux, parce que la matière première est plus chère et que son moulage est plus difficile que celui de la fonte à cause du grand retrait qu'il prend pendant le refroidissement. En outre, l'ébarbage des moulages d'acier est une opération assez laborieuse, tandis qu'elle est très facile et très rapide pour la fonte.

En résumé, on préférera l'acier moulé à la fonte :

1º Quand les supports sont à la fois comprimés et fléchis (supposer qu'il y ait une raison, par exemple une considération d'aspect, pour ne pas employer des supports en acier laminé qui seraient encore préférables) ;

2º Pour les très fortes charges.

L'emploi de l'acier permet de réduire les sections transversales.

On préfère la fonte à l'acier :

1º Pour les supports uniquement comprimés et soumis à des charges faibles ou modérées ;

2º Pour les supports très décorés, colonnes ou pilastres, la fonte se prêtant mieux que l'acier aux motifs ornementaux.

Il n'a pas été fait, jusqu'à ce jour, d'expérience sur la résistance au voilement des colonnes en acier moulé.

Faute de mieux, on leur applique la formule relative aux supports en acier laminé, que nous examinerons plus loin.

SUPPORTS EN FER OU EN ACIER LAMINÉ

Les supports en fer ou en acier laminé s'emploient lorsque les charges peuvent être non seulement verticales, mais horizontales ou obliques, c'est-à-dire lorsque les efforts de flexion engendrent des efforts élastiques dont la grandeur est comparable à ceux dus à la compression, ou bien lorsqu'ils sont placés à l'intérieur d'un mur en maçonnerie, ce qui est le cas pour les piliers des pans de fer des bâtiments.

PILIERS EN PROFILÉS

Lorsque les charges ne sont pas très importantes, ou lorsque les piliers

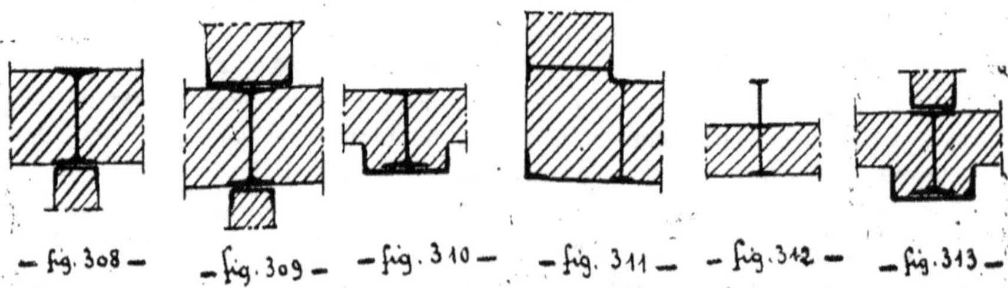

— fig. 308 —   — fig. 309 —   — fig. 310 —   — fig. 311 —   — fig. 312 —   — fig. 313 —

ont simplement pour but de recouper et de soutenir transversalement une maçonnerie peu épaisse, on emploie les profilés en U ou en double T.

Les figures 308 à 313 représentent quelques-unes des dispositions qu'on peut obtenir, suivant l'épaisseur des murs ou des cloisons. Le principe consiste à comprendre l'extrémité de ces murs ou de ces cloisons entre les ailes des profilés, de façon à leur donner un appui effectif dans le sens transversal.

Ces dispositions, tout au moins celles des figures 308, 309, 310, 313, nécessitent l'assemblage par rivets des profilés en contact.

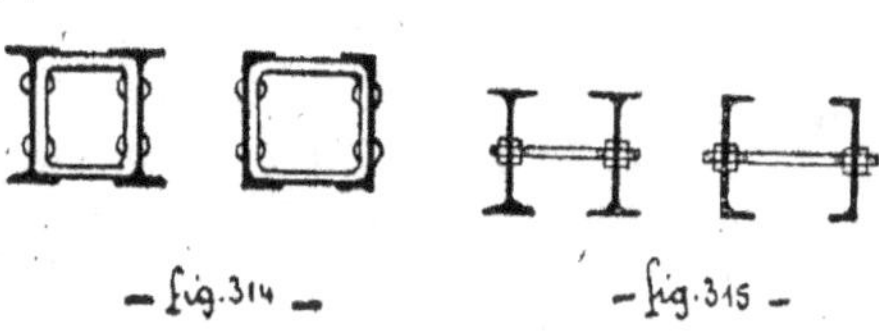

— fig. 314 —   — fig. 315 —

On peut éviter ces rivures en tout ou partie, en jumelant les deux U ou deux double T, à l'aide de cadre en plats forgés (fig. 314) ou à l'aide de boulons à quatre écrous qui maintiennent l'écartement (fig. 315).

On s'est quelquefois servi de rails pour augmenter la résistance et la rigidité (fig. 316, 317). Les éléments du pilier n'étant pas rivés, cette disposition n'est admissible que pour des piliers noyés dans la maçonnerie.

On trouve également dans d'anciennes constructions des piliers faits en fers quadrants rivés (fig. 318). Cette section a beaucoup de rigidité,

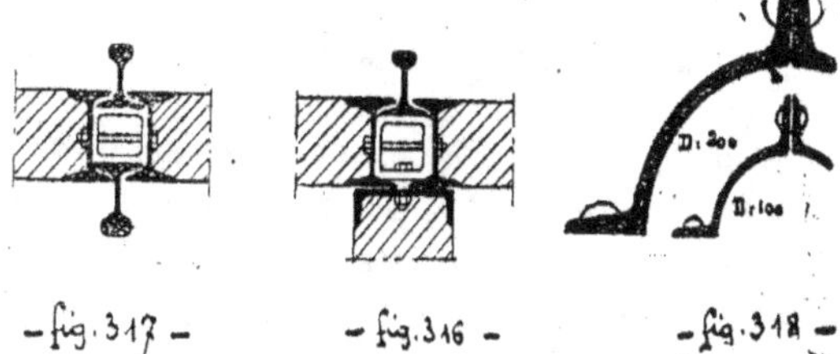

— fig. 317 —   — fig. 316 —   — fig. 318 —

mais les assemblages avec d'autres pièces sont très difficiles à réaliser convenablement. Ce type de profilé est complètement abandonné.

ANCRAGE DES PILIERS EN PROFILÉS

Lorsque les piliers sont compris dans un mur, on se contente de munir

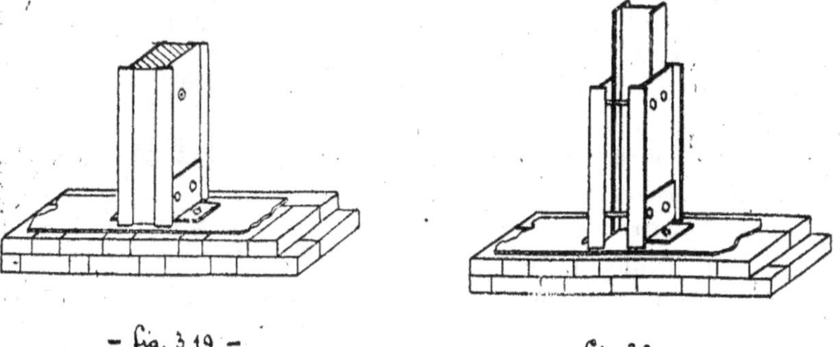

— fig. 319 —   — fig. 320 —

leur pied d'équerres, dans la branche horizontale desquelles on met un ou deux boulons de scellement (fig. 319, 320). Le diamètre et la longueur de ces boulons varient suivant l'importance du pilier. Dans les cas courants, on prend des boulons de 20 à 25 m/m de diamètre et 0m25 à 0m30 de scellement. .

Si les piliers sont isolés, leur ancrage est traité comme celui des piliers composés.

PILIERS COMPOSÉS. — SECTIONS EN CROIX

Cette section est constituée par quatre cornières, entre lesquelles on peut intercaler des plats. Si ces plats débordent, on peut raidir leur bord libre avec des cornières et, enfin, renforcer la section en rivant des semelles sur les cornières nervures. On obtient ainsi les sections représentées sur les figures 321, 322, 323, 324.

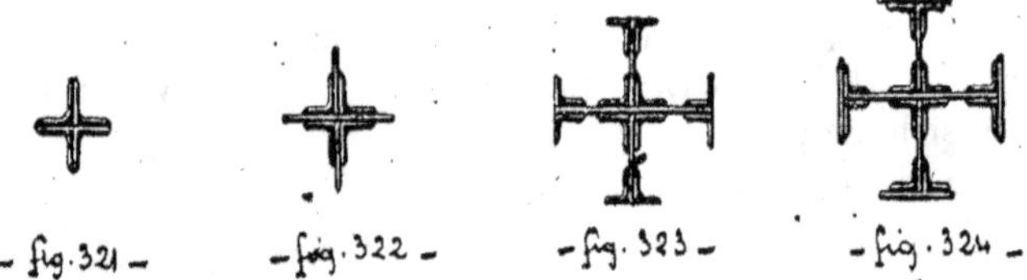

Ainsi que nous l'avons déjà signalé pour les sections de membrures, il est peu facile de faire varier cette section; aussi convient-elle surtout lorsque les efforts dans les piliers sont à peu près constants, par exemple lorsque le moment de flexion est faible par rapport à la compression verticale.

SECTION EN DOUBLE T

Nous avons déjà étudié cette forme de section pour les barres de treillis. Elle se constitue de la même façon pour les piliers. La plus simple comprend une âme et quatre cornières. La plus complète comprend une âme, quatre cornières des semelles et des cornières bordures de semelles. Un exemple en est fourni par la section représentée sur la figure 325, qui comporte en outre des doublures d'âme sur une partie de la hauteur du pilier.

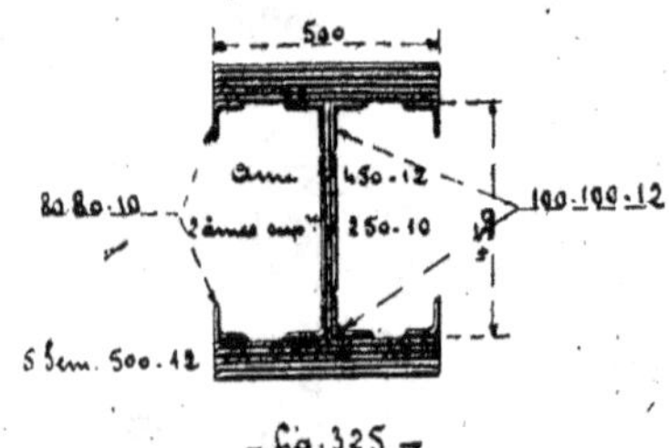

- fig. 325 -

L'âme de la section peut être représentée par un treillis en plats, qu'on dispose en V, ou en N, ou en croix de Saint-André, avec ou sans montants transversaux. Si le pilier est soumis à des efforts de flexion, ces treillis sont à calculer à l'effort tranchant.

SECTION TUBULAIRE

Cette section s'emploie lorsque les charges sont considérables. Elle se compose de deux âmes reliées par des cornières à des semelles (fig. 326). Les cornières sont placées à l'extérieur, de façon à pouvoir en effectuer le rive-

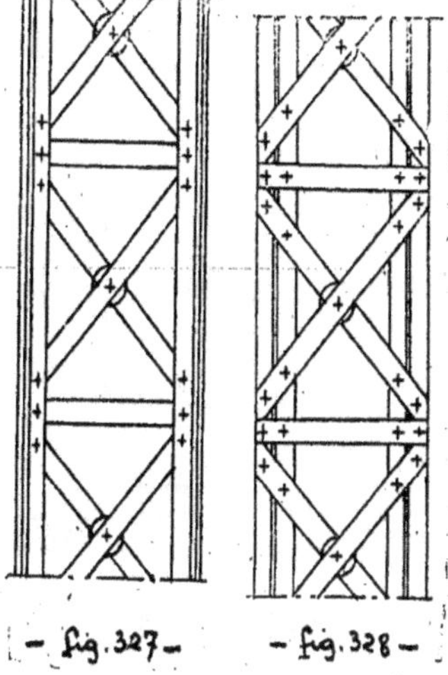

tage. On peut encore rempla-cer les âmes par des treillis, en plats ou en cornières de faible échantillon (fig. 327). Les piliers à treillis donnent un aspect plus léger aux cons-tructions.

Enfin, les semelles peu-vent être egalement supprimées et remplacées par un treillis assemblant les deux parois du pilier. On peut alors constituer ces deux parois en double T, à âme pleine ou à treillis (fig. 328).

On obtient ainsi des piliers en caissons, rela-tivement légers et très rigides, ce qui est avanta-geux lorsqu'ils ont une grande longueur libre.

Les deux parois peuvent être constituées par des doubles T laminés à larges ailes, de façon à pouvoir river les treillis.

Changement de la forme de la section dans le cours de la hauteur des piliers

Il arrive fréquemment, dans les bâtiments industriels, que des piliers soient peu chargés à leur partie supérieure et reçoivenrt de très fortes charges vers le bas. C'est le cas lorsque les bâtiments sont hauts et que les piliers reçoivent les chemins de roulement de ponts roulants situés à une distance assez grande de la toiture. Si l'on est obligé de prendre une section très forte pour le bas du pilier, il y a intérêt à réduire cette section au-dessus du point d'application des fortes charges. Mais il arrivera souvent que même en réduisant au mini-mum la section inférieure, par exemple en supprimant toutes les semelles et en remplaçant les âmes par un treillis léger, on ait encore du métal en excès.

On constitue alors le pilier en deux parties; la partie inférieure, qui est la plus forte, est continuée jusqu'au-dessus des charges les plus fortes, la partie supérieure depuis ce point jusqu'à la toiture. Cette partie supérieure prend le nom de potelet.

Pratiquement, lorsque ce cas se présente, on a toujours le bas du pilier à âme double et le potelet en double T.

L'assemblage des deux parties se réalise en appliquant, sur la tôle de la partie inférieure, une tôle ou platine de forte épaisseur sur laquelle repose le potelet. Celui-ci est attaché sur la platine au moyen de cornières.

La figure 329 représente l'assemblage d'un potelet à section, composée en forme de double T, sur un pilier tubulaire.

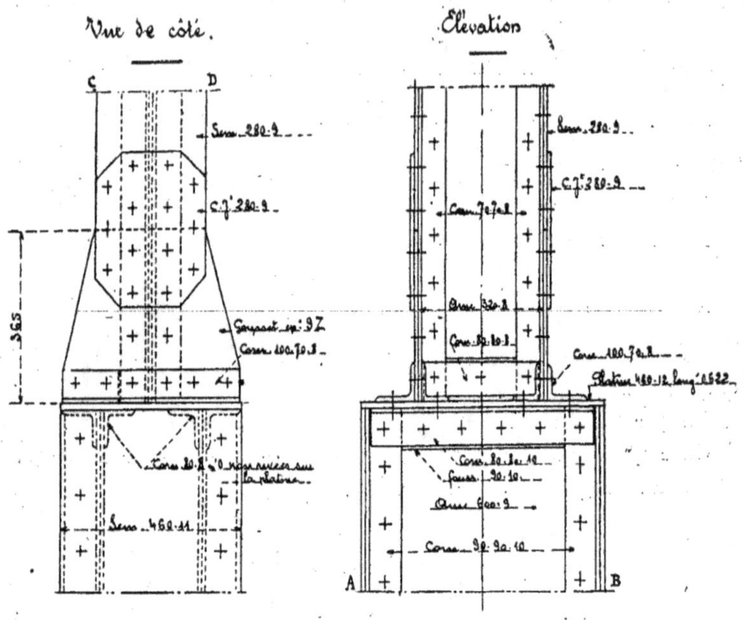

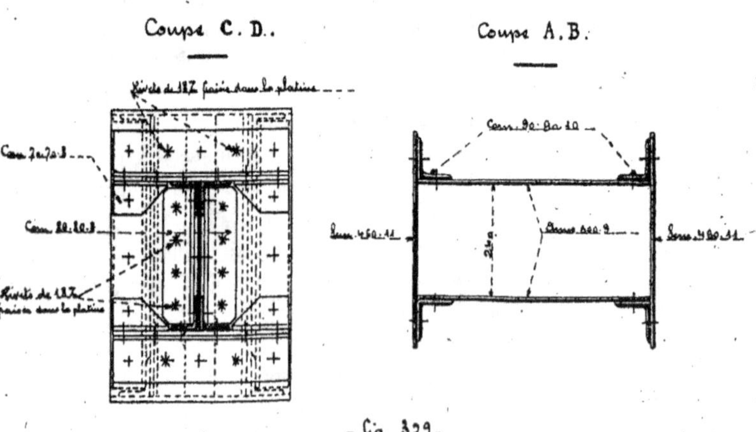

- fig. 329 -

Lorsque le potelet ne résiste qu'à des charges verticales, l'assemblage peut être assez réduit. Il n'en va pas de même si le potelet est soumis à des moments de flexion.

Il faut, dans ce cas, augmenter la résistance de l'assemblage, qu'on pourra toujours calculer comme il a été indiqué dans l'étude des assemblages.

Résistance au voilement des piliers en fer ou en acier laminé

Les formules employées résultent des expériences de Tetmayer, établies expérimentalement en construisant la courbe représentative des variations de la résistance à la section Rv, en fonction de $\frac{l}{r}$. Ces courbes ont été reconnues être sensiblement des lignes droites.

Les formules de Tetmayer sont les suivantes :

Fer laminé. — $\dfrac{F}{S} = 33\,k.\,907 - 0{,}1648\,\dfrac{l}{r}$ kilogrammes par millimètre carré.

Acier laminé. — $\dfrac{F}{S} = 33\,k.\,870 - 0{,}1483\,\dfrac{l}{r}$ kilogrammes par millimètre carré.

De ces formules, il résulte que, pour les pièces comprimées sujettes à se voiler, l'acier est peu supérieur au fer.

On prend habituellement un coefficient de sécurité égal à 4.

On emploie également très fréquemment une formule de même forme que celle de Rankine, vue pour les colonnes :

$$R_v = \frac{R}{1 + 0{,}0001 \left(\dfrac{l}{r}\right)^2},$$

R étant la résistance à la rupture, lorsqu'il n'y a pas voilement. Le coefficient de sécurité est encore pris égal à 4. Toutefois, lorsqu'on se sera imposé un taux de travail pour l'ensemble de la construction, c'est ce travail qu'on divisera par

$$K = 1 + 0{,}0001 \left(\frac{l}{r}\right)^2,$$

pour avoir la limite du travail à admettre pour les barres comprimées.

Très souvent, on procède d'une façon inverse :

Soit R la limite du travail unitaire à la flexion ;

F l'effort de compression ;

S la section d'une barre comprimée de longueur libre l. On vérifie que :

$$\frac{F}{S} \times K < R.$$

On met alors en évidence la valeur de $\dfrac{FK}{S}$, qui représente non le travail réel, mais un travail fictif.

La valeur de l dépend du mode d'assemblage des deux extrémités du pilier.

Si les deux extrémités sont articulées, on prend pour l la longueur totale L du pilier.

Si les deux extrémités sont encastrées, on prend

$$l = \frac{L}{2},$$

Le premier cas correspond à des articulations, ce qui est très rare. Le deuxième cas est encore plus rare, parce que, quelque bien étudié que soit un assemblage par rivets, il n'en reste pas moins que les rivets se prêtent toujours à de petites déformations et que l'encastrement parfait n'est pas réalisé.

Suivant la plus ou la moins grande rigidité des assemblages, on prendra pour l une valeur comprise entre L et $\dfrac{L}{2}$. Quand on veut être tout à fait prudent, on prend $l = L$.

BASES DES PILIERS

Les piliers peuvent reposer directement sur le sol, ou sur des massifs en maçonnerie, ou avoir leur base noyée dans un massif maçonné reposant sur le sol. On peut enfin interposer la base du pilier et le massif de maçonnerie un appareil

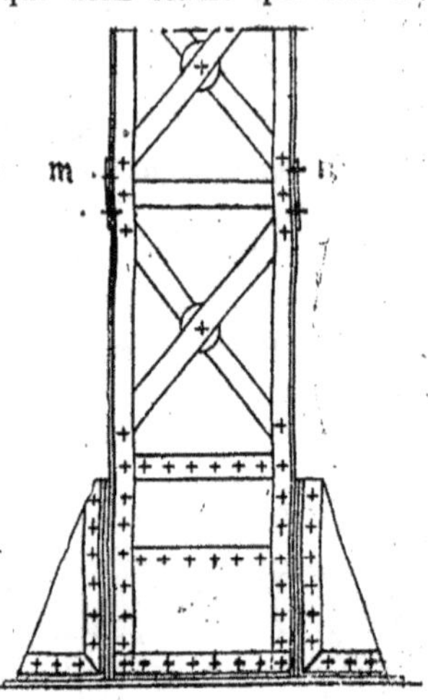

— fig. 330 —

d'appui à rotule.

Ces différents dispositifs seront étudiés plus en détail à propos des charpentes. Nous allons en donner simplement le principe.

1° *Appui des piliers directement sur le sol.*

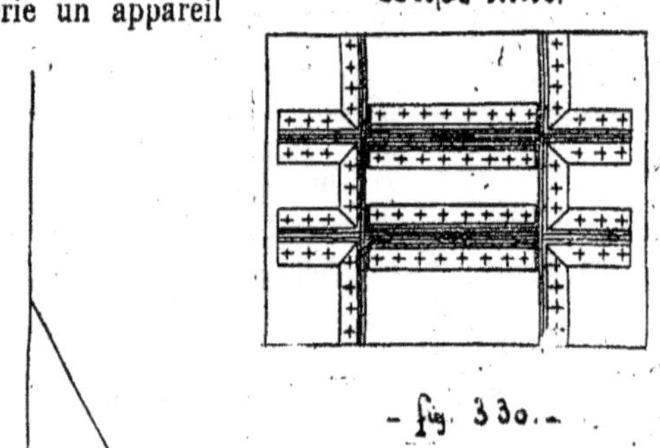

— fig. 331 —

— On munit la base du pilier d'une platine de forte épaisseur dont les bords libres sont contrebutés par des goussets qui empêchent leur déformation (fig. 330).

Si les efforts dans le pilier se réduisent à une compression normale, les dimensions de la platine sont déterminées pour que la pression sur le sol ne dépasse pas 3 à 4 kgs par centimètre carré.

Supposons que les efforts dans la section de base soient réductibles à une compression normale F, un effort tranchant T et un moment de flexion M (fig. 331).

Soient a et b les deux dimensions de la platine d'appui.

La pression sur le sol de fondation est maximum sur l'arête C^1. Elle a pour expression :

$$n_1 = \frac{F}{ab} + \frac{M}{\dfrac{I}{v}} = \frac{F}{ab} + \frac{M}{\dfrac{ab^3}{12} \times \dfrac{1}{\dfrac{a}{2}}},$$

d'où :

$$n_1 = \frac{1}{ab} \, F + \frac{6M}{a}.$$

Cette expression donne effectivement le maximum de pression quand toute la surface de la platine appuie bien sur le sol. Si M est grand, il peut arriver qu'il n'y ait pression que sur une partie de la face de contact C_1C_2.

La pression en C_2, en effet, a pour expression :

$$n_2 = \frac{1}{ab} \, F - \frac{6M}{a} \; ;$$

si

$$\frac{M}{F} > \frac{a}{b},$$

on a

$$n_2 < 0,$$

ce qui signifie que la platine n'appuie pas sur le sol de la fondation.

Soit D l'arête où il commence à y avoir pression effective. Dans le premier cas, la ligne représentative des pressions unitaires est la droite C_2C_1; dans le second cas, la droite Dc'_1.

Cherchons la position du point D. Soit C le point de passage de la résultante obtenue en composant F et M. Prenons les moments par rapport au point C :

$$Fx = M, \quad \text{d'où} \quad x = \frac{M}{F}.$$

Le point C est évidemment sur la verticale du centre de gravité du triangle des pressions $Dc_1c'_1$. Par conséquent :

$$C_1D = 3C_1C = 3\left(\frac{a}{2} - x\right) = 3\left(\frac{a}{2} - \frac{M}{F}\right).$$

La pression totale est donc représentée par :

$$\frac{1}{2} \times C_1c'_1 \times C_1D \times b = F,$$

d'où

$$C_1c'_1 = n'_1 = \frac{2F}{b \times C_1D} = \frac{2F}{3b\left(\dfrac{a}{2} - \dfrac{M}{F}\right)}.$$

C'est cette formule qu'il faut appliquer dans le cas où l'on a

$$\frac{M}{F} > \frac{a}{b}.$$

On doit avoir $n'_1 \leq 3$ ou 4 kgs par centimètre carré.

2° *Appui des piliers sur un massif de fondation en maçonnerie.* — La fondation est le plus souvent un massif de béton coulé dans une fouille. Exceptionnellement, pour de petits piliers, on emploie des dés en pierre de taille.

La base du pilier est constituée exactement de la même façon que lorsque l'appui se fait directement sur le sol : un large patin destiné à répartir la pression sur la fondation.

Les dimensions de la surface d'appui se calculent comme précédemment, mais la pression maximum peut s'élever à 8 ou 10 kgs par centimètre carré pour la maçonnerie ordinaire et le béton, et à 30 kgs pour la pierre de taille.

Lorsque les piliers sont soumis à de grands efforts de flexion, on est conduit à donner aux massifs de fondation des dimensions excessives. On peut réduire ces dimensions soit en noyant la base des piliers dans la maçonnerie soit en ancrant la base sur le massif de fondation.

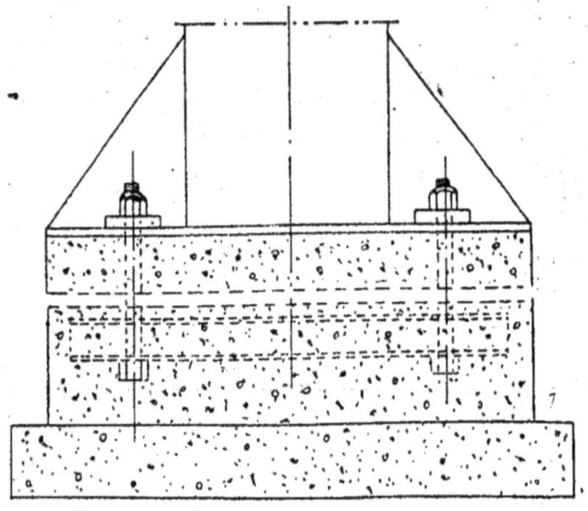

— fig. 332. —

L'ancrage des piliers est obtenu à l'aide des boulons traversant le massif et prenant appui à la partie inférieure sur une traverse en profilés. On intéresse ainsi un certain cube de maçonnerie. Les boulons supportent un effort de traction dont la grandeur détermine leur diamètre.

Cette disposition est représentée schématiquement sur la figure 332.

3° *Piliers dont la base est noyée dans la maçonnerie.* — Cette disposition s'emploie dans des buts différents :

a) Pour réaliser un encastrement du pilier ;

b) Pour assurer la stabilité lorsque la construction comporte une seule file de piliers.

Les dispositions employées sont les mêmes dans ces deux cas.

La base du pilier est encore terminée par un patin et noyée dans le massif de fondation (fig. 333).

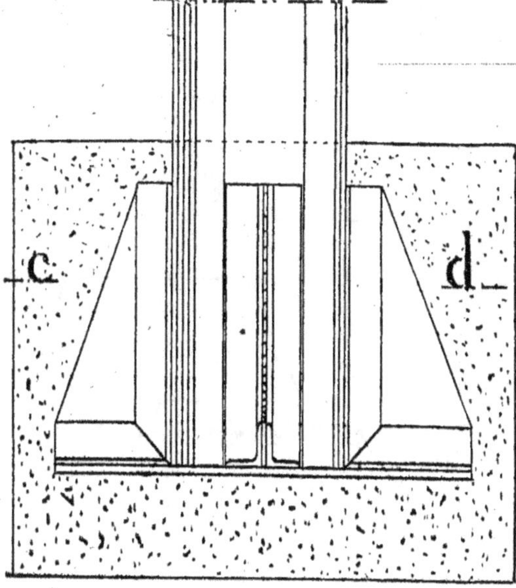

Plan · coupe suivant c. d.

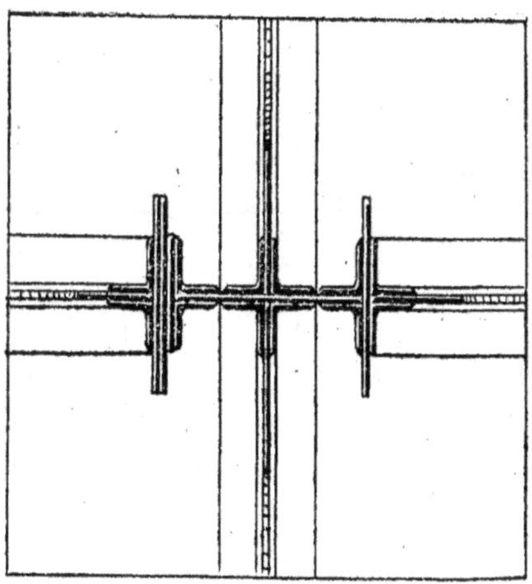

- fig. 333. -

La maçonnerie s'oppose aux déplacements angulaires de la section de base par sa résistance latérale et par le poids qui se reporte sur le patin. L'encastrement est d'autant plus effectif que la hauteur du massif et sa largeur sont plus grandes et que la maçonnerie est plus dense.

On calcule encore la pression, reportée sur le sol de fondation, par la formule établie précédemment. La deuxième ne sera jamais employée dans le cas présent, car pour qu'on puisse compter sur un encastrement effectif, il faut qu'il y ait pression sur toute la surface de base de la fondation. Dans la formule, F représente la compression normale dans la section de base du pilier augmentée du poids de la fondation.

Lorsqu'on adopte cette disposition pour assurer la stabilité de la construction, il y a lieu d'examiner si les forces de renversement peuvent s'exercer dans plusieurs sens ou dans un seul sens.

Par exemple pour une ferme à un seul pilier, les forces de renversement seront dues : 1° au poids de la ferme dont le centre de gravité pourra tomber en dehors de l'axe du pilier;

2º A l'effort horizontal du vent.

Si la ferme est en plein vent, cet effort peut s'exercer dans tous les sens; si la ferme est adossée à une construction plus haute, elle sera abritée du vent de ce côté.

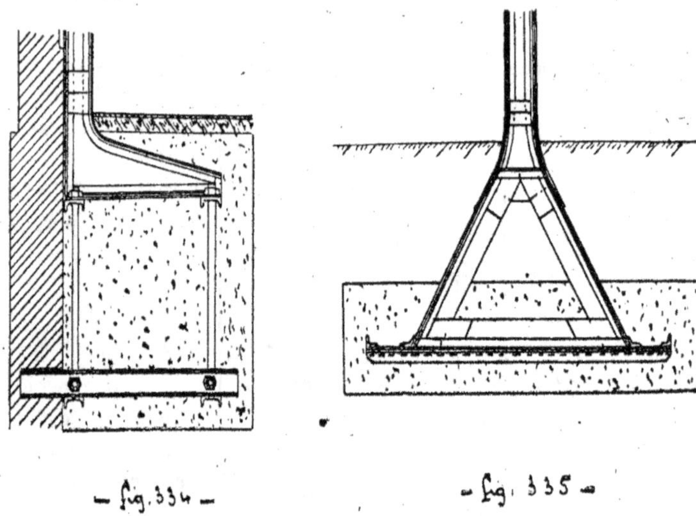

— fig. 334 —

— fig. 335 —

Il en résulte que, suivant qu'on se trouve dans l'un ou l'autre cas, la base est symétrique ou dissymétrique (fig. 334 et 335).

Le calcul de la pression se fait sans difficulté une fois qu'on a déterminé les efforts.

Pour de petits efforts de flexion, on s'est quelquefois contenté d'établir autour du pilier, à la surface du sol, une couronne en maçonnerie (fig. 336).

A l'heure actuelle, pour des piliers soumis à des efforts notables et quand le sol de fondation est bon, la disposition la plus judicieuse paraît être de constituer la base par un patin en béton armé reposant directement sur le sol de fondation (fig. 337).

Cette solution est économique si on

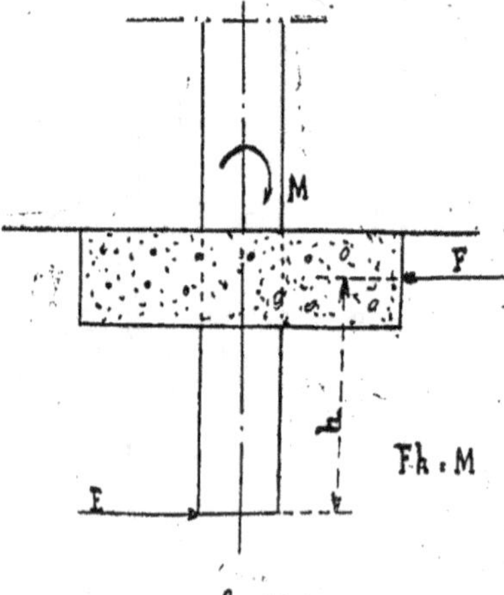

— fig. 336 —

la compare au patin métallique, car elle permet d'avoir une base moins haute et, par conséquent de réduire le volume de la fouille. La semelle de béton armé, avec ses armatures passant à travers l'âme du pilier, fait parfaitement corps avec celui-ci ; elle résiste à des pressions plus élevées et est plus dense que le béton ordinaire. Ces conditions conviennent par conséquent bien au cas où l'on table sur un encastrement partiel ou total des piliers.

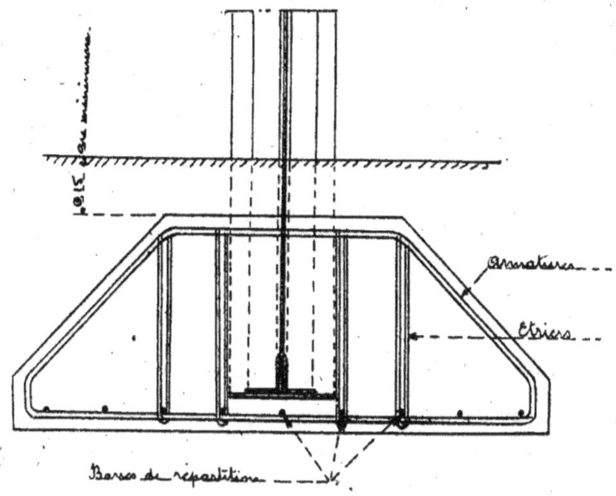

_ fig. 337 _

4° *Appui des pilliers sur appareils à rotules*. — Les appuis à rotules des piliers sont constitués comme ceux des poutres. Ils seront examinés dans la IIIe partie (charpentes).

CHAPITRE VI

GARDE-CORPS DES PONTS

Les garde-corps des ponts peuvent se diviser en deux catégories, suivant leur destination. La première comprend des types simples dont la confection est exclusive de tout souci décoratif. Ce sont, par exemple, les garde-corps des ponts de chemins de fer, des ponts situés dans des arsenaux maritimes, des ponts établis dans les colonies, loin des agglomérations, etc.

La deuxième comprend des types plus complets pour lesquels les dispositions adoptées doivent s'inspirer de l'aspect décoratif plus ou moins grand qu'il s'agit d'obtenir. Ce sont les garde-corps des ponts-routes et de certains points de chemins de fer situés dans des villes importantes.

Quel que soit le type adopté, les garde-corps doivent répondre à certaines conditions communes.

Ils doivent avoir une résistance propre suffisante pour résister aux effets normaux, qui leur sont appliqués. Ces efforts ne seront pas les mêmes pour un pont de chemin de fer, où la circulation des piétons est toujours très réduite, que pour les ponts-routes, où toute une foule peut s'appuyer contre les garde-corps.

Ils doivent être attachés d'une façon robuste sur l'ossature du pont.

Ils ne doivent pas comporter d'éléments trop minces, parce que ceux-ci seraient trop facilement déformables sous l'action d'un effort local ou d'un choc.

Ils doivent, autant que possible, sur les ponts de grande longueur, pouvoir se dilater indépendamment de l'ossature du pont.

Cette condition est nécessaire, parce que les garde-corps sont composés d'éléments grêles et directement exposés au soleil. Par suite, ils se dilatent plus vite que l'ossature. Il en résulte que si leur longueur est grande, ils risquent de se gauchir.

La hauteur des garde-corps est 1 mètre, 1^{m}05 ou 1^{m}10. La 1re est la plus courante.

Types simples de garde-corps

Les éléments employés pour la confection de ces garde-corps sont :

Les ronds,

Les carrés ou les méplats,

Les plats,

Les demi-ronds,

Les cornières,

Les T,

Les U.

GARDE-CORPS EN RONDS SANS MONTANTS

C'est le type le plus simple. Il se compose d'un rond qui sert de main courante, et d'un ou deux ronds placés à la moitié ou au tiers et au deux tiers de la hauteur.

La main courante est ordinairement un rond de 30 à 40 m/m, les ronds ou lisses intermédiaires de 25 à 35 m/m de diamètre.

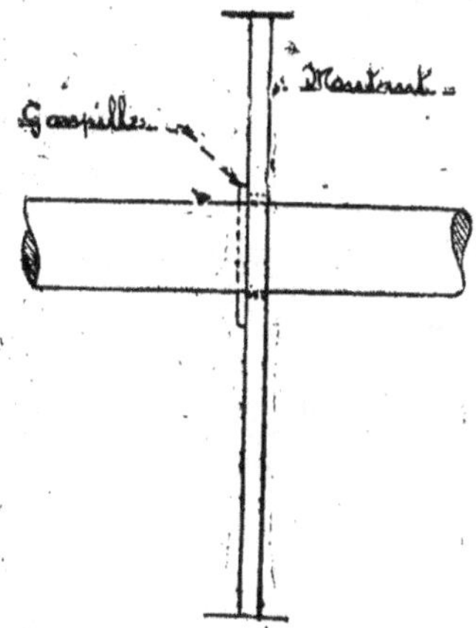

— fig. 338 —

Leur emploi reste limité au cas où les poutres dépassent le tablier du pont. Si ces poutres sont à âme pleines, deux cas peuvent se présenter :

1° Les poutres dépassent le tablier d'une hauteur au moins égale à 0m80.

Il est inutile de mettre un garde-corps. Les poutres en tiennent lieu ;

2° Les poutres ne dépassent pas le tablier ou ne le dépassent que d'une hauteur inférieur à 0m80.

Il faut mettre un garde-corps, mais celui-ci ne peut être du type sans montants.

Si les poutres sont à treillis et dépassent le tablier d'une hauteur suffisante, on peut employer le garde-corps en ronds. La fixation des ronds sur l'assature peut se faire de plusieurs façons :

1° Par goupilles.

Les ronds traversent simplement les montants des poutres dans des trous ménagés avec un léger jeu (0,5 m/m de plus que le diamètre du rond). Leur déplacement longitudinal est empêché par des goupilles (fig. 338).

Les goupilles peuvent être remplacées par des vis dont la tête fait saillie à la surface des ronds;

2º Par colliers en **plats forgés** (fig. 339).

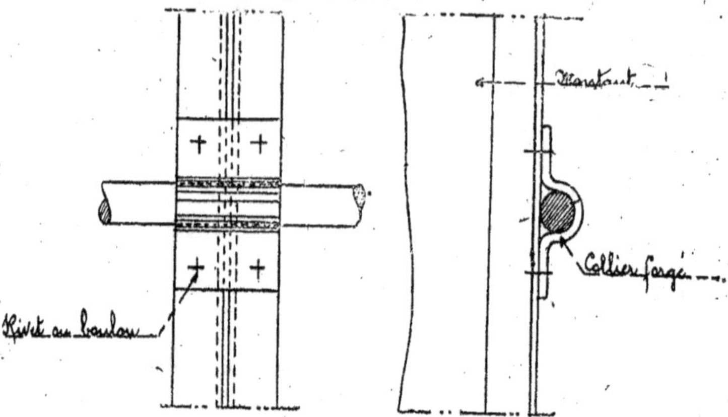

_fig. 339 _

Ces colliers sont rivés ou boulonnés sur l'ossature;

3º Par manchons (fig. 340).

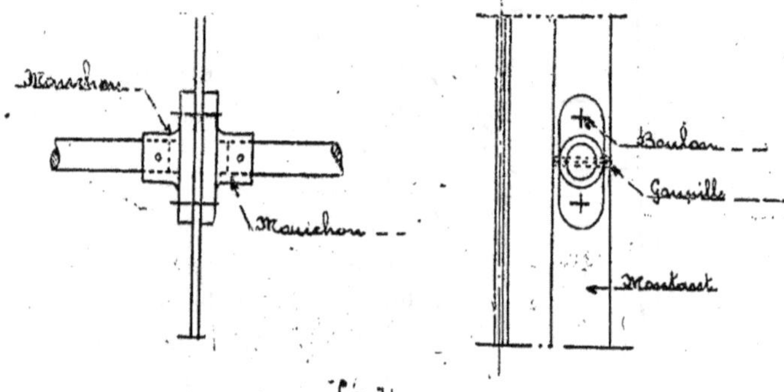

_ fig. 340 _

Ces manchons, en fonte ou en acier moulé, portent un évidement dans lequel s'emmanche l'extrémité des ronds, et une bride qui permet de les boulonner sur l'ossature.

Il faut ménager un jeu assez important entre l'extrémité des ronds et le fond des évidements (10 m/m environ).

Les ronds peuvent être goupillés ou vissés sur les manchons.

On emploie de préférence le 2e et la 3e disposition, suivant la façon dont se présente le garde-corps par rapport aux montants des poutres.

JOINTS DES RONDS DE MAIN COURANTE ET DES LISSES

Dans la 2e et 3e disposition, les ronds sont coupés à leur rencontre avec les montants de la poutre; il n'y a pas de joints.

Dans la première disposition, il faut tronçonner les ronds en longueurs courantes de 6 à 8 mètres. Les joints seront distribués symétriquement par rapport au milieu de la poutre.

La façon la plus courante de faire les joints consiste à faire un assemblage à mi-fer (fig. 341).

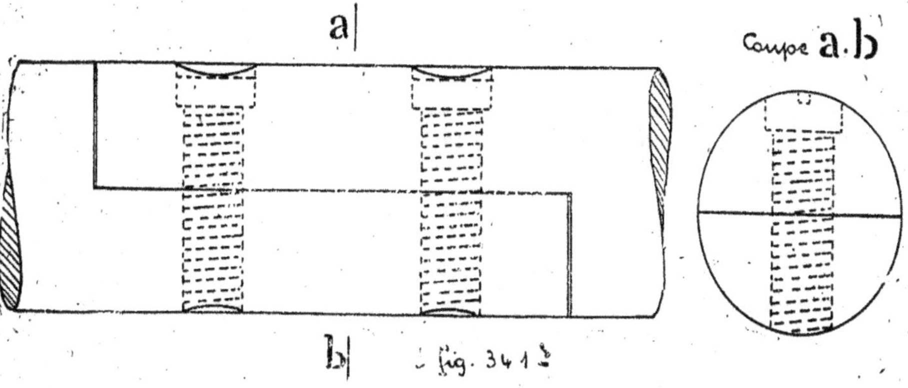

On fera les joints au droit des montants de poutre, de façon qu'ils ne soient pas en porte-à-faux. Les vis d'assemblage ont 8 à 12 m/m de diamètre. Leur tête est noyée.

Si le joint est à dilatation, les trous dans un des ronds seront ovalisés et non filetés, et on ménagera un jeu de quelques millimètres entre les extrémités.

GARDE-CORPS EN RONDS AVEC MONTANTS

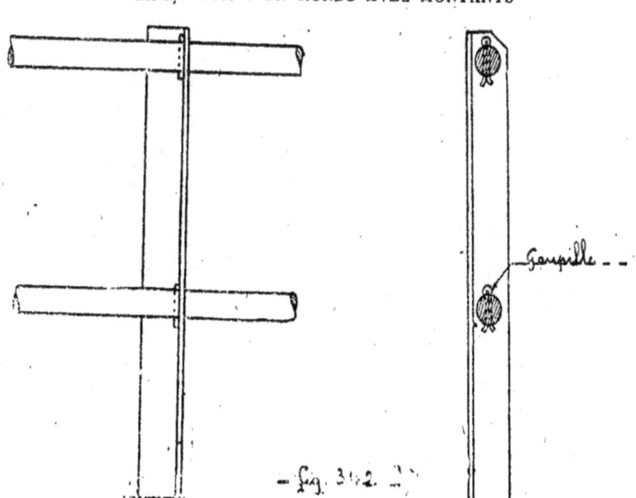

Les montants peuvent être constitués par des cornières. L'assemblage de la main courante et des lisses se fait suivant le premier mode indiqué (fig. 342).

La main courante se termine aux extrémités par une crosse (fig. 344).

Les montants peuvent être en rond. Ils portent des méplats avec des œils pour le passage des lisses (fig. 343). Ces montants sont forgés.

On peut également visser la main courante sur l'extrémité des montants, en supprimant l'œil supérieur.

On trouve les mêmes dispositions, si les montants sont des carrés ou des méplats. Les tronçons des lisses sont emmanchés à chaud dans les trous des montants.

On emploie également, avec les montants en ronds, les assemblages à tubulures en fonte, ou en acier moulé dans lesquelles s'emmanchent les extrémités des ronds, qui sont fixés par des goupilles ou des vis (fig. 344). On a des tubulures à trois et à quatre branches.

Cette disposition évite les joints, la main courante étant simplement coupée d'équerre sur les montants, et facilite la dilatation.

GARDE-CORPS EN PROFILÉS

Les montants peuvent être en cornières en T ou en U laminées.

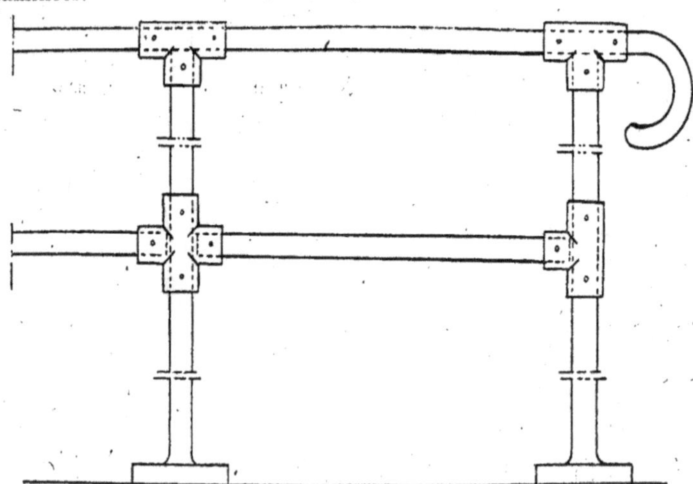

Les lisses et la main courante sont toujours en cornières de 50×50 ou 60×60.

L'assemblage des éléments se fait à l'aide des rivets.

Les joints se font à l'aide de plats ou de petits goussets rivés ou boulonnés au dos des cornières (fig. 345). Si le garde-corps est long, il faut prévoir des

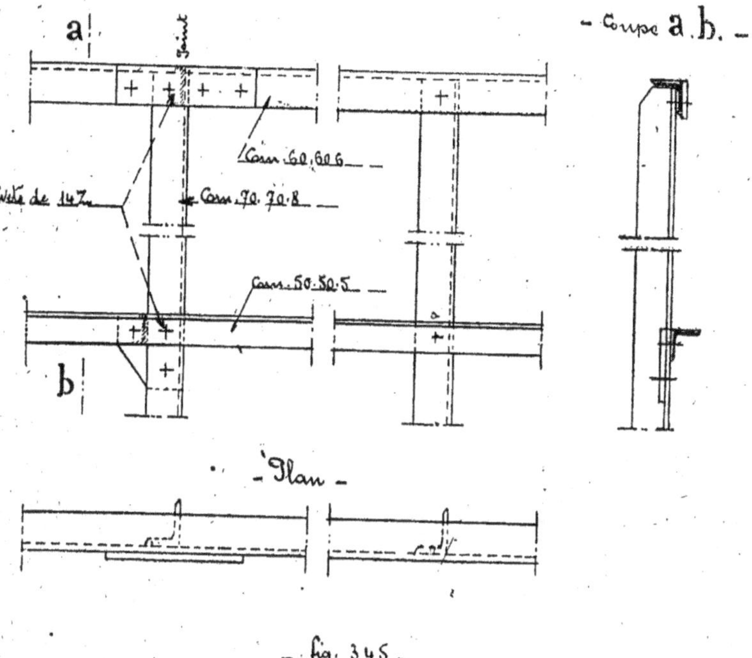

joints à dilatation avec trous ovalisés et fixation par boulons.

On peut remplacer les lisses intermédiaires par des plats, mais les cornières sont préférables à cause de leur rigidité.

GARDE-CORPS EN X

C'est un type classique employé par plusieurs Compagnies de chemins de fer. Il est représenté sur la figure 346.

Les montants en rond, ou carré ou en méplat, portent à leur base un patin carré fixé par quatre boulons sur la poutrelle de rive.

Les montants profilés s'assemblent à l'aide de cornières et de goussets. Ces assemblages ne présentent aucune difficulté.

Les montants présentent souvent une section renforcée à leur partie inférieure (fig. 347).

Dans les ponts-routes dont le tablier est constitué par une dalle ou béton armé, les montants ne peuvent être assemblée sur l'ossature du pont que s'il existe une poutrelle de rive.

Bien souvent, on supprime cette pièce et on scelle les montants dans la

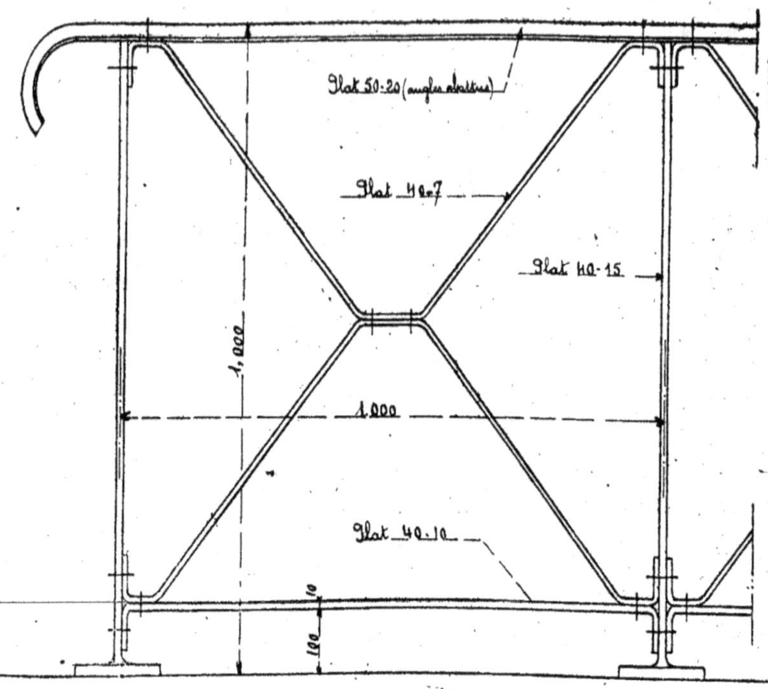

— fig. 346 —

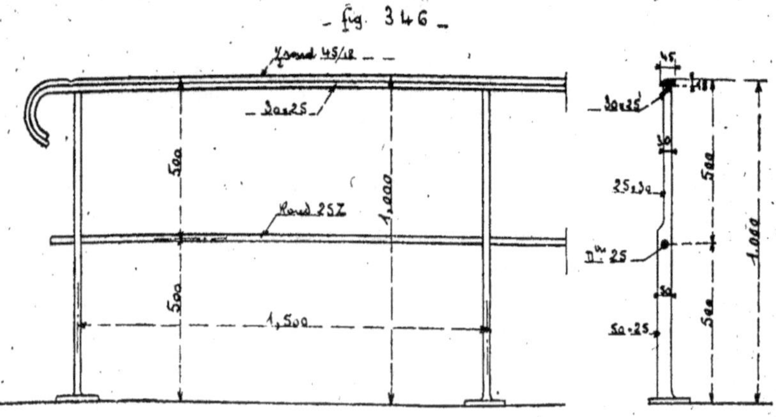

— fig. 347 —

dalle. Ils sont terminés à leur partie inférieure par une queue de carpe (fig. 348) :

GARDE-CORPS DES PONTS-ROUTES

Ces garde-corps sont exécutés soit en acier laminé, soit en fonte.

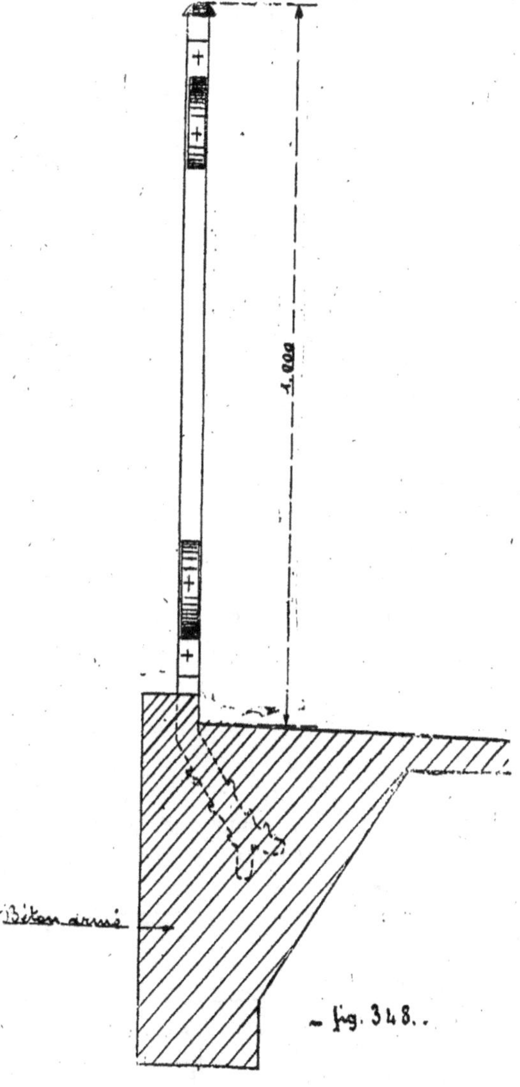

— fig. 348. —

GARDE-CORPS EN ACIER LAMINÉ

Ils se ramènent tous à un type commun, comportant un certain nombre de variantes n'en différant que par des détails. Ce type s'appelle garde-corps à enroulements.

Ils se composent d'une main courante en demi-rond assez fort ou en demi-rond moins épais vissé sur un plat, d'une lisse supérieure et d'une lisse inférieure en plat, entre lesquelles sont les enroulements également en plats. Les montants sont en plats épais avec patins carrés ou rectangulaires.

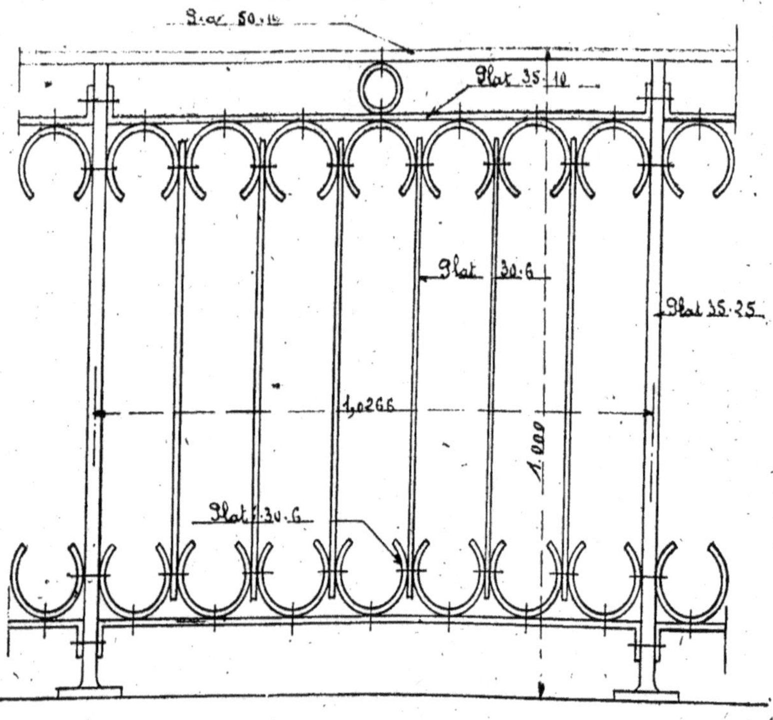

— fig 349 —

La figure 349 donne le détail d'un panneau de garde-corps à enroulement.

Les assemblages sont exécutés à l'aide des rivets de petit diamètre, sauf les joints de main courante qui sont vissés. Ces joints se placent sur les montants.

On peut ménager des joints de dilatation lorsqu'on a de grandes longueurs. Il suffit d'en prévoir dans la main courante ; les enroulements entre deux montants successifs, étant faits d'éléments minces, peuvent se prêter facilement aux déformations engendrées par des variations de température.

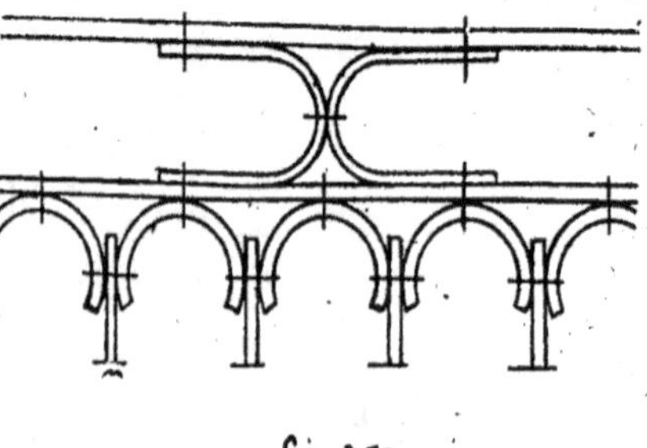

— fig. 350 —

La lisse supérieure, dans l'exemple de la figure 340, est reliée à la main courante par des cercles. Ceux-ci ont l'inconvénient de pouvoir tourner sous l'effet d'une forte pression de la main. Il faut leur préférer la disposition représentée sur la figure 350.

L'écartement des plats verticaux des enroulements ne doit être ni trop faible ni trop grand. Cet écartement est fonction de l'espacement des montants

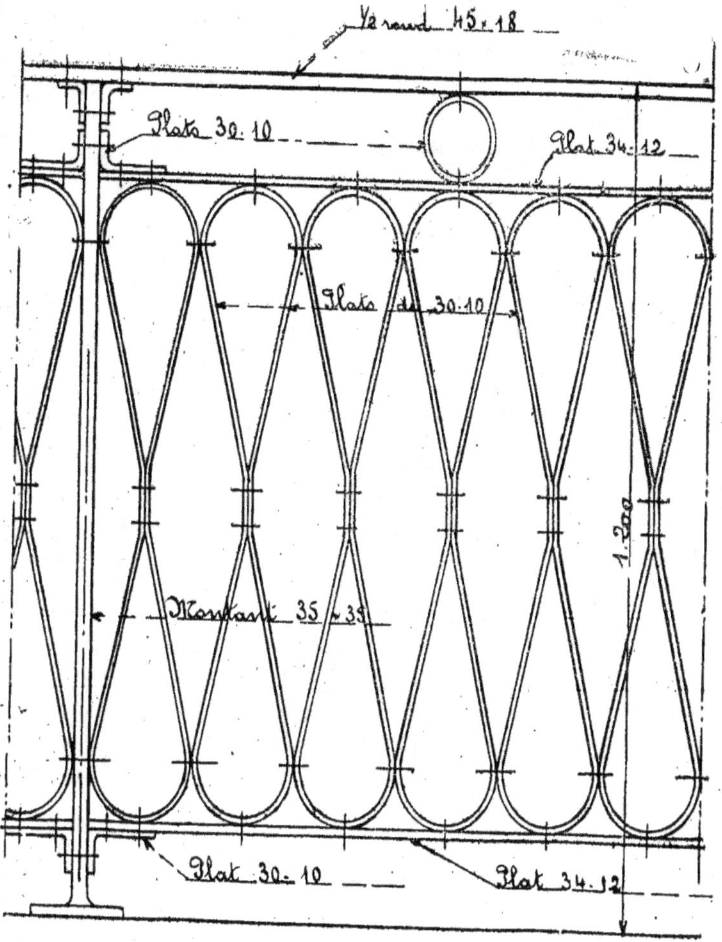

- fig. 351 -

du garde-corps, lequel varie lui-même d'après la disposition de l'ossature. Pour une poutre à treillis, par exemple, on mettra un montant de garde-corps au droit des montants de la poutre, et un ou plusieurs dans l'intervalle.

En principe, il faut avoir un montant au moins tous les deux mètres et ne pas espacer les montants des enroulements de plus de 0ᵐ15 à 0ᵐ17.

La figure 351 représente une variante avec enroulements en forme de huit. La maille est plus serrée. Ce type est un peu plus compliqué à exécuter que le précédent.

Lorsque le pont est en pente, les montants et les enroulements doivent toujours être placés suivant la verticale.

Les garde-corps à enroulement comportent un travail de forge assez important; aussi les exécute-t-on encore quelquefois en fer, plus facile à forger que l'acier.

Ils s'expédient, de l'atelier au chantier de montage, par tronçons complètement terminés de 5 à 7 mètres de longueur. Il suffit de faire sur place l'assemblage des tronçons sur le montant qui leur est commun à chaque extrémité.

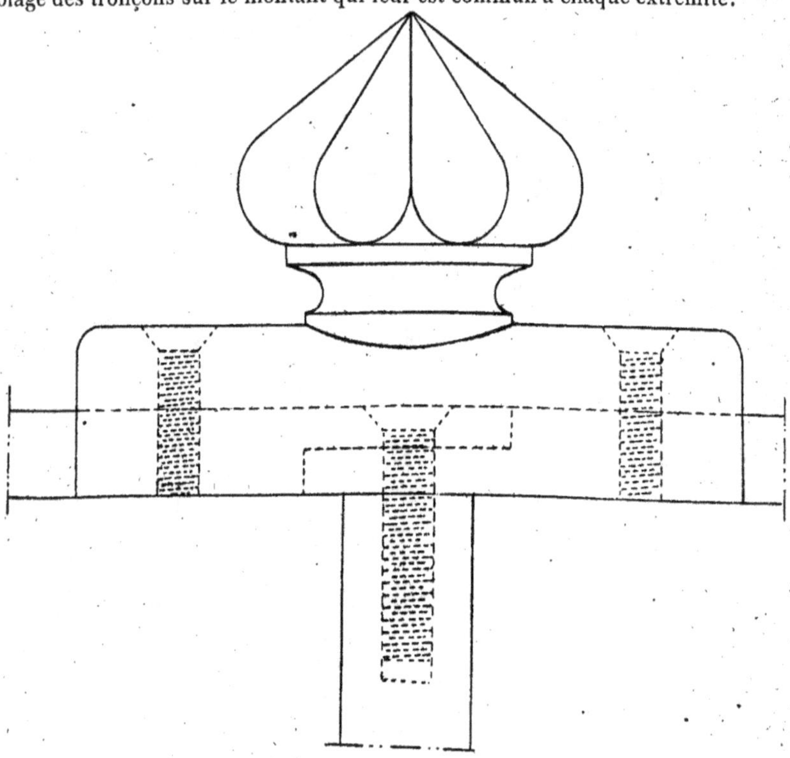

- fig. 352 -

La figure 352 représente un joint de main courante sur un montant. Ce joint est surmonté d'une pomme en fonte placée comme motif décoratif.

Les montants s'assemblent sur l'ossature des ponts comme il a été vu, ou sont scellés dans le trottoir.

On a fait quelquefois des montants en fonte ou en acier moulé (fig. 353).

GARDE-CORPS EN FONTE

Ces garde-corps s'emploient sur les ponts situés dans les villes. Ils sont beaucoup plus lourds et plus coûteux que les garde-corps à enroulements.

Il existe un grand nombre de modèles de ces garde-corps. Il suffit, lors-

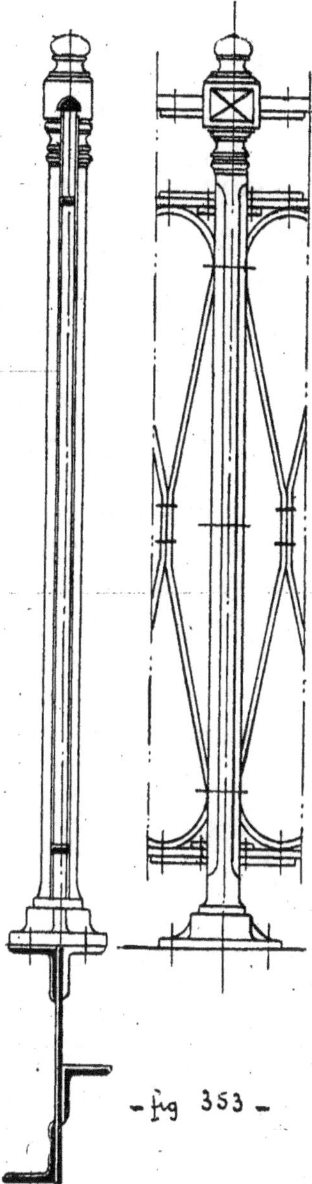

qu'on veut faire choix de l'un d'eux, de consulter les albums des fondateurs.

Ils sont exécutés par panneaux qui s'assemblent entre eux et sur l'ossature à l'aide de boulons.

TABLE DES MATIÈRES